# 建设工程监理概论

## （第3版）

主　编　刘晓丽　　齐亚丽

**副主编**　洪　帅　　张微微　　闫海燕

主　审　牟培超　　张　豫

北京理工大学出版社

BEIJING INSTITUTE OF TECHNOLOGY PRESS

# 内 容 提 要

　　本书根据工程建设监理最新标准规范进行编写，系统地讲述了建设工程监理的基本概念、组织管理及方式方法。全书共分为九章，主要内容包括建设工程监理概述、工程监理企业和监理工程师、建设工程监理组织、监理规划与监理实施细则、建设工程监理目标控制、建设工程合同管理、建设工程监理信息管理、建设工程设备采购与设备监造、建设工程风险管理等。

　　本书可作为高等院校土木工程类相关专业的教材，也可供建筑工程施工现场相关技术和管理人员工作时参考。

## 图书在版编目（CIP）数据

建设工程监理概论 / 刘晓丽，齐亚丽主编.—3版.—北京：北京理工大学出版社，2020.10
ISBN 978-7-5682-9135-4

Ⅰ.①建⋯　Ⅱ.①刘⋯ ②齐⋯　Ⅲ.①建筑工程－监理工作　Ⅳ.①TU712.2

中国版本图书馆CIP数据核字（2020）第194206号

---

出版发行 / 北京理工大学出版社有限责任公司
社　　址 / 北京市海淀区中关村南大街5号
邮　　编 / 100081
电　　话 / （010）68914775（总编室）
　　　　　　（010）82562903（教材售后服务热线）
　　　　　　（010）68948351（其他图书服务热线）
网　　址 / http://www.bitpress.com.cn
经　　销 / 全国各地新华书店
印　　刷 / 北京紫瑞利印刷有限公司
开　　本 / 787毫米×1092毫米　1/16
印　　张 / 17
字　　数 / 400千字
版　　次 / 2020年10月第3版　2020年10月第1次印刷
定　　价 / 68.00元

责任编辑 / 多海鹏
文案编辑 / 多海鹏
责任校对 / 周瑞红
责任印制 / 边心超

---

图书出现印装质量问题，请拨打售后服务热线，本社负责调换

建设工程监理是指具有相应资质的监理单位受工程项目建设单位的委托，依据国家有关工程建设的法律、法规，依据经建设主管部门批准的工程项目建设文件、建设工程委托监理合同及其他工程合同，对工程建设实施的专业化监督管理活动。

随着我国工程建设事业的发展，建设工程监理在工程建设过程中发挥了越来越重要的作用，日益受到社会的广泛关注和普遍认可。同时，由于建筑工程施工领域大量新材料、新技术、新工艺、新设备得到广泛使用，建筑工程施工质量验收规范也陆续修订并颁布实施。这要求广大建设工程监理从业人员要与时俱进，不断提高自身的业务素质和职业道德素质，这样才能更好为建设单位提供优质的服务。为使本书内容能更好符合当前建设工程监理工作实际，进一步突出高等教育教学的特点，更好地培养面向生产第一线的高素质的监理人员，提高我国建设工程监理的总水平及其效果，推动建设工程监理事业更好更快的发展，我们根据各院校使用者的建议，结合近年来高等教育教学改革的动态以及最新工程建设监理规范对本书进行了修订。

本次修订根据国家最新相关监理规范，结合新技术、新方法的应用，删除教材中部分陈旧内容，更新了相关知识，以适应社会的发展、科学的进步，确保教材内容的先进性、实用性，修订后的主要内容包括建设工程监理概述、工程监理企业和监理工程师、建设工程监理组织、监理规划与监理实施细则、建设工程监理目标控制、建设工程合同管理、建设工程监理信息管理、建设工程设备采购与设备监造、建设工程风险管理等。

本次修订除了对内容进行调整补充外，还对各章节的学习目标、能力目标、本章小结进行了修订，对各章节知识体系也进行了深入的思考，并联系实际对知识点进行总结与概括，使相关内容更具有指导性与实用性，便于学生学习与思考；对各章节的思考与练习也进行了适当补充，有利于学生课后复习，强化应用所学理论知识解决工程实际问题的能力。

本书由济南工程职业技术学院刘晓丽、吉林工程职业学院齐亚丽担任主编，由黑龙江农垦职业学院洪帅、黑龙江农垦职业学院张微微、山东协和学院闫海燕担任副主编。全书由山东城市建设职业学院牟培超、嘉应学院张豫主审。

在修订过程中，编者参阅了国内同行的多部著作，部分高等院校的老师提出了很多宝贵的意见供我们参考，在此表示衷心的感谢！

限于编者学识及专业水平和实践经验，教材中仍难免存在疏漏或不妥之处，恳请广大读者指正。

编　者

# 第 2 版前言

工程建设监理是建设监理单位接受业主的委托和授权，根据批准的工程项目建设文件、有关工程建设法规和工程建设监理合同以及工程施工合同所进行的旨在实现项目投资的微观监督管理活动。建设工程监理已得到了社会的普遍认可，建设工程监理工作的重要性越来越被人们所认识，监理工程师在促进、保证工程质量的作业中发挥了重要作用。

由于近年来建筑业的飞速发展，各种建设行为、建设法律制度逐渐完善，工程建设监理事业也得到了长足的发展，特别是2013年5月13日住房城乡建设部和国家质量技术监督总局联合发布了《建设工程监理规范》（GB/T 50319—2013），这对建设工程监理工作影响广泛、意义重大。同时也使教材中部分内容不能满足当前建设工程监理实际工作及当前高等院校教学工作的需要，为此，我们根据各院校使用者的建议，结合近年来高等教育教学改革的动态，依据《建设工程监理规范》（GB/T 50319—2013）和建设工程监理工作实际，对本书进行了修订。本次修订的主要内容有：

（1）根据《建设工程监理规范》（GB/T 50319—2013）及建设工程监理相关标准规范对教材内容进行了修改与充实，如增加了建设工程监理文件资料管理和建设工程设备采购与设备监造两部分内容，从而强化了教材的实用性和可操作性，使修订后的教材能更好地满足高等院校教学工作的需要。修订时坚持以理论知识够用为度，以培养面向生产第一线的应用型人才为目的，强调提高学生的实践动手能力。

（2）为了突出实用性，本次修订对一些具有较高价值的但在第1版中未给予详细介绍的内容进行了补充，对一些实用性不强的理论知识进行了删减。

（3）对各章节的学习重点、培养目标、本章小结进行了修订，在修订中对各章节知识体系进行了深入的思考，并联系实际进行知识点的总结与概括，使该部分内容更具有指导性与实用性，便于学生学习与思考。对各章节的思考与练习也进行了适当补充，有利于学生课后复习，强化应用所学理论知识解决工程实际问题的能力。

本书由张豫、殷勇、孟艳担任主编，洪帅、张微微担任副主编。具体编写分工为：张豫编写绪论、第二章、第九章，殷勇编写第一章、第五章，孟艳编写第三章、第六章，洪帅编写第七章、第八章，张微微编写第四章。

在本书修订过程中，参阅了国内同行的多部著作，部分高等院校的老师提出了很多宝贵的意见供我们参考，在此表示衷心的感谢！对于参与本书第1版编写但未参与本书修订的老师、专家和学者，本次修订的所有编写人员向你们表示敬意，感谢你们对高等教育教学改革做出的不懈努力，希望你们对本书保持持续关注并多提宝贵意见。

本书虽经反复讨论修改，但限于编者的学识及专业水平和实践经验，修订后的图书仍难免有疏漏和不妥之处，恳请广大读者指正。

编　者

建设工程监理是指具有相应资质的监理单位受工程项目建设单位的委托，依据国家有关工程建设的法律法规，依据经建设主管部门批准的工程项目建设文件、建设工程委托监理合同及其他工程合同，对工程建设实施的专业化监督管理活动。

建设工程监理制度自1988年在我国开始实施，1997年被列入《中华人民共和国建筑法》，期间经历了试点阶段、稳定发展阶段、全面推行与实施阶段。到如今，我国在工程建设领域推行建设工程监理经过20多年的研究、探索与实践，其理论体系和运行模式已初步完善。建设工程监理制已经得到了全社会的普遍认可。实施建设工程监理制符合我国社会主义市场经济发展的要求，对于提高建设工程质量，加快工程建设进度，降低工程造价，提高经济效益具有十分重要的意义。

本教材依据国家相关法规，参考国内外相关资料，结合当前建设工程监理工作实际，深入浅出，注重实用，全面系统地阐述了我国建设工程监理的基本理论。通过本书的学习，学生可了解建设工程监理的基本概念、理论、方法；熟悉和掌握与工程建设合同管理有关的法律知识，并可依据合同对工程建设进行监督、管理、协调，具备运用合同手段解决实际问题的能力。全书共分八章，第一章介绍了建设工程监理的基础理论和发展趋势，建设工程管理制度；第二章介绍了监理员、监理工程师的基本素质，监理工程师的法律责任以及监理工程师资格考试的相关知识，监理企业的资质管理及与各方的关系以及监理费用的计算和服务内容；第三章介绍了建设工程监理招标投标的内容以及监理合同的形式、订立以及履行管理等内容；第四章重点介绍了建设工程监理组织的基本模式以及建立项目监理机构的步骤和机构中各类人员的岗位职责；第五章介绍了建设工程监理规划的编写；第六章介绍了建设工程监理目标控制、工程建设项目各阶段监理以及监理信息管理；第七章介绍了工程建设项目施工合同的订立、履行、争议、索赔的处理；第八章主要介绍了建设工程风险识别、评估以及控制等内容。

本书内容翔实，系统全面。为方便教学，各章前设置【学习重点】和【培养目标】，为学生学习和教师教学作了引导；各章后设置【本章小结】和【思考与练习】，从更深层次给学生以思考、复习的提示，由此构建了"引导—学习—总结—练习"的教学模式，力求让未来的监理工程师们以最快捷的方式了解监理工作的作用、意义、范围、方法以及内涵，力争为我国的建设工程培养出更多的优秀的工程监理人才。

本书编写过程中，参阅了国内同行多部著作，部分高等院校教师也对编写工作提出了很多宝贵意见，在此，对他们表示衷心的感谢！本书的编写虽经仔细推敲核证，但限于编者的专业水平和实践经验，仍难免有疏漏或不妥之处，恳请广大读者指正。

编　者

# 目录
Contents

# 第一章　建设工程监理概述

## 学习目标

　　了解建设工程监理的性质、作用、任务、原则，建设工程监理的法律、法规体系；掌握建设工程监理的基本方法和工作步骤、建设程序与建设工程管理制度及建设工程监理规范。

## 能力目标

　　能严格按照建设工程监理的基本方法和步骤进行工程项目监理。

## 第一节　建设工程监理的基本概念

### 一、建设工程监理的定义

　　建设工程监理是指具有相应资质的监理单位受工程项目建设单位的委托，依据国家有关工程建设的法律、法规，经住房城乡建设主管部门批准的工程项目建设文件、建设工程委托监理合同及其他工程建设合同，对工程建设实施的专业化监督管理。

　　监理单位对建设工程监理的活动是针对一个具体的工程项目展开的，是微观性质的建设工程监督管理；对工程建设参与者的行为进行监控、督导和评价，使建设行为符合国家法律、法规的规定，制止建设行为的随意性和盲目性，使建设进度、造价、工程质量按计划实现，确保建设行为的合法性、科学性、合理性和经济性。

### 二、建设工程监理的行为主体

　　《中华人民共和国建筑法（2019 修正）》（以下简称《建筑法》）明确规定，实行监理的建设工程，由建设单位委托具有相应资质条件的工程监理企业实施监理。建设工程监理只能由具有相应资质的工程监理企业来开展，其行为主体是工程监理企业。这是我国建设工程监理制度的一项重要规定。

建设工程监理不同于住房城乡建设主管部门的监督管理。后者的行为主体是政府部门，它具有明显的强制性，是行政性的监督管理，它的任务、职责和内容不同于建设工程监理。同样，总承包单位对分包单位的监督管理也不能视为建设工程监理。

中华人民共和国
建筑法

### 三、建设工程监理实施的前提

《建筑法》明确规定，建设单位与其委托的工程监理企业应当订立书面建设工程委托监理合同，也就是说，建设工程监理的实施需要建设单位的委托和授权，工程监理企业应根据委托监理合同和有关工程建设合同的规定实施监理。

建设工程监理只有在建设单位委托的情况下才能进行。只有与建设单位订立书面委托监理合同，明确了监理的范围、内容、权利、义务、责任等，工程监理企业才能在规定的范围内行使管理权，合法地开展工程监理。工程监理企业在委托监理的工程中拥有一定的管理权限，能够开展管理活动，这是建设单位授权的结果。

承建单位根据法律、法规的规定和与建设单位签订的有关工程建设合同的规定接受工程监理企业对其建设行为进行监督管理，接受并配合监理是其履行合同的一种行为。工程监理企业对哪些单位的哪些建设行为实施监理，要根据有关工程建设合同的规定。如仅委托施工阶段监理的工程，工程监理企业只能根据委托监理合同和施工合同对施工行为实行监理。而在委托全过程监理的工程中，工程监理企业则可以根据委托监理合同及勘察合同、设计合同、施工合同对勘察单位、设计单位和施工单位的建设行为实行监理。

## 第二节　建设工程监理的性质、作用、任务与责任

### 一、建设工程监理的性质

建设工程监理是一种特殊的工程建设活动，《建筑法》规定："建筑工程监理应当依据法律、行政法规及有关的技术标准、设计文件和建筑工程承包合同，对承包单位在施工质量、建设工期和建设资金使用等方面代表建设单位实施监督。"因此，要充分理解我国建设工程监理制度，必须深刻认识建设监理的性质。

1. 服务性

建设工程监理是一种高智能、有偿的技术服务活动。建设工程监理是监理人员利用自己的工程建设知识、技能和经验为建设单位提供的管理服务。它既不同于承建商的直接生产活动，也不同于建设单位的直接投资活动。建设工程监理单位不向建设单位承包工程造价，不参与承包单位的利益分成，其获得的是技术服务性的报酬。

建设工程监理的服务客体是建设单位的工程项目，服务对象是建设单位。这种服务性的活动是严格按照监理合同和其他有关工程建设合同来实施的，是受法律约束和保护的。

## 2. 科学性

建设工程监理应当遵循科学性准则。监理的科学性体现在其工作的内涵是为工程管理与工程技术提供知识性的服务。监理的任务决定了其应当采用科学的思想、理论、方法和手段；监理的社会化、专业化特点要求监理单位按照高智能原则组建；监理的服务性质决定了其应当提供科技含量高的管理服务；建设工程监理维护社会公众利益和国家利益的使命决定了其必须提供科学性服务。

监理的科学性主要表现在：工程监理企业应当由组织管理能力强、工程建设经验丰富的人员担任领导；应当有一支由足够数量的、有丰富的管理经验和应变能力的监理工程师组成的骨干队伍；要有一套健全的管理制度；要有现代化的管理手段；要掌握先进的管理理论、方法和手段；要积累足够的技术、经济资料和数据；要有科学的工作态度和严谨的工作作风；要实事求是、创造性地开展工作。

## 3. 公正性

监理单位不仅是为建设单位提供技术服务的一方，还应当成为建设单位与承建商之间的公正的第三方。在任何时候，监理方都应依据国家法律、法规、技术标准、规范、规程和合同文件，站在公正的立场上进行判断、证明和行使自己的处理权，要维护建设单位且不损害被监理单位双方的合法权益。

## 4. 独立性

从事建设工程监理活动的监理单位是直接参与工程项目建设的"三方当事人"之一，它与项目建设单位、承建商之间的关系是一种平等主体关系。

《建筑法》明确指出，工程监理企业应当根据建设单位的委托，客观、公正地执行监理任务。《工程建设监理规定》和《建设工程监理规范》(GB/T 50319—2013)要求工程监理企业按照"公正、独立、自主"的原则开展监理工作。

按照独立性要求，工程监理单位应当严格地按照有关法律、法规、规章、工程建设文件、工程建设技术标准、建设工程委托监理合同、有关的工程建设合同等的规定实施监理；在委托监理的工程中，与承建单位不得有隶属关系和其他利益关系；在开展工程监理的过程中，必须建立自己的组织，按照自己的工作计划、程序、流程、方法、手段，根据自己的判断，独立地开展工作。

# 二、建设工程监理的作用

## 1. 有利于提高工程建设投资决策科学化水平

在建设单位委托工程监理企业实施全方位全过程监理的条件下，在建设单位有了初步的项目投资意向之后，工程监理企业可协助建设单位选择适当的工程咨询机构，管理工程咨询合同的实施，并对咨询结果(如项目建议书、可行性研究报告)进行评估，提出有价值的修改意见和建议；或者直接从事工程咨询工作，为建设单位提供建设方案。这样，不仅可使项目投资符合国家经济发展规划、产业政策、投资方向，而且可使项目投资更加符合市场需求。工程监理企业参与或承担项目决策阶段的监理工作，有利于提高工程建设投资决策的科学化水平，避免工程建设投资决策失误，也可为实现工程建设投资综合效益最大化打下良好的基础。

### 2. 有利于规范工程建设参与各方的建设行为

工程建设参与各方的建设行为都应当符合法律、法规、规章和市场准则。要做到这一点，仅仅依靠自律机制是远远不够的，还需要建立有效的约束机制。

在工程建设实施过程中，工程监理企业可依据委托监理合同和有关的工程建设合同对承建单位的建设行为进行监督管理。由于这种约束机制贯穿于工程建设的全过程，采用事前控制、事中控制和事后控制相结合的方式，因此可以有效地规范各承建单位的建设行为，最大限度地避免不当建设行为的发生。即使出现不当建设行为，也可以及时加以制止，最大限度地减少不良后果。应当说，这是约束机制的根本目的。另一方面，由于建设单位不了解工程建设有关的法律、法规、规章、管理程序和市场行为准则，故也可能发生不当建设行为。在这种情况下，工程监理单位可以向建设单位提出适当的建议，从而避免发生建设单位的不当建设行为，这对规范建设单位的建设行为也可起到一定的约束作用。

当然，要发挥上述约束作用，工程监理企业首先必须规范自身的行为，并接受政府的监督管理。

### 3. 有利于保证工程建设的质量和使用安全

工程监理企业对承建单位建设行为的监督管理，实际上是从产品需求者的角度对工程建设生产过程的管理，这与产品生产者自身的管理有很大不同。而工程监理企业又不同于工程建设的实际需求者，其监理人员都是既懂工程技术又懂经济管理的专业人士，他们有能力及时发现工程建设实施过程中出现的问题，发现工程材料、设备及阶段产品存在的问题，从而避免留下工程质量隐患。因此，实行建设工程监理制之后，在加强承建单位自身对工程质量管理的基础上，由工程监理企业介入工程建设生产过程的管理，对保证工程建设质量和使用安全有着重要的作用。

### 4. 有利于实现工程建设投资效益最大化

工程建设投资效益最大化有以下几种不同表现：

(1)在满足工程建设预定功能和质量标准的前提下，建设投资额最少，工程建设寿命周期费用(或全寿命费用)最少。

(2)工程建设本身的投资效益与环境、社会效益的综合效益最大化。

## 三、建设工程监理的任务与责任

### 1. 建设工程监理的任务

建设工程监理的中心任务就是控制工程项目目标，也就是控制经过科学规划所确定的工程项目的投资目标、进度目标和质量目标。这三大目标是相互关联、相互制约的。

任何工程项目都是在一定的投资限制条件下实现的。任何工程项目的实现都要受到时间的限制，都有明确的项目进度和工期要求。任何工程项目都要实现它的功能要求、使用要求和其他有关的质量标准，这是投资建设一项工程最基本的需求。实现建设项目并不十分困难，而要使工程项目能够在计划的投资、进度和质量目标内实现则是困难的，这就是社会需求建设工程监理的原因。建设工程监理正是为解决这样的困难和满足这种社会需求而出现的。因此，目标控制应当成为建设工程监理的中心任务。中心任务的完成是通过各阶段具体的监理工作任务的完成来实现的。监理工作任务划分如图 1-1 所示。

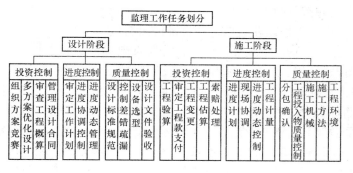

图 1-1　监理工作任务划分

### 2. 建设工程监理的责任

监理单位或监理人员在接受监理任务后应努力向项目业主或法人提供与之水平相适应的服务；相反，如果不能够按照监理委托合同及相应法律开展监理工作，按照有关法律和委托监理合同，委托单位可对监理单位进行违约金处罚，或对监理单位起诉。如果违反法律，政府主管部门或检察机关可对监理单位及负有责任的监理人员提起诉讼。法律、法规规定的监理单位和监理人员的责任主要有以下两个方面：

（1）建设监理的普通责任。对于工程项目监理，不按照委托监理合同的约定履行义务，对应当监督检查的项目不检查或不按规定检查，给建设单位造成损失的，应承担相应的赔偿责任。这里所说的普通责任只是在建设单位与监理单位之间的责任。当建设单位不追究监理单位的责任时，这种责任也就不存在了。

（2）建设监理的违法责任。

1）与承包单位串通，为承包单位牟取非法利益，给建设单位造成损失的，应当与承包单位承担连带赔偿责任。

2）与建设单位或建筑施工企业串通，弄虚作假，降低工程质量的，责令改正、处以罚款、降低资质等级、吊销资质证书；有违法所得的予以没收；造成损失的，承担连带赔偿责任。

3）监理单位转让监理业务，应立即责令改正，并没收违法所得；或停业整顿，降低资质等级；情节严重的，可以吊销资质证书。

建设监理的违法责任在于违反了现行的法律，法律要运用其强制力对违法者进行处理。

## 第三节　建设工程监理的方法

### 一、建设工程监理的依据及原则

#### 1. 建设工程监理的依据

建设工程监理的依据包括工程建设文件，有关的法律、法规、规章和标准、规范，建设工程委托监理合同和有关的工程建设合同。

（1）工程建设文件。工程建设文件包括批准的可行性研究报告、建设项目选址意见书、建设用地规划许可证、工程建设规划许可证、批准的施工图设计文件、施工许可证等。

（2）有关的法律、法规、规章和标准、规范。有关的法律、法规、规章和标准、规范包括《建筑法》《中华人民共和国合同法（2017修正）》（以下简称《合同法》）、《中华人民共和国招标投标法》（以下简称《招标投标法》）、《建设工程质量管理条例（2019修改）》等法律、法规，《工程建设监理规定》等部门规章及地方性法规等，也包括《工程建设标准强制性条文》《建设工程监理规范》（GB/T 50319—2013），以及有关的工程技术标准、规范、规程等。

（3）建设工程委托监理合同和有关的工程建设合同。工程监理企业应当根据两类合同，即工程监理企业与建设单位签订的建设工程委托监理合同和建设单位与承建单位签订的有关工程建设合同对承建单位进行监理。

工程监理企业依据哪些有关的工程建设合同进行监理，视委托监理合同的范围来决定。全过程监理应当包括咨询合同、勘察合同、设计合同、施工合同及设备采购合同等；决策阶段监理主要是咨询合同；设计阶段监理主要是设计合同；施工阶段监理主要是施工合同。

**2. 建设工程监理的原则**

监理单位受业主委托对工程项目实施监理时，应遵循公正、独立、自主的原则，并应遵循权责一致、严格监理、热情服务、综合效益，预防为主、实事求是的原则。

（1）公正、独立、自主的原则。在建设工程监理中，监理工程师必须尊重科学，尊重事实，组织各方协同配合，维护有关各方的合法权益，为使这一职能顺利实施，必须坚持公正、独立、自主的原则。业主与承包商虽然都是独立运行的经济主体，但他们追求的经济目标有差异，各自的行为也有差别，监理工程师应在按合同约定的权、责、利关系基础上，协调双方的一致性，即只有按合同的约定建成项目，业主才能实现投资的目的，承包商也才能实现自己生产的产品的价值，取得工程款并实现盈利。

（2）权责一致的原则。监理工程师为履行其职责而从事的监理活动，是根据建设工程监理法规并受业主的委托与授权而进行的。监理工程师承担的职责应与业主授予的权限相一致。也就是说，业主向监理工程师的授权，应以能保证其正常履行监理的职责为原则。

监理活动的客体是承包商的活动，但监理工程师与承包商之间并无经济合同关系。监理工程师之所以能行使监理职权，是依赖业主的授权。这种权力的授予，除体现在业主与监理单位之间签订的建设工程监理委托合同中外，还应作为业主与承包商之间工程承包合同的条件。因此，监理工程师在明确业主提出的监理目标和监理工作内容要求后，应与业主协商，明确相应的授权，达成共识后，反映在监理委托合同及承包合同中。据此，监理工程师才能开展监理活动。

总监理工程师代表监理单位全面履行建设工程监理委托合同，承担合同中确定的监理方向业主方所承担的义务和责任。因此，在监理合同实施的过程中，监理单位应给予总监理工程师充分的授权，体现权责一致的原则。

（3）严格监理、热情服务的原则。监理工程师在处理与承建商的关系及业主与承建商之间的利益关系时，一方面应坚持严格按合同办事，严格监理的要求；另一方面又应立场公正，为业主提供热情服务。

（4）综合效益的原则。社会建设监理活动既要考虑业主的经济效益，又必须考虑与社会效益和环境效益的有机统一，符合"公众"的利益，个别业主为谋求自身狭隘的经济利益，不惜损害国家、社会的整体利益。建设工程监理虽经业主的委托和授权才得以进行，但监理工程师应严格遵守国家的建设管理法律、法规、标准等，以高度负责的态度和责任感，既要对业主负责，谋求最大的经济效益，又要对国家和社会负责，取得最佳的综合效益。只有在符合宏观经济效益、社会效益和环境效益的条件下，业主投资项目的微观经济效益才能得以实现。

（5）预防为主的原则。建设工程监理活动的产生与发展的前提条件，是拥有一批具有工程技术与管理知识和实践经验，精通法律和经济的专门高素质人才，形成专门化、社会化的高职能建设工程监理单位，为业主提供服务。由于工程项目具有"一次性""单件性"等特点，使工程项目建设过程存在很多风险，因此监理工程师必须具有预见性，并将重点放在"预控"上，防患于未然。在制定监理规划、编制监理细则和实施监理控制过程中，对工程项目投资控制、进度控制和质量控制中可能发生的失控问题要有预见性和超前的考虑，制订相应的对策和预控措施予以防范。另外，还应考虑多个不同的措施与方案，做到"事前有预测，情况变了有对策"，避免被动。

（6）实事求是的原则。监理工作中监理工程师应尊重事实，以理服人。监理工程师的任何指令、判断都应有事实依据，有证明、检验、试验资料。监理工程师不应以权压人，而应晓之以理。所谓"理"，即具有说服力的事实依据，做到以"理"服人。

## 二、建设工程监理的基本方法

建设工程监理的基本方法是一个系统，它由不可分割的若干个子系统组成。它们相互联系、相互支持、共同运行，形成一个完整的方法体系，这就是目标规划、动态控制、组织协调、信息管理和合同管理。

### 1. 目标规划

目标规划是以实现目标控制为目的的规划和计划。其是围绕工程项目投资、进度和质量目标进行研究确定、分解综合、安排计划、风险管理、制定措施等各项工作的集合。目标规划是目标控制的基础和前提，只有做好目标规划的各项工作才能有效实施目标控制。目标规划得越好，目标控制的基础就越牢，目标控制的前提条件也就越充分。

目标规划工作包括：正确地确定投资、进度、质量目标或对已经初步确定的目标进行论证；按照目标控制的需要将各目标进行分解，使每个目标都形成一个既能分解又能综合地满足控制要求的目标划分系统，以便实施控制；将工程项目实施的过程、目标和活动编制成计划，用动态的计划系统来协调和规范工程项目的实施，为实现预期目标构筑一座桥梁，使项目协调有序地达到预期目标；对计划目标的实现进行风险分析和管理，以便采取针对性的有效措施，实施主动控制；制定各项目标的综合控制措施，力保项目目标的实现。

### 2. 动态控制

动态控制是开展建设工程监理活动时采用的基本方法。动态控制工作贯穿于工程项目的整个监理过程中。

动态控制就是在完成工程项目的过程中，通过对过程、目标和活动的跟踪，全面、及时、准确地掌握工程建设信息，将实际目标值和工程建设状况与计划目标和状况进行对比，如果偏离了计划和标准的要求，就采取措施加以纠正，以便达到计划总目标的实现。这是一个不断循环的过程，直至项目建成交付使用。这种控制是一个动态的过程，过程在不同的空间展开，控制就要针对不同的空间来实施。工程项目的实施分不同的阶段，控制也就分成不同阶段的控制。工程项目的实现总要受到外部环境和内部因素的各种干扰，因此，必须采取应变性的控制措施。计划的不变是相对的，计划总是在调整中运行，控制就要不断地适应计划的变化，从而达到有效的控制。监理工程师只有把握住工程项目运动的脉搏才能做好目标控制工作。动态控制是在目标规划的基础上针对各级分目标实施的控制，整个动态控制过程都是按事先安排的计划来进行的。

### 3. 组织协调

组织协调与目标控制是密不可分的。协调的目的是实现项目目标。在监理过程中，当设计概算超过投资估算时，监理工程师要与设计单位进行协调，使设计与投资限额之间达成一致，既要满足建设单位对项目的功能和使用要求，又要力求使费用不超过限定的投资额度；当施工进度影响到项目动用时间时，监理工程师就要与施工单位进行协调，或改变投入，或修改计划，或调整目标，直到制定出一个较理想解决问题的方案为止；当发现承包单位的管理人员不称职，给工程质量造成影响时，监理工程师要与承包单位进行协调，以便更换人员，确保工程质量。

组织协调包括项目监理组织内部人与人、机构与机构之间的协调。如项目总监理工程师与各专业监理工程师之间、各专业监理工程师之间的人际关系以及纵向监理部门与横向监理部门之间关系的协调。组织协调还存在于项目监理组织与外部环境组织之间，其中主要是与项目建设单位、设计单位、施工单位、材料和设备供应单位，以及与政府有关部门、社会团体、咨询单位、科学研究、工程毗邻单位之间的协调。

为了开展好建设工程监理工作，要求项目监理组织内的所有监理人员都能主动地在自己负责的范围内进行协调，并采用科学有效的方法。为了搞好组织协调工作，需要对经常性事项的协调加以程序化，事先确定协调内容、协调方式和具体的协调流程；需要经常通过监理组织系统和项目组织系统，利用权责体系，采取指令等方式进行协调；需要设置专门机构或由专人进行协调；需要召开各种类型的会议进行协调。只有这样，项目系统内各子系统、各专业、各工种、各项资源，以及时间、空间等方面才能实现有机配合，使工程项目成为一体化运行的整体。

### 4. 信息管理

建设工程监理离不开工程信息。在实施监理过程中，监理工程师要对所需要的信息进行收集、整理、处理、存储、传递、应用等一系列工作，这些工作总称为信息管理。

信息管理对建设工程监理是十分重要的。监理工程师在开展监理工作当中要不断预测或发现问题，要不断地进行规划、决策、执行和检查，而做好这每项工作都离不开相应的信息。规划需要规划信息，决策需要决策信息，执行需要执行信息，检查需要检查信息。监理工程师在监理过程中的主要任务是进行目标控制，而控制的基础就是信息。任何控制只有在信息的支持下才能有效地进行。

项目监理组织的各部门为完成各项监理任务需要哪些信息，完全取决于这些部门实际工作的需要。因此，对信息的要求是与各部门监理任务和工作直接联系的。不同的项目，由于情况不同，所需要的信息也就有所不同。

### 5. 合同管理

监理单位在建设工程监理过程中的合同管理，主要是根据监理合同的要求对工程承包合同的签订、履行、变更和解除进行监督、检查，对合同双方的争议进行调解和处理，以保证合同的依法签订和全面履行。

合同管理对于监理单位完成监理任务是非常重要的。根据国外经验，合同管理产生的经济效益往往大于技术优化所产生的经济效益。一项工程合同应当对参与建设项目的各方建设行为起到控制作用，同时，具体指导这项工程如何操作完成。所以，从这个意义上讲，合同管理起着控制整个项目实施的作用。如按照 FIDIC《土木工程施工合同条件》实施的工程，根据第 72 条第 194 项条款，详细地列出了在项目实施过程中所遇到的各方面的问题，并规定了合同各方在遇到这些问题时的权利和义务，同时，还规定了监理工程师在处理各种问题时的权限和职责。在工程实施过程中经常发生的有关设备、材料、开工、停工、延误、变更、风险、索赔、支付、争议、违约等问题，以及财务管理、工程进度管理、工程质量管理诸方面工作，这个合同条件都涉及了。

监理工程师在合同管理中应当着重于以下几个方面的工作：

(1)合同分析。合同分析是对合同各类条款分门别类地进行研究和解释，并找出合同的缺陷和弱点，以发现和提出需要解决的问题。同时，更为重要的是，对引起合同变化的事件进行分析研究，以便采取相应措施。合同分析对于促进合同各方履行义务和正确行使合同赋予的权力、监督工程的实施、解决合同争议、预防索赔和处理索赔等各项工作都是必要的。

(2)建立合同目录、编码和档案。合同目录和编码是采用图表方式进行合同管理的很好工具，它为合同管理自动化提供了方便条件，使计算机辅助合同管理成为可能。合同档案的建立可以将合同条款分门别类地加以存放，为查询、检索合同条款及分解和综合合同条款提供了方便。合同资料的管理应当起到为合同管理提供整体性服务的作用。

(3)对合同履行的监督、检查。通过检查发现合同执行中存在的问题，并根据法律、法规和合同的规定加以解决，以提高合同的履约率，使工程项目能够顺利建成。合同监督还包括经常性地对合同条款进行解释，常念"合同经"，以促使承包方能够严格地按照合同要求实现工程进度、工程质量和费用要求。按合同的有关条款绘制工作流程图、质量检查和协调关系图等，可以帮助有效地进行合同监督。合同监督需要经常检查合同双方往来的文件、信函、记录、业主指示等，以确认它们是否符合合同的要求和对合同的影响，以便采取相应对策。根据合同监督、检查所获得的信息进行统计分析，以发现费用金额、履约率、违约原因、纠纷数量、变更情况等问题，向有关监理部门提供情况，为目标控制和信息管理服务。

(4)索赔。索赔是合同管理中的重要工作，又是关系合同双方切身利益的问题，同时牵扯监理单位的目标控制工作，是参与项目建设的各方都关注的事情。监理单位应当首先协助业主制定并采取防止索赔的措施，以便最大限度地减少无理索赔的数量和降低因索赔所造成的影响。其次，要处理好索赔事件。对于索赔，监理工程师应当以公正的态度对待，同时，按照事先规定的索赔程序做好处理索赔的工作。

合同管理直接关系着投资控制、进度控制、质量控制，是建设工程监理方法系统中不可分割的组成部分。

## 三、建设工程监理的工作步骤

建设监理单位从接受监理任务到圆满完成监理工作，主要有以下几个步骤。

### 1. 取得监理任务

建设监理单位获得监理任务主要有以下途径：

(1)业主点名委托。

(2)通过协商、议标委托。

(3)通过招标、投标，择优委托。

此时，监理单位应编写监理大纲等有关文件，参加投标。

### 2. 签订监理委托合同

按照国家统一文本签订监理委托合同，明确委托内容及各自的权利、义务。

### 3. 成立项目监理组织

建设监理单位在与业主签订监理委托合同后，根据工程项目的规模、性质及业主对监理的要求，委派称职的人员担任项目的总监理工程师，代表监理单位全面负责该项目的监理工作。总监理工程师对内向监理单位负责，对外向业主负责。

在总监理工程师的具体领导下，组建项目的监理班子，并根据签订的监理委托合同制订监理规划和具体的实施计划(监理实施细则)，开展监理工作。

一般情况下，监理单位在承接项目监理任务时，在参与项目监理的投标、拟订监理方案(大纲)及与业主商签监理委托合同的同时，应选派称职的人员主持该项工作。在监理任务确定并签订监理委托合同后，该主持人即可作为项目总监理工程师。这样，项目的总监理工程师在承接任务阶段即早已介入，从而更能了解业主的建设意图和对监理工作的要求，并能与后续工作更好地衔接。

### 4. 资料收集

收集有关资料，以作为开展建设监理工作的依据。

(1)反映工程项目特征的相关资料有：工程项目的批文；规划部门关于规划红线范围和设计条件的通知；土地管理部门关于准予用地的批文；批准的工程项目可行性研究报告或设计任务书；工程项目地形图；工程项目勘测、设计图纸及有关说明。

(2)反映当地工程建设政策、法规的相关资料有：关于工程建设报建程序的有关规定；当地关于拆迁工作的有关规定；当地关于工程建设应缴纳有关税、费的规定；当地关于工程项目建设管理机构资质管理的有关规定；当地关于工程项目建设实行建设监理的有关规定；当地关于工程建设招标投标制的有关规定；当地关于工程造价管理的有关规定等。

(3)反映工程项目所在地区技术经济状况等建设条件的资料有：气象资料；工程地质及水文地质资料；与交通运输(含铁路、公路、航运)有关的可提供的能力、时间及价格等资料；供水、供热、供电、供燃气、电信、有线电视等的有关情况；可提供的容量、价格等资料；勘察设计单位状况；土建、安装(含特殊行业安装，如电梯、消防、智能化等)施工单位情况；建筑材料、构配件及半成品的生产供应情况；进口设备及材料的有关到货口岸、运输方式的情况。

(4)类似工程项目建设情况的有关资料有：类似工程项目投资方面的有关资料；类似工程项目建设工期方面的有关资料；类似工程项目采用新结构、新材料、新技术、新工艺的有关资料；类似工程项目出现质量问题的具体情况；类似工程项目的其他技术经济指标等。

### 5. 制订监理规划、工作计划或实施细则

工程项目的监理规划是开展项目监理活动的纲领性文件，由项目总监理工程师主持，

专业监理工程师参加编制，建设监理单位技术负责人审核批准。

在监理规划的指导下，为了具体指导投资控制、进度控制、质量控制的进行，还需要结合工程项目的实际情况，制定相应的实施计划或细则(或方案)。

**6. 根据监理实施细则开展监理工作**

作为一种科学的工程项目管理制度，监理工作的规范化体现在以下几个方面：

(1)工作的时序性。即监理的各项工作都是按一定的逻辑顺序先后展开的，从而使监理工作能有效地达到目标而不致造成工作状态的无序和混乱。

(2)职责分工的严密性。建设工程监理工作是由不同专业、不同层次的专家群体共同来完成的，他们之间严密的职责分工是协调进行监理工作的前提和实现监理目标的重要保证。

(3)工作目标的确定性。在职责分工的基础上，每一项监理工作应达到的具体目标都应是确定的，完成的时间也应有时限规定，从而能通过报表资料对监理工作及其效果进行检查和考核。

(4)工作过程系统化。施工阶段的监理工作主要包括三控制(投资控制、进度控制、质量控制)、二管理(合同管理、信息管理)、一协调，共六个方面的工作。施工阶段的监理工作又可以分为事前控制、事中控制、事后控制三个阶段，形成了矩阵形的系统，因此，监理工作的开展必须实现工作过程系统化，如图 1-2 所示。

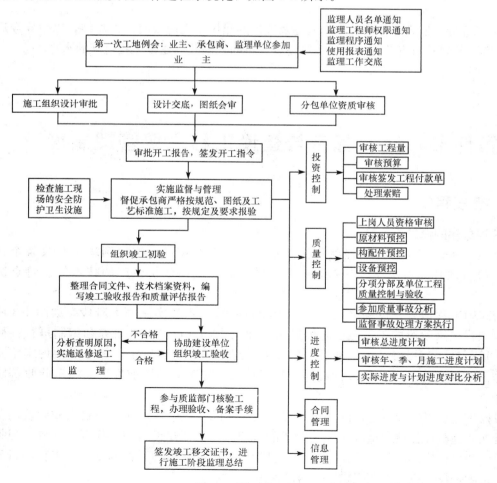

图 1-2　施工监理的工作程序

7. 参与项目竣工验收，签署建设监理意见

工程项目施工完成后，应由施工单位在正式验收前组织竣工预验收。监理单位应参与预验收工作，在预验收中发现的问题应与施工单位沟通，提出要求，签署建设工程监理意见。

8. 向业主提交建设工程监理档案资料

工程项目建设监理业务完成后，向业主提交的监理档案资料应包括：监理设计变更、工程变更资料；监理指令性文件；各种签证资料；其他档案资料。

9. 监理工作总结

监理工作总结应包括以下主要内容：

(1)第一部分，是向业主提交的监理工作总结。其内容主要包括：监理委托合同履行情况概述；监理任务或监理目标完成情况的评价；由业主提供的供监理活动使用的办公用房、车辆、试验设施等的清单；表明监理工作终结的说明等。

(2)第二部分，是向监理单位提交的监理工作总结。其内容主要包括：监理工作的经验，可以是采用某种监理技术、方法的经验，也可以是采用某种经济措施、组织措施的经验，签订监理委托合同方面的经验，以及如何处理好与业主、承包单位关系的经验等。

(3)第三部分，监理工作中存在的问题及改进的建议，也应及时加以总结，以指导今后的监理工作，并向政府有关部门提出政策建议，不断提高我国建设工程监理的水平。

# 第四节　建设程序与建设工程主要管理制度

## 一、建设程序

### 1. 建设程序的概念

工程项目建设程序是指工程项目从基本项目决策、设计、施工到竣工验收整个过程中各个阶段及其先后次序。其是客观规律的反映，是由建筑生产的技术经济特点决定的。

目前我国工程项目建设程序大体可分为项目决策和项目实施两大阶段，如图1-3所示。建设项目决策阶段的工作主要是编制项目建议书，进行可行性研究和编制可行性研究报告。可行性研究报告经过批准后，建设单位组建项目管理班子，并着手项目实施阶段的工作。项目实施阶段主要包括设计、施工准备、施工、动用前准备、竣工验收等阶段性工作。

建设监理一般贯通项目建设的整个过程，但在实际工程中往往注重项目实施阶段的监理，而且在实施阶段往往注重施工安装阶段的监理。为保证建设监理工作顺利实施，根据工程项目的建设程序的需要，已经形成一套科学的工程项目监理工作制度，为工程项目质量控制、进度控制、投资控制提供了有力的保障。

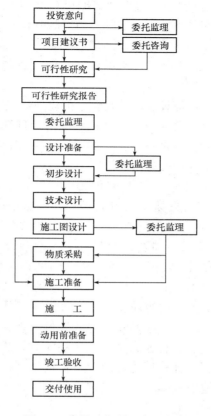

投资意向

项目建议书 → 委托监理

可行性研究 → 委托咨询

可行性研究报告

委托监理

设计准备

初步设计 → 委托监理

技术设计

施工图设计 → 委托监理

物质采购

施工准备

施　　工

动用前准备

竣工验收

交付使用

**图 1-3　我国工程项目建设程序**

2. 建设程序各阶段的工作内容

（1）项目建议书阶段的工作内容。项目建议书中需要说明项目建设的必要性和依据，引进技术与设备的内容和必要性；说明产品方案、拟建规模和建设地点的初步设想；资源情况、建设条件、协作关系和引进国别及厂商的初步分析；投资估算和资金筹措的设想，利用外资项目要说明利用外资的可能性及偿还贷款能力的初步预测；项目的进度安排；对经济效果和社会效益的初步估计。

项目建议书的编制相当于投资机会性研究，是基本建设程序中最初阶段的工作，也是国家选择建设项目的依据。

项目建议书根据拟建项目规模报送有关部门审批。大中型及限额以上项目的项目建议书应先报行业归口主管部门，同时抄送国家发改委。行业归口主管部门初审同意后报国家发改委，国家发改委根据建设总规模、生产力总布局、资源优化配置、资金供应可能、外部协作条件等方面进行综合平衡，还要委托具有相应资质的工程咨询单位评估后审批。重大项目由国家发改委报国务院审批。小型和限额以下项目的项目建议书，按项目隶属关系由部门或地方发改委审批。

项目建议书批准后，项目即可列入项目建设前期工作计划，可以进行下一步的可行性研究工作。

（2）可行性研究阶段的工作内容。建设项目的可行性研究可根据实际情况和需要，或作为一个阶段一次完成，或分阶段完成。可行性研究的阶段可分为投资机会性研究（鉴定投资方向）、初步可行性研究（又称预可行性研究）、最终可行性研究（又称技术经济可行性研究）及评价报告。投资机会性研究和初步可行性研究大体相当于我国现阶段的"项目建议书"。

建设项目的可行性研究，就是对新建或改建、扩建项目进行调查、预测、分析、研究、评价等一系列工作，论证项目建设的必要性及技术经济合理性，评价投资的技术经济社会效益与影响，从而确定项目可行还是不可行。如可行，则推荐最佳经济社会效益方案并编制可行性研究报告；如不可行，则撤销该项目。

（3）设计阶段的工作内容。根据建设项目的不同情况，设计过程一般划分为两个阶段或三个阶段。一般建设项目实行两阶段设计，即初步设计和施工图设计。对于技术上比较复杂而又缺乏设计经验的项目，实行三阶段设计，即初步设计、技术设计和施工图设计，实行三阶段设计要经主管部门同意。对于一些大型联合企业、矿区、油区、林区和水利枢纽，为解决统筹规划、总体部署和开发顺序问题，一般还需要进行总体规划设计或总体设计。

1）初步设计。初步设计的主要内容应包括：设计的主要依据；设计的指导思想和主要原则；建设规模；产品方案；原料、燃料和动力的用量、来源和要求；主要生产设备的选型及配置；工艺流程；总图布置和运输方案；主要建筑物、构筑物；公用辅助设施；外部协作条件；综合利用；"三废"治理；环境评价及保护措施；抗震及人防设施；生产组织及劳动定员；生活区建设；占地面积和征地数量；建设工期；设计总概算；主要技术经济指标分析及评价等的文字说明和图纸。

2）技术设计。技术设计是指为进一步解决某些重大项目和特殊项目中的具体技术问题，或确定某些技术方案而进行的设计。其是为在初步设计阶段中无法解决而又需要进一步研究的那些问题的解决所设置的一个设计阶段。设计文件应根据批准的初步设计文件编制，其主要内容包括提供技术设计图纸和设计文件、编制修正总概算。

3）施工图设计。施工图设计是工程设计的最后阶段，它是根据建筑安装工程或非标准设备制作的需要，把初步设计（或技术设计）确定的设计原则和设计方案进一步具体化、明确化，并把工程和设备的各个组成部分的尺寸、节点大样、布置和主要施工方法以图样和文字的形式加以确定，并编制设备、材料明细表和施工图预算。

施工图设计的主要内容包括总平面图、建筑物和构筑物详图、公用设施详图、工艺流程和设备安装图及非标准设备制作详图等。

（4）建设准备阶段的工作内容。工程开工建设之前，应当切实做好各项准备工作，其中包括：组建项目法人；征地、拆迁和平整场地；做到水通、电通、路通；组织设备、材料订货；工程建设报建；委托工程监理；组织施工招标投标；优选施工单位；办理施工许可证等。

按规定做好准备工作，具备开工条件以后，建设单位申请开工。经批准，项目进入下一阶段，即施工安装阶段。

（5）施工安装阶段的工作内容。本阶段的主要任务是按设计进行施工安装，建成工程实体。在施工安装阶段，施工承包单位应当认真做好图纸会审工作；参加设计交底；了解设计意图；明确质量要求；选择合适的材料供应商；做好人员培训；合理组织施工；建立并落实技术管理、质量管理体系和质量保证体系；严格把好中间质量验收和竣工验收环节。

（6）生产准备阶段的工作内容。工程投产前，建设单位应当做好各项生产准备工作。生产准备阶段是由建设阶段转入生产经营阶段的重要衔接阶段。在本阶段，建设单位应当做好相关工作的计划、组织、指挥、协调和控制工作。

生产准备阶段的主要工作有：组建管理机构；制定有关制度和规定；招聘并培训生产管理人员；组织有关人员参加设备安装、调试、工程验收；签订供货及运输协议；进行工具、器具、备品、备件等的制造或订货；其他需要做好的有关工作。

（7）竣工验收阶段的工作内容。工程建设按设计文件规定的内容和标准全部完成，并按规定将工程内外全部清理完毕后，达到竣工验收条件，建设单位即可组织竣工验收，勘察、设计、施工、监理等有关单位应参加竣工验收。竣工验收是考核建设成果、检验设计和施工质量的关键步骤，是由投资成果转入生产或使用的标志。竣工验收合格后，建设工程方可交付使用。

竣工验收后，建设单位应及时向住房城乡建设主管部门或其他有关部门备案并移交建设项目档案。

建设工程自办理竣工验收手续后，因勘察、设计、施工、材料等原因造成的质量缺陷，应及时修复，费用由责任方承担。保修期限、返修和损害赔偿应当遵照《建设工程质量管理条例》的规定。

## 二、建设工程主要管理制度

### 1. 项目法人责任制

为了建立投资约束机制、规范建设单位的行为，工程建设应当按照政企分开的原则组建项目法人，实行项目法人责任制，即由项目法人对项目的策划、资金筹措、建设实施、生产经营、债务偿还和资产的保值增值，实行全过程负责的制度。

（1）项目法人的设立。新上项目在项目建议书被批准后，应及时组建项目法人筹备组，具体负责项目法人的筹建工作。项目法人筹备组主要由项目投资方派代表组成。

在申报项目可行性研究报告时，需要同时提出项目法人组建方案，否则，其项目可行性研究报告不予审批。项目可行性研究报告经批准后，正式成立项目法人，并按有关规定确保资金按时到位，同时及时办理公司登记。

（2）项目法人的备案。国家重点建设项目的公司章程须报国家发改委备案，其他项目的公司章程按项目隶属关系分别向有关部门、地方发改委备案。

（3）项目法人的组织形式和职责。国有独资公司设立董事会。董事会由投资方负责组建。国有控股或参股的有限责任公司、股份有限公司设立股东会、董事会和监事会。董事会、监事会由各投资方按照《中华人民共和国公司法》（以下简称《公司法》）的有关规定组建。

建设项目董事会的职责：筹措建设资金；审核上报项目初步设计和概算文件；审核上报年度投资计划并落实年度资金；提出项目开工报告；研究解决建设过程中出现的重大问题；负责提出项目竣工验收申请报告；审定偿还债务计划和生产经营方针，并负责按时偿还债务；聘任或解聘项目总经理，并根据总经理的提名，聘任或解聘其他高级管理人员。

项目总经理所拥有的职责有：组织编制项目初步设计文件，对项目工艺流程、设备选型、建设标准、总图布置提出意见，提交董事会审查；组织工程设计、工程监理、工程施工和材料设备采购招标工作，编制和确定招标方案、标底和评标标准，评选和确定中标单位；编制并组织实施项目年度投资计划、用款计划和建设进度计划；编制项目财务预算、决算；编制并组织实施归还贷款和其他债务计划；组织工程建设实施，负责控制工程投资、工期和质量；在项目建设过程中，在批准的概算范围内对单项工程的设计进行局部调整；根据董事会授权处理项目实施过程中的重大紧急事件，并及时向董事会报告；负责生产准备工作和培训人员；负责组织项目试生产和单项工程预验收；拟订生产经营计划、企业内部机构设置、劳动定员方案及工资福利方案；组织项目后评估，提出项目后评估报告；按时向有关部门报送项目建设、生产信息和统计资料；提请董事会聘请或解聘项目高级管理人员。

2. 工程招标投标制

为了在工程建设领域引入竞争机制，择优选择勘察单位、设计单位、施工单位及材料、设备供应单位，需要实行工程招标投标制。

工程建设招标实行公开招标为主。确实需要采取邀请招标和议标形式的，要经过项目主管部门或主管地区政府批准。招标投标活动要严格按照国家有关规定进行，体现公开、公平、公正和择优、诚信的原则。对未按规定进行公开招标、未经批准擅自采取邀请招标和议标形式的，有关地方和部门不得批准开工。工程监理单位也应通过竞争择优确定。

招标单位要合理划分标段、合理确定工期、合理标价定标。中标单位签订承包合同后，严禁进行转包。总承包单位如进行分包，除总承包合同中有约定的外，必须经发包单位认可，但主体结构不得分包，禁止分包单位将其承包的工程再分包。

严禁任何单位和个人以任何名义、任何形式干预正当的招标投标活动，严禁搞地方和部门保护主义，对违反规定干预招标投标活动的单位和个人，无论有无牟取私利，都要根据情节轻重做出处理。

招标单位有权自行选择招标代理机构，委托其办理招标事宜。招标单位若具有编制招标文件和组织评标能力，可以自行办理招标事宜。

3. 建设工程监理制

实行监理的建设工程，由建设单位委托具有相应资质条件的工程监理单位监理。建设单位与其委托的工程监理单位应当订立书面委托监理合同。

建设工程监理应当依照法律、行政法规及有关的技术标准、设计文件和工程承包合同，对承包单位在施工质量、建设工期和建设资金使用等方面，代表建设单位实施监督。工程监理人员认为工程施工不符合工程设计要求、施工技术标准和合同约定的，有权要求建筑施工企业改正。工程监理人员认为工程设计不符合建筑工程质量标准或者合同约定的质量要求的，应当报告建设单位，要求设计单位改正。

4. 合同管理制

为了使勘察、设计、施工、材料设备供应单位和工程监理企业依法履行各自的责任和义务，在工程建设中必须实行合同管理制。

合同管理制的基本内容是建设工程的勘察、设计、施工、材料设备采购和建设工程监理都要依法订立合同。各类合同都要有明确的质量要求、履约担保和违约处罚条款。违约方要承担相应的法律责任。

合同管理制的实施对建设工程监理开展合同管理工作提供了法律上的支持。

5. 安全生产责任制

工程安全生产管理必须坚持安全第一、预防为主的方针，建立健全安全生产的责任制度和群防群治制度。

工程设计应当符合按照国家相关部门制定的建筑安全规程和技术规范，保证工程的安全性能。

施工企业在编制施工组织设计时，应当根据工程的特点制定相应的安全技术措施，对专业性较强的工程项目，应当编制专项安全施工组织设计，并采取安全技术措施。

施工企业应当在施工现场采取维护安全、防范危险、预防火灾等措施，有条件的，应当对施工现场实行封闭管理。施工现场对毗邻的建筑物、构筑物和特殊作业环境可能造成损害的，施工企业应当采取安全防护措施。建设单位应当向施工企业提供与施工现场相关的地下管线资料，施工企业应当采取措施加以保护。施工企业应当遵守有关环境保护和安全生产的法律、法规的规定，采取控制和处理施工现场的各种粉尘、废气、废水、固体废物，以及噪声、振动对环境的污染和危害的措施。

施工企业必须依法加强对建筑安全生产的管理，执行安全生产责任制度，采取有效措施，防止伤亡和其他安全生产事故的发生。施工企业的法定代表人对本企业的安全生产负责。施工企业应当建立健全劳动安全生产教育培训制度，加强对职工安全生产的教育培训。未经安全生产教育培训的人员不得上岗作业。施工企业必须为从事危险作业的职工办理意外伤害保险，支付保险费。施工现场安全由建筑施工企业负责，实行施工总承包的，由总承包单位负责。分包单位向总承包单位负责，服从总承包单位对施工现场的安全生产管理。在施工过程中，应当遵守有关安全生产的法律、法规和建筑行业安全规章、规程，不得违章指挥或者违章作业。作业人员有权对影响人身健康的作业程序和作业条件提出改进意见，有权获得安全生产所需的防护用品。作业人员对危及生命安全和人身健康的行为有权提出批评、检举和控告。施工中发生事故时，施工企业应当采取紧急措施减少人员伤亡和事故损失，并按照国家有关规定及时向有关部门报告。

6. 工程质量责任制

建设单位不得以任何理由要求设计单位或者施工企业在工程设计或者施工作业中违反法律、行政法规和建筑工程质量、安全标准，降低工程质量。

设计单位和施工企业对建设单位违反上述规定提出的降低工程质量的要求，应当予以拒绝。

设计单位必须对其勘察、设计的质量负责。勘察、设计文件应当符合有关法律、行政法规的规定和工程质量、安全标准、工程勘察、设计技术规范及合同的约定。设计文件选用的建筑材料、建筑构配件和设备，应当注明其规格、型号、性能等技术指标，其质量要求必须符合国家规定的标准。

设计单位对设计文件选用的建筑材料、建筑构配件和设备，不得指定生产厂、供应商。

施工企业对工程的施工质量负责。施工企业必须按照工程设计图纸和施工技术标准施工，不得偷工减料。工程设计的修改由原设计单位负责，施工企业不得擅自修改工程设计。施工企业必须按照工程设计要求、施工技术标准和合同的约定，对建筑材料、建筑构配件和设备进行检验，不合格的产品不得使用。建筑物在合理使用寿命内，必须确保地基基础工程和主体结构的质量。

工程实行总承包的，工程质量由工程总承包单位负责。总承包单位将工程分包给其他单位的，应当对分包工程的质量与分包单位承担连带责任。分包单位应当接受总承包单位的质量管理。

建筑工程竣工时，屋顶、墙面不得留有渗漏、开裂等质量缺陷，对已发现的质量缺陷，施工企业应当及时修复。交付竣工验收的建筑工程必须符合规定的建筑工程质量标准，有完整的工程技术经济资料和经签署的工程保修书，并具备国家规定的其他竣工条件。建筑工程竣工经验收合格后方可交付使用，未经验收或者验收不合格的不得交付使用。

7. 工程竣工验收制

项目建成后必须按国家有关规定进行严格的竣工验收，由验收人员签字负责。项目竣工验收合格后，方可交付使用。对未经验收或验收不合格就交付使用的，要追究项目法定代表人的责任；造成重大损失的，要追究其法律责任。

8. 工程质量备案制

建设单位应当自工程竣工验收合格起15天内，向工程所在地的县级以上地方人民政府住房城乡建设主管部门备案。

建设单位办理工程竣工验收备案时应当提交下列文件：

(1) 工程竣工验收备案表。

(2) 工程竣工验收报告。

(3) 法律、行政法规规定应当由规划、公安消防、环保等部门出具的认可文件或者准许使用文件。

(4) 施工单位签署的工程质量保修书。

(5) 法规、规章规定必须提供的其他文件。

备案机关收到建设单位报送的竣工验收备案文件，验证文件齐全后，应当在工程竣工验收备案表上签署文件收讫。工程竣工验收备案表一式两份，一份由建设单位保存，另一份留备案机关存档。

9. 工程质量终身责任制

国家机关工作人员在工程建设质量监督管理工作中玩忽职守、滥用职权、徇私舞弊，构成犯罪的，依法追究刑事责任，尚不构成犯罪的，依法给予行政处分。

建设、勘察、设计、施工、工程监理单位的工作人员因调动工作、退休等原因离开该单位后，被发现在该单位工作期间违反国家有关工程建设质量管理规定，造成重大工程质量事故的，仍应当依法追究法律责任。

项目工程质量的行政领导责任人，项目法定代表人，勘察、设计、施工、监理等单位的法定代表人，要按各自的职责对其经手的工程质量负终身责任。如发生重大工程质量事故，无论调到哪里工作，担任什么职务，都要追究其相应的行政和法律责任。

# 第五节　建设工程监理法律法规

## 一、建设工程监理法律法规体系

建设工程监理法律法规体系是指根据《中华人民共和国立法法》的规定，制定和公布施行的有关建设工程监理的各项法律、行政法规、地方性法规、自治条例、单行条例、部门规章和地方政府规章的总称。

建设工程监理法律是指由全国人民代表大会及其常务委员会通过的规范工程建设活动的法律、法规，由国家主席签署令予以公布，如《建筑法》《招标投标法》《合同法》《中华人民共和国政府采购法》《中华人民共和国城乡规划法》等。

建设工程监理行政法规是指由国务院根据宪法和法律制定的规范工程建设活动的各项法规，由总理签署国务院令予以公布，如《建设工程质量管理条例》《建设工程勘察设计管理条例》等。

(1)我国目前制定的与建设工程监理有关的法律主要有：

1)《中华人民共和国建筑法(2019修正)》。

2)《中华人民共和国合同法》。

3)《中华人民共和国招标投标法(2017修正)》。

4)《中华人民共和国土地管理法》。

5)《中华人民共和国城乡规划法(2019修正)》。

6)《中华人民共和国城市房地产管理法(2019修正)》。

7)《中华人民共和国环境保护法(2014修正)》。

8)《中华人民共和国环境影响评价法(2018修正)》。

(2)我国目前制定的与建设工程监理有关的行政法规主要有：

1)《建设工程质量管理条例(2019修正)》。

2)《建设工程安全生产管理条例》。

3)《建设工程勘察设计管理条例(2017修正)》。

4)《中华人民共和国土地管理法实施条例(2014修正)》。

(3)我国目前制定的与建设工程监理有关的部门规章主要有：

1)《工程监理企业资质管理规定(2018修正)》。

2)《注册监理工程师管理规定》。

3)《建设工程监理范围和规模标准规定》。

4)《建筑工程设计招标投标管理办法(2017)》。

5)《房屋建筑和市政基础设施工程施工招标投标管理办法(2018修正)》。

6)《评标委员会和评标方法暂行规定》。

7)《建筑工程施工发包与承包计价管理办法(2013)》。

8)《建筑工程施工许可管理办法(2018修正)》。

9)《实施工程建设强制性标准监督规定(2015修正)》。

10)《房屋建筑工程质量保修办法》。

## 二、建筑法

《建筑法》全文分8章共计85条,是以建筑工程质量与安全为重点形成的。整部法律内容是以建筑市场管理为中心,以建设工程质量和安全为重点,以建筑活动监督管理为主线。《建筑法》中第四章对建筑工程监理做出了以下规定:

(1)国家推行建筑工程监理制度。国务院可以规定实行强制监理的建筑工程的范围。

(2)实行监理的建筑工程,由建设单位委托具有相应资质条件的工程监理单位监理。建设单位与其委托的工程监理单位应当订立书面委托监理合同。

(3)建筑工程监理应当依照法律、行政法规及有关的技术标准、设计文件和建筑工程承包合同,对承包单位在施工质量、建设工期和建设资金使用等方面,代表建设单位实施监督。工程监理人员认为工程施工不符合工程设计要求、施工技术标准和合同约定的,有权要求建筑施工企业改正。工程监理人员发现工程设计不符合建筑工程质量标准或者合同约定的质量要求的,应当报告建设单位要求设计单位改正。

(4)实施建筑工程监理前,建设单位应当将委托的工程监理单位、监理的内容及监理权限,书面通知被监理的建筑施工企业。

(5)工程监理单位应当在其资质等级许可的监理范围内,承担工程监理业务。工程监理单位应当根据建设单位的委托,客观、公正地执行监理任务。工程监理单位与被监理工程的承包单位以及建筑材料、建筑构配件和设备供应单位不得有隶属关系或者其他利害关系。工程监理单位不得转让工程监理业务。

(6)工程监理单位不按照委托监理合同的约定履行监理义务,对应当监督检查的项目不检查或者不按照规定检查,给建设单位造成损失的,应当承担相应的赔偿责任。工程监理单位与承包单位串通,为承包单位谋取非法利益,给建设单位造成损失的,应当与承包单位承担连带赔偿责任。

## 三、建设工程监理规范

《建设工程监理规范》(GB/T 50319—2013)分为总则,术语,项目监理机构及其设施,监理规划及监理实施细则,工程质量、造价、进度控制及安全生产管理的监理工作,工程变更、索赔及施工合同争议处理,监理文件资料管理,设备采购与设备监造及相关服务共计9部分,另附有施工阶段监理工作的基本表式。

建设工程监理规范

**(一)总则**

(1)为规范建设工程监理与相关服务行为,提高建设工程监理与相关服务水平,制定《建设工程监理规范》(GB/T 50319—2013)。

(2)《建设工程监理规范》(GB/T 50319—2013)适用于新建、扩建、改建建设工程监理与相关服务活动。

(3)实施建设工程监理前,建设单位应委托具有相应资质的工程监理单位,并以书面形式与工程监理单位订立建设工程监理合同,合同中应包括监理工作的范围、内容、服务期限和酬金，以及双方的义务、违约责任等相关条款。

在订立建设工程监理合同时，建设单位将勘察、设计、保修阶段等相关服务一并委托的，应在合同中明确相关服务的工作范围、内容、服务期限和酬金等相关条款。

(4)工程开工前，建设单位应将工程监理单位的名称，监理的范围、内容和权限及总监理工程师的姓名书面通知施工单位。

(5)在建设工程监理工作范围内，建设单位与施工单位之间涉及施工合同的联系活动，应通过工程监理单位进行。

(6)实施建设工程监理应遵循下列主要依据：

1)法律法规及工程建设标准。

2)建设工程勘察设计文件。

3)建设工程监理合同及其他合同文件。

(7)建设工程监理应实行总监理工程师负责制。总监理工程师负责是指由总监理工程师全面负责建设工程监理实施工作。总监理工程师是工程监理单位法定代表人书面任命的项目监理结构负责人，是工程监理单位履行建设工程监理合同的全权代表。

(8)建设工程监理宜实施信息化管理。工程监理单位不仅自身实施信息化管理，还可根据建设工程监理合同的约定协助建设单位建立信息管理平台，促进建设工程各参与方基于信息平台协同工作。

(9)工程监理单位应公平、独立、诚信、科学地展开建设工程监理与相关服务活动。

(10)建设工程监理与相关服务活动，除应符合《建设工程监理规范》(GB/T 50319—2013)外，还应符合国家现行有关标准的规定。

## (二)术语

(1)工程监理单位。依法成立并取得住房城乡建设主管部门颁发的工程监理企业资质证书，从事建设工程监理与相关服务活动的服务机构。

(2)建设工程监理。工程监理单位受建设单位委托，根据法律法规、工程建设标准、勘察设计文件及合同，在施工阶段对建设工程质量、造价、进度进行控制，对合同、信息进行管理，对工程建设相关方的关系进行协调，并履行建设工程安全生产管理法定职责的服务活动。

(3)相关服务。工程监理单位受建设单位委托，按照建设工程监理合同约定，在建设工程勘察、设计、保修等阶段提供的服务活动。

(4)项目监理机构。工程监理单位派驻工程负责履行建设工程监理合同的组织机构。

(5)注册监理工程师。取得国务院住房城乡建设主管部门颁发的《中华人民共和国注册监理工程师注册执业证书》和执业印章，从事建设工程监理与相关服务等活动的人员。

(6)总监理工程师。由工程监理单位法定代表人书面任命，负责履行建设工程监理合同、主持项目监理机构工作的注册监理工程师。

(7)总监理工程师代表。经工程监理单位法定代表人同意，由总监理工程师书面授权，代表总监理工程师行使其部分职责和权力，具有工程类注册执业资格或具有中级及以上专业技术职称、3年及以上工程实践经验并经监理业务培训的人员。

(8)专业监理工程师。由总监理工程师授权，负责实施某一专业或某一岗位的监理工作，有相应监理文件签发权，具有工程类注册执业资格或具有中级及以上专业技术职称、

2年及以上工程实践经验并经监理业务培训的人员。

(9)监理员。从事具体监理工作，具有中专及以上学历并经过监理业务培训的人员。

(10)监理规划。项目监理机构全面开展建设工程监理工作的指导性文件。

(11)监理实施细则。针对某一专业或某一方面建设工程监理工作的操作性文件。

(12)工程计量。根据工程设计文件及施工合同约定，项目监理机构对施工单位申报的合格工程的工程量进行的核验。

(13)旁站。项目监理机构对工程的关键部位或关键工序的施工质量进行的监督活动。

(14)巡视。项目监理机构对施工现场进行的定期或不定期的检查活动。

(15)平行检验。项目监理机构在施工单位自检的同时，按有关规定、建设工程监理合同约定对同一检验项目进行的检测试验活动。

(16)见证取样。项目监理机构对施工单位进行的涉及结构安全的试块、试件及工程材料现场取样、封样、送检工作的监督活动。

(17)工程延期。由于非施工单位原因造成合同工期延长的时间。

(18)工期延误。由于施工单位自身原因造成施工期延长的时间。

(19)工程临时延期批准。发生非施工单位原因造成的持续性影响工期事件时所做出的临时延长合同工期的批准。

(20)工程最终延期批准。发生非施工单位原因造成的持续性影响工期事件时所做出的最终延长合同工期的批准

(21)监理日志。项目监理机构每日对建设工程监理工作及施工进展情况所做的记录。

(22)监理月报。项目监理机构每月向建设单位提交的建设工程监理工作及建设工程实施情况等分析总结报告。

(23)设备监造。项目监理机构按照建设工程监理合同和设备采购合同约定，对设备制造过程进行的监督检查活动。

(24)监理文件资料。工程监理单位在履行建设工程监理合同过程中形成或获取的，以一定形式记录、保存的文件资料。

**(三)项目监理机构及其设施**

该部分内容包括：项目监理机构、监理人员职责和监理设施。

1. 项目监理机构

(1)关于项目监理机构建立时间、地点及撤离时间的规定。

(2)决定项目监理机构组织形式、规模的因素。

(3)项目监理机构人员配备及监理人员资格要求的规定。

(4)项目监理机构的组织形式、人员构成及对总监理工程师的任命应书面通知建设单位，以及监理人员变化的有关规定。

2. 监理人员职责

《建设工程监理规范》(GB/T 50319—2013)规定了总监理工程师、总监理工程师代表、专业监理工程师和监理员的职责。

3. 监理设施

(1)建设单位提供委托监理合同约定的办公、交通、通信、生活设施。项目监理机构应

妥善保管和使用，并在完成监理工作后移交建设单位。

(2)项目监理机构应按委托监理合同的约定，配备满足监理工作需要的常规检测设备和工具。

(3)在大中型项目的监理工作中，项目监理机构应实施监理工作计算机辅助管理。

### (四)监理规划及监理实施细则

(1)监理规划。规定了监理规划的编制要求、编制程序与依据、主要内容及调整修改等。

(2)监理实施细则。规定了监理实施细则编写要求、编写程序与依据、主要内容等。

### (五)施工阶段的监理工作

#### 1. 制定监理程序的一般规定

制定监理工作程序应根据专业工程特点，体现事前控制和主动控制的要求，注重工作效果，明确工作内容、行为主体、考核标准、工作时限，符合委托监理合同和施工合同，并根据实际情况的变化对程序进行调整和完善。

#### 2. 工程质量控制工作

规定了项目监理机构工程质量控制的工作内容：项目监理机构的审查；明确了解总监理工程师审查施工方案的程序和内容；使用新材料、新工艺、新技术、新设备的控制措施；对承包单位实验室的考核；对拟进场的工程材料、构配件和设备的控制措施；直接影响工程质量的计量设备技术状况的定期检查；对施工过程进行巡视和检查；旁站监理的内容；审核、签认分项工程、分部工程、单位工程的质量验评资料；对施工过程中出现的质量缺陷应采取的措施；发现施工中存在重大质量隐患应及时下达工程暂停令，整改完毕并符合规定要求应及时签署工程复工令；质量事故的处理等。

#### 3. 工程造价控制工作

规定了项目监理机构工程量及进度款支付申请进行审核、支付的程序和要求，明确了工程款支付报审表和工程款支付证书的表式，明确了项目监理机构进行完成工程量统计及实际完成量与计价完成量比较分析的职责。项目监理机构应按有关工程结算规定及施工合同约定对竣工结算进行审核。

#### 4. 工程进度控制工作

规定了项目监理机构进行工程进度控制的程序，同时，规定了工程进度控制的主要工作，审查承包单位报送的施工进度计划；制定进度控制方案，对进度目标进行风险分析，制定防范性对策；检查进度计划的实施，并根据实际情况采取措施；在监理月报中向建设单位报告工程进度及有关情况，并提出预防由建设单位原因导致工程延期及相关费用索赔的建议等。

#### 5. 安全生产管理的监理工作

规定明确了项目监理机构履行建设工程安全生产管理法定职责的法律依据，还明确在监理规划和监理实施细则中应纳入安全生产管理的监理工作内容、方法与措施。明确项目监理机构审查专项施工方案的内容、程序和要求，明确向监理机构对专项施工方案实施过程进行控制的职责，还明确监理报告的表式。

**(六)施工合同管理的其他工作**

1. 工程暂停和复工

规定了签发工程暂停令的根据；签发工程暂停令的适用情况；签发工程暂停令应做好的相关工作（确定停工范围、工期和费用的协商等）；及时签署工程复工报审表等。

2. 工程变更的管理

内容包括：项目监理机构处理工程变更的程序；处理工程变更的基本要求；总监理工程师未签发工程变更，承包单位不得实施工程变更的规定；未经总监理工程师审查同意而实施的工程变更，项目监理机构不得予以计量的规定。

3. 费用索赔的处理

内容包括：处理费用索赔的依据；项目监理机构受理承包单位提出的费用索赔应满足的条件；处理承包单位向建设单位提出费用索赔的程序；应当综合做出费用索赔和工程延期的条件；处理建设单位向承包单位提出索赔时，对总监理工程师的要求。

4. 工程延期及工程延误的处理

内容包括：受理工程延期的条件；批准工程临时延期和最终延期的规定；做出工程延期应与建设单位和承包单位协商的规定；批准工程延期的依据；工期延误的处理规定。

5. 合同争议的调解

内容包括：项目监理机构接到合同争议的调解要求后应进行的工作；合同争议双方必须执行总监理工程师签发的合同争议调解意见的有关规定；项目监理机构应公正地向仲裁机关或法院提供与争议有关的证据。

6. 合同的解除

内容包括：合同解除必须符合法律程序；因建设单位违约导致施工合同解除时，项目监理机构确定承包单位应得款项的有关规定；因承包单位违约导致施工合同终止后，项目监理机构清理承包单位的应得款，或偿还建设单位的相关款项应遵循的工作程序；因不可抗力或非建设单位、承包单位原因导致施工合同终止时，项目监理机构应按施工合同规定处理有关事宜。

**(七)施工阶段监理资料的管理**

(1)施工阶段监理资料应包括的内容。

(2)施工阶段监理月报应包括的内容，以及编写和报送的有关规定。

(3)监理工作总结应包括的内容等有关规定。

(4)关于监理资料的管理事宜。

**(八)设备采购监理与设备监造**

(1)设备采购监理工作包括：组建项目监理机构；编制设备采购方案、采购计划；组织市场调查，协助建设单位选择设备供应单位；协助建设单位组织设备采购招标或进行设备采购的技术及商务谈判；参与设备采购订货合同的谈判，协助建设单位起草及签订设备采购合同；采购监理工作结束，总监理工程师应组织编写监理工作总结。

(2)设备监造监理工作包括：组建设备监造的项目监理机构；熟悉设备制造图纸及有关技术说明，并参加设计交底；编制设备监造规划；审查设备制造单位生产计划和工艺方案；审查设备制造分包单位资质；审查设备制造的检验计划、检验要求等20项工作。

(3)规定了设备采购监理与设备监造的监理资料。

本章主要介绍了建设工程监理的定义、行为主体、性质、作用、任务与责任、依据与原则、基本方法、工作步骤，建设程序的概念和工作内容，建设工程主要管理制度，建设工程监理法律法规等内容。通过本章的学习，应对建设工程监理有初步的认识，为日后的学习打下基础。

## 思考与练习

### 一、填空题

1. 建设工程监理的中心任务就是控制工程项目目标，也就是控制经过科学规划所确定的工程项目的_____、_____和_____目标。

2. _____是目标控制的基础和前提。

3. _____是指工程项目从基本项目决策、设计、施工到竣工验收整个过程中的各个阶段及其先后次序。

4. 可行性研究的阶段可分为_____、_____、_____及_____。

5. 工程安全生产管理必须坚持、_____，_____，建立健全安全生产的责任制度和群防群治制度。

6. 由工程监理单位法定代表人书面任命，负责履行建设工程监理合同、主持项目监理机构工作的注册监理工程师为_____。

7. 从事具体监理工作，具有中专及以上学历并经过监理业务培训的人员为_____。

8. 项目监理机构对工程的关键部位或关键工序的施工质量进行的监督活动为_____。

9. 项目监理机构对施工现场进行的定期或不定期的检查活动为_____。

10. 项目监理机构在施工单位自检的同时，按有关规定、建设工程监理合同约定对同一检验项目进行的检测试验活动为_____。

11. 项目监理机构对施工单位进行的涉及结构安全的试块、试件及工程材料现场取样、封样、送检工作的监督活动为_____。

### 二、选择题

1. 建设工程监理是指工程监理单位（　　）。

A. 代表建设工程对施工单位进行的工程项目监督管理

B. 代表工程质量监督机构对施工质量进行的工程项目监督管理

C. 代表政府主管部门对施工承包单位进行的监督管理

D. 代表总承包单位对分包单位进行的监督管理

2. 工程监理单位在委托监理的工程中拥有一定的管理权限，能够开展工程监理管理活动，这是（　　）。

A. 建设单位授权的结果　　　　　　　　B. 监理单位服务性的体现

C. 政府部门监督管理的需要　　　　　　D. 施工单位提升管理的需要

3. 关于建设工程监理行为的说法，下列叙述错误的是(　　　)。

A. 建设工程监理的行为主体是工程监理单位

B. 建设工程监理不同于建设行政主管部门的监督管理

C. 建设工程监理的依据包括委托监理合同和有关的建设工程合同

D. 总承包单位对分包单位的监督管理也属于建设工程监理行为

4. 在我国建设工程法律法规体系中，《工程建设监理规定》属于(　　　)。

A. 法律　　　　　B. 行政规章　　　　C. 行政法规　　　　D. 部门规章

5. 建设工程监理应有健全的管理制度和先进的管理方法，这是工程监理的(　　　)。

A. 服务性　　　　　B. 独立性　　　　　C. 科学性　　　　　D. 公正性

6. 在工程建设程序中，建设单位进行工具、器具、备品、备件等的制造或订货是(　　　)阶段的工作。

A. 建设准备　　　　B. 施工安装　　　　C. 生产准备　　　　D. 竣工验收

7. 为了使勘察、设计、施工、材料设备供应单位和工程监理企业依法履行各自的责任和义务，在工程建设中必须实行(　　　)。

A. 项目法人责任制　　　　　　　　　　B. 工程招标投标制

C. 建设工程监理制　　　　　　　　　　D. 合同管理制

三、简答题

1. 简述建设工程监理的性质。

2. 建设工程监理的作用主要表现在哪几个方面？

3. 建设工程监理应遵循哪些原则？

4. 建设监理单位从接受监理任务到圆满完成监理工作，主要有哪几个步骤？

5. 简述建设工程监理制。

# 第二章 工程监理企业和监理工程师

## 学习目标

熟悉工程监理企业的资质等级和业务范围、资质申请和审批等内容，以及监理工程师的法律责任；掌握工程建设监理企业的组织形式、监理工程师资格考试科目及报考条件、监理工程师注册形式及执业要求。

## 能力目标

能描述工程建设监理企业的资质等级和设立条件；能熟练掌握监理工程师执业资格考试的相关规定；能按规定程序进行监理工程师的注册。

## 第一节 工程监理企业

## 一、工程监理企业的定义及特征、分类

### 1. 工程监理企业的定义及特征

工程监理企业是指从事工程监理业务并取得工程监理企业资质证书的经济组织。其是监理工程师的执业机构。我国工程监理企业具有以下特征：

(1)必须是依照《公司法》的规定设立的社会经济组织。

(2)必须是以盈利为目的的独立企业法人。

(3)自负盈亏，独立承担民事责任。

(4)是完整纳税的经济实体。

(5)采用规范的成本会计和财务会计制度。

## 2. 工程监理企业的分类

工程监理企业的分类见表 2-1。

**表 2-1　工程监理企业的分类**

| 序号 | 划分方法 | 内容 |
|---|---|---|
| 1 | 按隶属关系分类 | (1)独立法人工程监理企业。独立法人是指由工商行政管理部门按企业法人应具有的条件进行审查，合格者申请登记注册，领取营业执照。对于不具备开展监理业务能力、没有建设行政主管部门颁发的工程监理企业资质证书的单位，工商行政管理部门不得受理。<br>(2)附属机构工程监理企业。附属机构也称二级机构，这里所说的"二级机构"是指企业法人中专门从事建设工程监理工作的内设机构 |
| 2 | 按经济性质分类 | (1)全民所有制工程监理企业。这种所有制形式是推行工程监理制度初期的产物，一般是在《公司法》颁布之前批准成立的，其人员一般是从原有的全民所有制企业或事业单位中分离出来，由原来企事业单位或其上级主管部门按照国有企业模式组建的。<br>(2)集体所有制工程监理企业。虽然建立集体所有制性质的工程监理企业是法规所允许的，但是目前申请集体所有制性质的工程监理企业并不多。<br>(3)私有工程监理企业。国外这类经济性质的工程监理企业很普遍，但是现阶段，在我国的私有制工程监理企业并没有被法律所承认 |
| 3 | 按资质等级分类 | (1)甲级工程监理企业。国务院建设行政主管部门负责甲级工程监理企业设立的资质审批。甲级资质的工程监理企业无论是从资金、人员、技术装备，还是监理业绩，在全国监理行业都是一流的。该工程监理企业可以承接一等、二等和三等工程的监理业务。<br>(2)乙级工程监理企业。此类工程监理企业的资质由省、自治区、直辖市人民政府建设行政主管部门负责定级审批，国务院所属铁道、交通、水利等部门负责本部门直属乙级工程监理企业的定级审批。乙级资质的工程监理企业可以承接经核定的工程类别中二等和三等工程的监理业务。<br>(3)丙级工程监理企业。此类工程监理企业的资质也是由省、自治区、直辖市人民政府建设行政主管部门负责定级审批和国务院所属铁道、交通、水利等部门负责本部门直属丙级工程监理企业的定级审批。丙级资质的工程监理企业只能承接经核定的工程类别中三等工程的监理业务 |
| 4 | 按工程类别分类 | 目前，我国的工程类别按大专业来分有十多种，如房屋建筑工程、冶炼工程、矿山工程、石油化工工程、水利水电工程、电力工程、林业及生态工程、铁路工程、公路工程、港口及航道工程、航天航空工程、通信工程和市政公用工程等，基本覆盖了建设工程的各个领域 |

## 二、工程监理企业的组织形式

按照我国现行法律法规的规定，我国的工程监理企业可以存在的企业组织形式包括公司制监理企业、合伙监理企业、个人独资监理企业、中外合资经营监理企业和中外合作经营监理企业。以下简要介绍公司制监理企业、中外合资经营监理企业和中外合作经营监理企业的特点。

### 1. 公司制监理企业

公司制监理企业又称监理公司，是以盈利为目的，依照法定程序设立的企业法人。我国公司制监理企业有以下特征：

(1)必须是依照《公司法》的规定设立的社会经济组织。

(2)必须是以盈利为目的的独立企业法人。

（3）自负盈亏，独立承担民事责任。

（4）是完整纳税的经济实体。

（5）采用规范的成本会计和财务会计制度。

我国监理公司的种类有两种，即监理有限责任公司和监理股份有限公司。监理有限责任公司，是指由 2 个以上、50 个以下的股东共同出资，股东以其所认缴的出资额对公司行为承担有限责任，公司以其全部资产对其债务承担责任的企业法人；监理股份有限公司是指全部资本由等额股份构成，并通过发行股票筹集资本，股东以其所认购股份对公司承担责任，公司以其全部资产对公司债务承担责任的企业法人。

设立监理股份有限公司可以采取发起设立或者募集设立方式。发起设立是指由发起人认购公司应发行的全部股份而设立公司。募集设立，是指由发起人认购公司应发行股份的一部分，其余部分向社会公开募集而设立公司。

2. 中外合资经营监理企业与中外合作经营监理企业

中外合资经营监理企业是指以中国的企业或其他经济组织为一方，以外国的公司、企业、其他经济组织或个人为另一方，在平等互利的基础上，根据《中华人民共和国中外合资经营企业法》，签订合同、制定章程，经中国政府批准，在中国境内共同投资、共同经营、共同管理、共同分享利润、共同承担风险，主要从事工程监理业务的监理企业。在合营企业的注册资本中，外国合营者的投资比例一般不得低于 25%。

中外合作经营监理企业是指中国的企业或其他经济组织同外国的企业、其他经济组织或者个人，按照平等互利的原则和我国的法律规定，用合同约定双方的权利和义务，在中国境内共同举办的、主要从事工程监理业务的经济实体。

中外合资经营监理企业与中外合作经营监理企业的区别主要表现为以下几个方面：

（1）组织形式不同。中外合资经营（简称合营监理企业）的组织形式为有限责任公司，具有法人资格。中外合作经营监理企业（简称合作监理企业）可以是法人型企业，也可以是不具有法人资格的合伙企业，法人型企业独立对外承担责任，合作企业由合作各方对外承担连带责任。

（2）组织机构不同。合营监理企业是合营双方共同经营管理，实行单一的董事会领导下的总经理负责制。合作监理企业可以采取董事会负责制，也可以采取联合管理制，既可以由双方组织联合管理机构管理，也可以由一方管理，还可以委托第三方管理。

（3）出资方式不同。合营监理企业一般以货币形式计算各方的投资比例。合作监理企业是以合同规定投资或者提供合作条件，以非现金投资作为合作条件，可不以货币形式作价，不计算投资比例。

（4）分配利润和分担风险的依据不同。合营监理企业按各方注册资本比例分配利润和分担风险。合作监理企业按合同约定分配收益或产品和分担风险。

（5）回收投资的期限不同。合营监理企业各方在合营期内不得减少其注册资本。合作监理企业则允许外国合作者在合作期限内先行收回投资，合作期满时，企业的全部固定资产归中国合作者所有。

# 三、工程监理企业资质管理

## （一）工程监理企业应具备的条件

工程监理企业是技术密集型企业，也是依法成立的法人。除有自己的名称、组织机构、场所、必要的财产和经费外，还必须具有与承担监理业务相适应的人员素质、监理手段、专业技能和管理水平等。

符合条件的企业，经申请得到政府有关部门的资格认证，确定可以监理经核定的工程类别及等级，并经工商行政管理机关注册登记，取得营业执照，方可具有进行工程项目监理的资格，成为可以从事建设工程监理业务的经济实体。

### (二)工程监理企业资质

工程监理企业资质是指从事建设工程监理业务的工程监理企业应当具备的注册资本、高素质的专业技术人员、管理水平及工程监理业绩等。

1. 监理人员素质

对监理企业负责人(含技术负责人)的要求是在职、具有高级专业技术职称、取得监理工程师资格证书，并且应当具有较强的组织协调和领导能力。对监理单位的技术管理人员的要求是拥有足够数量的取得监理工程师资格的监理人员且专业配套。监理单位的监理人员一般应为大专以上学历，且应以本科以上学历者为大多数。技术职称方面，监理单位拥有中级以上专业技术职称的人员应在70%左右；具有初级专业技术职称的人员在20%左右；没有专业技术职称的其他人员应在10%以下。

2. 专业配套能力

建设工程监理活动的开展需要多专业监理人员的相互配合。一个监理单位，应当按照它的监理业务范围的要求来配备专业人员。同时，各专业都应当拥有素质较高、能力较强的骨干监理人员。审查监理单位资质的重要内容是看它的专业监理人员配备是否与其所申请的监理业务范围相一致。如从事一般工业与民用工程建筑监理业务的监理单位，应当配备建筑、结构、电气、给水排水、暖气空调、工程测量、建筑经济、设备工艺等专业的监理人员。

从建设工程监理的基本内容要求出发，监理企业还应当在质量控制、进度控制、投资控制、合同管理、信息管理和组织协调方面具有专业配套能力。

3. 技术装备

工程监理企业应当拥有一定数量的检测、测量、交通、通信、计算等方面的技术装备。如应有一定数量的计算机，以用于计算机辅助监理；应有一定的测量、检测仪器，以用于监理中的检查、检测工作；应有一定数量的交通、通信设备，以便于高效率地开展监理活动；应有一定的照相、录像设备，以便于及时、真实地记录工程实况等。

4. 管理水平

工程监理企业的管理水平，首先要看监理企业的负责人的素质和能力；其次，要看监理企业的规章制度是否健全、完善，如是否有组织管理制度、人事管理制度、财务管理制度、经营管理制度、设备管理制度、科技管理制度、档案管理制度等，并且能否有效执行；再者就是看监理企业是否有一套系统、有效的工程项目管理方法和手段。监理企业的管理水平主要反映在能否将本单位的人、财、物的作用充分发挥出来，做到人尽其才、物尽其用；监理人员能否做到遵纪守法，遵守监理工程师职业道德准则，能否沟通各种渠道，占领一定的监理市场。

5. 监理业绩

监理业绩主要是指监理企业在开展监理业务中所取得的成效，其中包括监理业务量的多少和监理效果的好坏。因此，有关部门把监理过多少工程，监理过什么等级的工程及取得什么样的效果作为监理企业重要的资质要素。

6. 注册资金

注册资金的多少与企业的资质有关。综合资质企业不少于 600 万元；专业资质甲级监理企业不少于 300 万元；专业资质乙级监理企业不少于 100 万元；专业资质丙级监理企业不少于 50 万元。

**(三)工程监理企业资质等级和业务范围**

1. 资质等级

工程监理企业资质分为综合资质、专业资质和事务所资质。其中，专业资质按照工程性质和技术特点划分为若干工程类别。专业资质可分为甲级、乙级，而房屋建筑、水利水电、公路和市政公用专业资质可设立丙级。综合资质、事务所资质不分级别。

工程监理企业
资质管理规定

工程监理企业的资质等级标准如下：

(1)综合资质标准。

1)具有独立法人资格且具有符合国家有关规定的资产。

2)企业技术负责人应为注册监理工程师，并具有 15 年以上从事工程建设工作的经历或者具有工程类高级职称。

3)具有 5 个以上工程类别的专业甲级工程监理资质。

4)注册监理工程师不少于 60 人，注册造价工程师不少于 5 人，一级注册建造师、一级注册建筑师、一级注册结构工程师或者其他勘察设计注册工程师合计不少于 15 人次。

5)企业具有完善的组织结构和质量管理体系，有健全的技术、档案等管理制度。

6)企业具有必要的工程试验检测设备。

7)申请工程监理资质之日前一年内没有《工程监理企业资质管理规定》中规定所禁止的行为。

8)申请工程监理资质之日前一年内没有因本企业监理责任造成重大质量事故。

9)申请工程监理资质之日前一年内没有因本企业监理责任发生三级以上工程建设重大安全事故或者发生两起以上四级工程建设安全事故。

(2)专业资质标准。

1)甲级。

①具有独立法人资格且具有符合国家有关规定的资产。

②企业技术负责人应为注册监理工程师，并具有 15 年以上从事工程建设工作的经历或者具有工程类高级职称。

③注册监理工程师、注册造价工程师、一级注册建造师、一级注册建筑师、一级注册结构工程师或者其他勘察设计注册工程师合计不少于 25 人次。其中，相应专业注册监理工程师不少于《专业资质注册监理工程师人数配备表》中要求配备的人数，注册造价工程师不少于 2 人。

④企业近 2 年内独立监理过 3 个以上相应专业的二级工程项目，但是，具有甲级设计资质或一级及以上施工总承包资质的企业申请本专业工程类别甲级资质的除外。

⑤企业具有完善的组织结构和质量管理体系，有健全的技术、档案等管理制度。

⑥企业具有必要的工程试验检测设备。

⑦申请工程监理资质之日前一年内没有《工程监理企业资质管理规定》中规定禁止的行为。

⑧申请工程监理资质之日前一年内没有因本企业监理责任造成重大质量事故。

⑨申请工程监理资质之日前一年内没有因本企业监理责任发生三级以上工程建设重大安全事故或者发生两起以上四级工程建设安全事故。

2)乙级。

①具有独立法人资格且具有符合国家有关规定的资产。

②企业技术负责人应为注册监理工程师,并具有 10 年以上从事工程建设工作的经历。

③注册监理工程师、注册造价工程师、一级注册建造师、一级注册建筑师、一级注册结构工程师或者其他勘察设计注册工程师合计不少于 15 人次。其中,相应专业注册监理工程师不少于《专业资质注册监理工程师人数配备表》中要求配备的人数,注册造价工程师不少于 1 人。

④有较完善的组织结构和质量管理体系,有技术、档案等管理制度。

⑤有必要的工程试验检测设备。

⑥申请工程监理资质之日前一年内没有《工程监理企业资质管理规定》规定第十六条禁止的行为。

⑦申请工程监理资质之日前一年内没有因本企业监理责任造成重大质量事故。

⑧申请工程监理资质之日前一年内没有因本企业监理责任发生三级以上工程建设重大安全事故或者发生两起以上四级工程建设安全事故。

3)丙级。

①具有独立法人资格且具有符合国家有关规定的资产。

②企业技术负责人应为注册监理工程师,并具有 8 年以上从事工程建设工作的经历。

③相应专业的注册监理工程师不少于《专业资质注册监理工程师人数配备表》中要求配备的人数。

④有必要的质量管理体系和规章制度。

⑤有必要的工程试验检测设备。

(3)事务所资质标准。

1)取得合伙企业营业执照,具有书面合作协议书。

2)合伙人中有 3 名以上注册监理工程师,合伙人均有 5 年以上从事建设工程监理的工作经历。

3)有固定的工作场所。

4)有必要的质量管理体系和规章制度。

5)有必要的工程试验检测设备。

**2. 业务范围**

工程监理企业资质相应许可的业务范围如下:

(1)综合资质。可以承担所有专业工程类别工程建设项目的工程监理业务。

(2)专业资质。专业甲级资质可承担相应专业工程类别工程建设项目的工程监理业务。专业乙级资质可承担相应专业工程类别二级以下(含二级)工程建设项目的工程监理业务。专业丙级资质可承担相应专业工程类别三级工程建设项目的工程监理业务。

（3）事务所资质。事务所资质可承担三级工程建设项目的工程监理业务。另外，国家规定必须实行强制监理的工程除外，工程监理企业可以开展相应类别工程建设的项目管理、技术咨询等业务。

专业工程类别和等级见表 2-2。

表 2-2　专业工程类别和等级表

| 序号 | 工程类别 | | 一级 | 二级 | 三级 |
|---|---|---|---|---|---|
| 一 | 房屋建筑工程 | 一般公共建筑 | 28 层以上；36 m 跨度以上（轻钢结构除外）；单项工程建筑面积 3 万 m² 以上 | 14～28 层；24～36 m 跨度（轻钢结构除外）；单项工程建筑面积 1 万～3 万 m² | 14 层以下；24 m 跨度以下（轻钢结构除外）；单项工程建筑面积 1 万 m² 以下 |
| | | 高耸构筑工程 | 高度 120 m 以上 | 高度 70～120 m | 高度 70 m 以下 |
| | | 住宅工程 | 小区建筑面积 12 万 m² 以上；单项工程 28 层以上 | 建筑面积 6 万～12 万 m²；单项工程 14～28 层 | 建筑面积 6 万 m² 以下；单项工程 14 层以下 |
| 二 | 冶炼工程 | 钢铁冶炼、连铸工程 | 年产 100 万 t 以上；单座高炉炉容 1 250 m³ 以上；单座公称容量转炉 100 t 以上；电炉 50 t 以上；连铸年产 100 万 t 以上或板坯连铸单机 1 450 mm 以上 | 年产 100 万 t 以下；单座高炉炉容 1 250 m³ 以下；单座公称容量转炉 100 t 以下；电炉 50 t 以下；连铸年产 100 万 t 以下或板坯连铸单机 1 450 mm 以下 | |
| | | 轧钢工程 | 热轧年产 100 万 t 以上，装备连续、半连续轧机；冷轧带板年产 100 万 t 以上，冷轧线材年产 30 万 t 以上或装备连续、半连续轧机 | 热轧年产 100 万 t 以下，装备连续、半连续轧机；冷轧带板年产 100 万 t 以下，冷轧线材年产 30 万 t 以下或装备连续、半连续轧机 | |
| | | 冶炼辅助工程 | 炼焦工程年产 50 万 t 以上或炭化室高度 4.3 m 以上；单台烧结机 100 m² 以上；小时制氧 300 m³ 以上 | 炼焦工程年产 50 万 t 以下或炭化室高度 4.3 m 以下；单台烧结机 100 m² 以下；小时制氧 300 m³ 以下 | |
| | | 有色冶炼工程 | 有色冶炼年产 10 万 t 以上；有色金属加工年产 5 万 t 以上；氧化铝工程 40 万 t 以上 | 有色冶炼年产 10 万 t 以下；有色金属加工年产 5 万 t 以下；氧化铝工程 40 万 t 以下 | |
| | | 建材工程 | 水泥日产 2 000 t 以上；浮化玻璃日熔量 400 t 以上；池窑拉丝玻璃纤维、特种纤维；特种陶瓷生产线工程 | 水泥日产 2 000 t 以下；浮化玻璃日熔量 400 t 以下；普通玻璃生产线；组合炉拉丝玻璃纤维；非金属材料、玻璃钢、耐火材料、建筑及卫生陶瓷厂工程 | |

| 序号 | 工程类别 | | 一级 | 二级 | 三级 |
|---|---|---|---|---|---|
| 三 | 矿山工程 | 煤矿工程 | 年产 120 万 t 以上的井工矿工程；年产 120 万 t 以上的洗选煤工程；深度 800 m 以上的立井井筒工程；年产 400 万 t 以上的露天矿山工程 | 年产 120 万 t 以下的井工矿工程；年产 120 万 t 以下的洗选煤工程；深度 800 m 以下的立井井筒工程；年产 400 万 t 以下的露天矿山工程 | |
| | | 冶金矿山工程 | 年产 100 万 t 以上的黑色矿山采选工程；年产 100 万 t 以上的有色砂矿采、选工程；年产 60 万 t 以上的有色脉矿采、选工程 | 年产 100 万 t 以下的黑色矿山采选工程；年产 100 万 t 以下的有色砂矿采、选工程；年产 60 万 t 以下的有色脉矿采、选工程 | |
| | | 化工矿山工程 | 年产 60 万 t 以上的磷矿、硫铁矿工程 | 年产 60 万 t 以下的磷矿、硫铁矿工程 | |
| | | 铀矿工程 | 年产 10 万 t 以上的铀矿；年产 200 t 以上的铀选冶 | 年产 10 万 t 以下的铀矿；年产 200 t 以下的铀选冶 | |
| | | 建材类非金属矿工程 | 年产 70 万 t 以上的石灰石矿；年产 30 万 t 以上的石膏矿、石英砂岩矿 | 年产 70 万 t 以下的石灰石矿；年产 30 万 t 以下的石膏矿、石英砂岩矿 | |
| 四 | 化工石油工程 | 油田工程 | 原油处理能力 150 万 t/年以上、天然气处理能力 150 万 m³/天以上、产能 50 万 t 以上及配套设施 | 原油处理能力 150 万 t/年以下、天然气处理能力 150 万 m³/天以下、产能 50 万 t 以下及配套设施 | |
| | | 油气储运工程 | 压力容器 8 MPa 以上；油气储罐 10 万 m³/台以上；长输管道 120 km 以上 | 压力容器 8 MPa 以下；油气储罐 10 万 m³/台以下；长输管道 120 km 以下 | |
| | | 炼油化工工程 | 原油处理能力在 500 万 t/年以上的一次加工及相应二次加工装置和后加工装置 | 原油处理能力在 500 万 t/年以下的一次加工及相应二次加工装置和后加工装置 | |
| | | 基本原材料工程 | 年产 30 万 t 以上的乙烯工程；年产 4 万 t 以上的合成橡胶、合成树脂及塑料和化纤工程 | 年产 30 万 t 以下的乙烯工程；年产 4 万 t 以下的合成橡胶、合成树脂及塑料和化纤工程 | |

| 序号 | 工程类别 | | 一级 | 二级 | 三级 |
|---|---|---|---|---|---|
| 四 | 化工石油工程 | 化肥工程 | 年产20万t以上合成氨及相应后加工装置；年产24万t以上磷氨工程 | 年产20万t以下合成氨及相应后加工装置；年产24万t以下磷氨工程 | |
| | | 酸碱工程 | 年产硫酸16万t以上；年产烧碱8万t以上；年产纯碱40万t以上 | 年产硫酸16万t以下；年产烧碱8万t以下；年产纯碱40万t以下 | |
| | | 轮胎工程 | 年产30万套以上 | 年产30万套以下 | |
| | | 核化工及加工工程 | 年产1 000 t以上的铀转换化工工程；年产100 t以上的铀浓缩工程；总投资10亿元以上的乏燃料后处理工程；年产200 t以上的燃料元件加工工程；总投资5 000万元以上的核技术及同位素应用工程 | 年产1 000 t以下的铀转换化工工程；年产100 t以下的铀浓缩工程；总投资10亿元以下的乏燃料后处理工程；年产200 t以下的燃料元件加工工程；总投资5 000万元以下的核技术及同位素应用工程 | |
| | | 医药及其他化工工程 | 总投资1亿元以上 | 总投资1亿元以下 | |
| 五 | 水利水电工程 | 水库工程 | 总库容1亿 m³以上 | 总库容1 000万～1亿 m³ | 总库容1 000万 m³以下 |
| | | 水力发电站工程 | 总装机容量300 MW以上 | 总装机容量50～300 MW | 总装机容量50 MW以下 |
| | | 其他水利工程 | 引调水堤防等级1级；灌溉排涝流量5 m³/s以上；河道整治面积30万亩①以上；城市防洪城市人口50万人以上；围垦面积5万亩以上；水土保持综合治理面积1 000 km以上 | 引调水堤防等级2、3级；灌溉排涝流量0.5～5 m³/s；河道整治面积3万～30万亩；城市防洪城市人口20万～50万人；围垦面积0.5～5万亩；水土保持综合治理面积100～1 000 km² | 引调水堤防等级4、5级；灌溉排涝流量0.5 m³/s以下；河道整治面积3万亩以下；城市防洪城市人口20万人以下；围垦面积0.5万亩以下；水土保持综合治理面积100 km²以下 |
| 六 | 电力工程 | 火力发电站工程 | 单机容量30万 kW以上 | 单机容量30万 kW以下 | |
| | | 输变电工程 | 330 kV以上 | 330 kV以下 | |
| | | 核电工程 | 核电站；核反应堆工程 | | |
| 七 | 农林工程 | 林业局(场)总体工程 | 面积35万公顷②以上 | 面积35万公顷以下 | |

①1亩＝666.67平方米。

②1公顷＝10 000平方米。

| 序号 | 工程类别 | 一级 | 二级 | 三级 |
|---|---|---|---|---|
| 七 农林工程 | 林产工业工程 | 总投资5 000万元以上 | 总投资5 000万元以下 | |
| | 农业综合开发工程 | 总投资3 000万元以上 | 总投资3 000万元以下 | |
| | 种植业工程 | 2万亩以上或总投资1 500万元以上 | 2万亩以下或总投资1 500万元以下 | |
| | 兽医/畜牧工程 | 总投资1 500万元以上 | 总投资1 500万元以下 | |
| | 渔业工程 | 渔港工程总投资3 000万元以上；水产养殖等其他工程总投资1 500万元以上 | 渔港工程总投资3 000万元以下；水产养殖等其他工程总投资1 500万元以下 | |
| | 设施农业工程 | 设施园艺工程1公顷以上；农产品加工等其他工程总投资1 500万元以上 | 设施园艺工程1公顷以下；农产品加工等其他工程总投资1 500万元以下 | |
| | 核设施退役及放射性三废处理处置工程 | 总投资5 000万元以上 | 总投资5 000万元以下 | |
| 八 铁路工程 | 铁路综合工程 | 新建、改建一级干线；单线铁路40 km以上；双线30 km以上及枢纽 | 单线铁路40 km以下；双线30 km以下；二级干线及站线；专用线、专用铁路 | |
| | 铁路桥梁工程 | 桥长500 m以上 | 桥长500 m以下 | |
| | 铁路隧道工程 | 单线3 000 m以上；双线1 500 m以上 | 单线3 000 m以下；双线1 500 m以下 | |
| | 铁路通信、信号、电力电气化工程 | 新建、改建铁路(含枢纽,配、变电所,分区亭)单双线200 km及以上 | 新建、改建铁路(不含枢纽,配、变电所,分区亭)单双线200 km及以下 | |
| 九 公路工程 | 公路工程 | 高速公路 | 高速公路路基工程及一级公路 | 一级公路路基工程及二级以下各级公路 |
| | 公路桥梁工程 | 独立大桥工程；特大桥总长1 000 m以上或单跨跨径150 m以上 | 大桥、中桥桥梁总长30～1 000 m或单跨跨径20～150 m | 小桥总长30 m以下或单跨跨径20 m以下；涵洞工程 |
| | 公路隧道工程 | 隧道长度1 000 m以上 | 隧道长度500～1 000 m | 隧道长度500 m以下 |
| | 其他工程 | 通信、监控、收费等机电工程,高速公路交通安全设施、环保工程和沿线附属设施 | 一级公路交通安全设施、环保工程和沿线附属设施 | 二级及以下公路交通安全设施、环保工程和沿线附属设施 |

| 序号 | 工程类别 | 一级 | 二级 | 三级 |
|---|---|---|---|---|
| 十 | 港口与航道工程 | 港口工程 | 集装箱、件杂、多用途等沿海港口工程20 000 t级以上；散货、原油沿海港口工程30 000 t级以上；1 000 t级以上内河港口工程 | 集装箱、件杂、多用途等沿海港口工程20 000 t级以下；散货、原油沿海港口工程30 000 t级以下；1 000 t级以下内河港口工程 | |
| | | 通航建筑与整治工程 | 1 000 t级以上 | 1 000 t级以下 | |
| | | 航道工程 | 通航30 000 t级以上船舶沿海复杂航道；通航1 000 t级以上船舶的内河航运工程项目 | 通航30 000 t级以下船舶沿海航道；通航1 000 t级以下船舶的内河航运工程项目 | |
| | | 修造船水工工程 | 10 000 t位以上的船坞工程；船体重量5 000 t位以上的船台、滑道工程 | 10 000 t位以下的船坞工程；船体重量5 000 t位以下的船台、滑道工程 | |
| | | 防波堤、导流堤等水工工程 | 最大水深6 m以上 | 最大水深6 m以下 | |
| | | 其他水运工程项目 | 建安工程费6 000万元以上的沿海水运工程项目；建安工程费4 000万元以上的内河水运工程项目 | 建安工程费6 000万元以下的沿海水运工程项目；建安工程费4 000万元以下的内河水运工程项目 | |
| 十一 | 航天航空工程 | 民用机场工程 | 飞行区指标为4E及以上及其配套工程 | 飞行区指标为4D及以下及其配套工程 | |
| | | 航空飞行器 | 航空飞行器(综合)工程总投资1亿元以上；航空飞行器(单项)工程总投资3 000万元以上 | 航空飞行器(综合)工程总投资1亿元以下；航空飞行器(单项)工程总投资3 000万元以下 | |
| | | 航天空间飞行器 | 工程总投资3 000万元以上；面积3 000 m² 以上；跨度18 m以上 | 工程总投资3 000万元以下；面积3 000 m² 以下；跨度18 m以下 | |

| 序号 | 工程类别 | 一级 | 二级 | 三级 |
|---|---|---|---|---|
| 十二 通信工程 | 有线、无线传输通信工程,卫星、综合布线 | 省际通信、信息网络工程 | 省内通信、信息网络工程 | |
| | 邮政、电信、广播枢纽及交换工程 | 省会城市邮政、电信枢纽 | 地市级城市邮政、电信枢纽 | |
| | 发射台工程 | 总发射功率 500 kW 以上短波或 600 kW 以上中波发射台;高度 200 m 以上广播电视发射塔 | 总发射功率 500 kW 以下短波或 600 kW 以下中波发射台;高度 200 m 以下广播电视发射塔 | |
| 十三 市政公用工程 | 城市道路工程 | 城市快速路、主干路,城市互通式立交桥及单孔跨径 100 m 以上桥梁;长度 1 000 m 以上的隧道工程 | 城市次干路工程,城市分离式立交桥及单孔跨径 100 m 以下的桥梁;长度 1 000 m 以下的隧道工程 | 城市支路工程、过街天桥及地下通道工程 |
| | 给水排水工程 | 10 万 t/日以上的给水厂;5 万 t/日以上污水处理工程;3 m³/s 以上的给水、污水泵站;15 m³/s 以上的雨泵站;直径 2.5 m 以上的给水排水管道 | 2 万～10 万 t/日的给水厂;1 万～5 万 t/日污水处理工程;1～3 m³/s 的给水、污水泵站;5～15 m³/s 的雨泵站;直径 1～2.5 m 的给水管道;直径 1.5～2.5 m 的排水管道 | 2 万 t/日以下的给水厂;1 万 t/日以下污水处理工程;1 m³/s 以下的给水、污水泵站;5 m³/s 以下的雨泵站;直径 1 m 以下的给水管道;直径 1.5 m 以下的排水管道 |
| | 燃气热力工程 | 总储存容积 1 000 m³ 以上液化气贮罐场(站);供气规模 15 万 m³/日以上的燃气工程;中压以上的燃气管道、调压站;供热面积 150 万 m² 以上的热力工程 | 总储存容积 1 000 m³ 以下液化气贮罐场(站);供气规模 15 万 m³/日以下的燃气工程;中压以下的燃气管道、调压站;供热面积 50 万～150 万 m² 的热力工程 | 供热面积 50 万 m² 以下的热力工程 |
| | 垃圾处理工程 | 1 200 t/日以上的垃圾焚烧和填埋工程 | 500～1 200 t/日的垃圾焚烧及填埋工程 | 500 t/日以下的垃圾焚烧及填埋工程 |
| | 地铁轻轨工程 | 各类地铁轻轨工程 | | |
| | 风景园林工程 | 总投资 3 000 万元以上 | 总投资 1 000 万～3 000 万元 | 总投资 1 000 万元以下 |

| 序号 | 工程类别 | 一级 | 二级 | 三级 |
|------|----------|------|------|------|
| 十四 机电安装工程 | 机械工程 | 总投资 5 000 万元以上 | 总投资 5 000 万元以下 | |
| | 电子工程 | 总投资 1 亿元以上；含有净化级别 6 级以上的工程 | 总投资 1 亿元以下；含有净化级别 6 级以下的工程 | |
| | 轻纺工程 | 总投资 5 000 万元以上 | 总投资 5 000 万元以下 | |
| | 兵器工程 | 建安工程费 3 000 万元以上的坦克装甲车辆、炸药、弹箭工程；建安工程费 2 000 万元以上的枪炮、光电工程；建安工程费 1 000 万元以上的防化民爆工程 | 建安工程费 3 000 万元以下的坦克装甲车辆、炸药、弹箭工程；建安工程费 2 000 万元以下的枪炮、光电工程；建安工程费 1 000 万元以下的防化民爆工程 | |
| | 船舶工程 | 船舶制造工程总投资 1 亿元以上；船舶科研、机械、修理工程总投资 5 000 万元以上 | 船舶制造工程总投资 1 亿元以下；船舶科研、机械、修理工程总投资 5 000 万元以下 | |
| | 其他工程 | 总投资 5 000 万元以上 | 总投资 5 000 万元以下 | |

注：1. 表中的"以上"含本数，"以下"不含本数。
　　2. 未列入本表中的其他专业工程，由国务院有关部门按照有关规定在相应的工程类别中划分等级。
　　3. 房屋建筑工程包括结合城市建设与民用建筑修建的附建人防工程。

## 3. 专业资质注册监理工程师人数配备

专业资质注册监理工程师人数配备见表 2-3。

**表 2-3　专业资质注册监理工程师人数配备表人**

| 序号 | 工程类别 | 甲级 | 乙级 | 丙级 |
|------|----------|------|------|------|
| 1 | 房屋建筑工程 | 15 | 10 | 5 |
| 2 | 冶炼工程 | 15 | 10 | |
| 3 | 矿山工程 | 20 | 12 | |
| 4 | 化工石油工程 | 15 | 10 | |
| 5 | 水利水电工程 | 20 | 12 | 5 |
| 6 | 电力工程 | 15 | 10 | |
| 7 | 农林工程 | 15 | 10 | |
| 8 | 铁路工程 | 23 | 14 | |
| 9 | 公路工程 | 20 | 12 | 5 |
| 10 | 港口与航道工程 | 20 | 12 | |
| 11 | 航天航空工程 | 20 | 12 | |
| 12 | 通信工程 | 20 | 12 | |

| 序号 | 工程类别 | 甲级 | 乙级 | 丙级 |
|------|----------|------|------|------|
| 13 | 市政公用工程 | 15 | 10 | 5 |
| 14 | 机电安装工程 | 15 | 10 | |

注：表中各专业资质注册监理工程师人数配备是指企业取得本专业工程类别注册的注册监理工程师人数。

### (四)资质申请

**1. 资质申请管理部门**

(1)国务院住房城乡建设主管部门负责全国工程监理企业资质的统一监督管理工作。国务院铁路、交通、水利、信息产业、民航等有关部门配合国务院住房城乡建设主管部门实施相关资质类别工程监理企业资质的监督管理工作。

(2)省、自治区、直辖市人民政府住房城乡建设主管部门负责本行政区域内工程监理企业资质的统一监督管理工作。省、自治区、直辖市人民政府交通、水利、信息产业等有关部门配合同级住房城乡建设主管部门实施相关资质类别工程监理企业资质的监督管理工作。

**2. 工程监理企业的主项资质和增项资质**

工程监理企业资质可分为 14 个工程类别，具体见表 2-2。工程监理企业可以申请一项或者多项工程类别资质。申请多项资质的工程监理企业，应当选择一项为主项资质，其余为增项资质。工程监理企业的增项资质级别不得高于主项资质级别。

工程监理企业申请多项工程类别资质的，其注册资金应达到主项资质标准，从事过其增项专业工程监理业务的注册监理工程师人数应当符合国务院有关专业部门的要求。

工程监理企业的增项资质可以与其主项资质同时申请，也可以在每年资质审批期间独立申请。

工程监理企业资质经批准后，资质审批部门应当在其资质证书副本的相应栏目中注明经批准的工程类别范围和资质等级。工程监理企业应当按照经批准的工程类别范围和资质等级承接监理业务。

**3. 资质申请应提供的材料**

新设立的工程监理企业申请资质，应当先到工商行政管理部门登记注册并取得企业法人营业执照后，才能到住房城乡建设主管部门办理资质申请手续。办理资质申请手续时，应当向住房城乡建设主管部门提供下列资料：

(1)工程监理企业资质申请表(一式三份)及相应电子文档。

(2)企业法人、合伙企业营业执照。

(3)企业章程或合伙人协议。

(4)企业法定代表人、企业负责人和技术负责人的身份证明、工作简历及任命(聘用)文件。

(5)工程监理企业资质申请表中所列注册监理工程师及其他注册执业人员的注册执业证书。

(6)有关企业质量管理体系、技术和档案等管理制度的证明材料。

(7)有关工程试验检测设备的证明材料。

取得专业资质的企业申请晋升专业资质等级或者取得专业甲级资质的企业申请综合资质的，除前款规定的材料外，还应当提交企业原工程监理企业资质证书正、副本复印件，企业《监理业务手册》及近两年已完成代表工程的监理合同、监理规划、工程竣工验收报告及监理工作总结。

**（五）资质审批**

**1. 颁发资质证书的条件**

对于工程监理企业资质条件符合资质等级标准，并且未发生下列行为的，住房城乡建设主管部门将向其颁发相应资质等级的《工程监理企业资质证书》。

（1）与建设单位串通投标或者与其他工程监理企业串通投标，以行贿手段谋取中标。

（2）与建设单位或者施工单位串通弄虚作假、降低工程质量。

（3）将不合格的工程建设、建筑材料、建筑构配件和设备按照合格签字。

（4）超越本企业资质等级或以其他企业名义承揽监理业务。

（5）允许其他单位或个人以本企业的名义承揽工程。

（6）将承揽的监理业务转包。

（7）在监理过程中实施商业贿赂。

（8）涂改、伪造、出借、转让工程监理企业资质证书。

（9）其他违反法律法规的行为。

**2. 综合资质和专业甲级资质的审批**

申请综合资质、专业甲级资质的，可以向企业工商注册所在地的省、自治区、直辖市人民政府住房城乡建设主管部门提交申请材料。

省、自治区、直辖市人民政府住房城乡建设主管部门收到申请材料后，应当在5日内将全部申请材料报审批部门。

国务院住房城乡建设主管部门在收到申请材料后，应当依法作出是否受理的决定，并出具凭证；申请材料不齐全或者不符合法定形式的，应当在5日内一次性告知申请人需要补正的全部内容。逾期不告知的，自收到申请材料之日起即为受理。国务院住房城乡建设主管部门应当自受理之日起20日内作出审批决定。自作出决定之日起10日内公告审批结果。其中，涉及铁路、交通、水利、通信、民航等专业工程监理资质的，由国务院建设主管部门送国务院有关部门审核。国务院有关部门应当在15日内审核完毕，并将审核意见报国务院住房城乡住房城乡建设主管部门。组织专家评审所需时间不计算在上述时限内，但应当明确告知申请人。

**3. 专业乙级、丙级资质和事务所资质的审批**

专业乙级、丙级资质和事务所资质由企业所在地省、自治区、直辖市人民政府住房城乡建设主管部门审批。专业乙级、丙级资质和事务所资质许可延续的实施程序由省、自治区、直辖市人民政府住房城乡建设主管部门依法确定。省、自治区、直辖市人民政府住房城乡建设主管部门应当自作出决定之日起10日内，将准予资质许可的决定报国务院住房城乡建设主管部门备案。

**4. 资质延续和变更**

资质有效期届满，工程监理企业需要继续从事工程监理活动的，应当在资质证书有效期届满60日前，向原资质许可机关申请办理延续手续。

对在资质有效期内遵守有关法律、法规、规章、技术标准，信用档案中无不良记录，且专业技术人员满足资质标准要求的企业，经资质许可机关同意，有效期延续 5 年。

工程监理企业在资质证书有效期内名称、地址、注册资本、法定代表人等发生变更的，应当在工商行政管理部门办理变更手续后 30 日内办理资质证书变更手续。

涉及综合资质、专业甲级资质证书中企业名称变更的，由国务院住房城乡建设主管部门负责办理，并自受理申请之日起 3 日内办理变更手续，其他资质证书变更手续由省、自治区、直辖市人民政府住房城乡建设主管部门负责办理。省、自治区、直辖市人民政府住房城乡建设主管部门应当自受理申请之日起 3 日内办理变更手续，并在办理资质证书变更手续后 15 日内将变更结果报国务院住房城乡建设主管部门备案。

申请资质证书变更，应当提交以下材料：

(1)资质证书变更的申请报告。

(2)企业法人营业执照副本原件。

(3)工程监理企业资质证书正、副本原件。

工程监理企业改制的，除提交上述规定的材料外，还应当提交企业职工代表大会或股东大会关于企业改制或股权变更的决议、企业上级主管部门关于企业申请改制的批复文件。

5. 企业合并或分立后资质等级的核定和资质增补的审批

工程监理企业合并的，合并后存续或者新设立的工程监理企业可以承继合并前各方中较高的资质等级，但应当符合相应的资质等级条件。

工程监理企业分立的，分立后企业的资质等级根据实际达到的资质条件，按照《工程监理企业资质管理规定》的审批程序核定。

企业需增补工程监理企业资质证书的(含增加、更换、遗失补办)，应当持资质证书增补申请及电子文档等材料向资质许可机关申请办理。遗失资质证书的，在申请补办前应当在公众媒体刊登遗失声明。资质许可机关应当自受理申请之日起 3 日内予以办理。

6. 资质证书管理

工程监理企业资质证书分为正本和副本，每套资质证书包括一本正本，四本副本。正、副本具有同等法律效力。工程监理企业资质证书的有效期为 5 年。工程监理企业资质证书由国务院住房城乡建设主管部门统一印制并发放。

### (六)罚则

(1)申请人隐瞒有关情况或者提供虚假材料申请工程监理企业资质的，资质许可机关不予受理或者不予行政许可，并给予警告，申请人在 1 年内不得再次申请工程监理企业资质。

(2)以欺骗、贿赂等不正当手段取得工程监理企业资质证书的，由县级以上地方人民政府住房城乡建设主管部门或者有关部门给予警告，并处 1 万元以上 2 万元以下的罚款，申请人 3 年内不得再次申请工程监理企业资质。

(3)工程监理企业有《工程监理企业资质管理规定》第十六条第七项、第八项行为之一的，由县级以上地方人民政府住房城乡建设主管部门或者有关部门予以警告，责令其改正，并处 1 万元以上 3 万元以下的罚款；造成损失的，依法承担赔偿责任；构成犯罪的，依法追究刑事责任。

(4)违反《工程监理企业资质管理规定》，工程监理企业不及时办理资质证书变更手续的，由资质许可机关责令限期办理；逾期不办理的，可处以 1 千元以上 1 万元以下的罚款。

（5）工程监理企业未按照《工程监理企业资质管理规定》要求提供工程监理企业信用档案信息的，由县级以上地方人民政府住房城乡建设主管部门予以警告，责令限期改正；逾期未改正的，可处以1千元以上1万元以下的罚款。

（6）县级以上地方人民政府住房城乡建设主管部门依法给予工程监理企业行政处罚的，应当将行政处罚决定以及给予行政处罚的事实、理由和依据，报国务院住房城乡建设主管部门备案。

（7）县级以上人民政府住房城乡建设主管部门及有关部门有下列情形之一的，由其上级行政主管部门或者监察机关责令改正，对直接负责的主管人员和其他直接责任人员依法给予处分；构成犯罪的，依法追究刑事责任：

1）对不符合《工程监理企业资质管理规定》条件的申请人准予工程监理企业资质许可的。

2）对符合《工程监理企业资质管理规定》条件的申请人不予工程监理企业资质许可或者不在法定期限内做出准予许可决定的。

3）对符合法定条件的申请不予受理或者未在法定期限内初审完毕的。

4）利用职务上的便利，收受他人财物或者其他好处的。

5）不依法履行监督管理职责或者监督不力，造成严重后果的。

## 四、工程监理企业与工程建设其他方的关系

### （一）政府监理与社会监理

#### 1. 政府监理

政府监理（或监督）是指政府住房城乡建设主管部门对参与建设各方的建设行为实行的强制性监理和对社会监理单位实行的监督管理。

（1）政府监理的特点。政府监理的基本属性是政府职能在工程建设中的具体显示。政府监理的特点表现在强制性、执法性、全面性及宏观性等方面。

1）强制性。政府的管理行为是由国家机器运转特性所决定的。政府的行为往往授权于法。"法"对被管理对象是一种强制手段，必须无条件接受。因此，政府监理机构代表国家执行有关的建设法规赋予的权力，对被管理者（包括业主、设计、施工、监理等各方）构成了一种强制性约束。

2）执法性。政府监理的依据是国家颁布的各种建设法规，包括建设监理法规等。政府监理机构是一种执法机构，政府监理行为是明显的执法行为。

3）全面性。一是表明所有的建设工程都必须接受政府监理；二是在工程项目建设全过程中都必须贯穿着政府监理。监理对象的全面性和监理过程的全面性是政府监理的显著特点，如建设项目立项、可行性研究报告、建设项目选址、工程建设设计方案、重大工程施工方案、工程建设项目竣工验收等都必须报政府主管部门审查、监理、审批等。

4）宏观性。宏观性表明了政府监理与社会监理的重要区别。政府监理的宏观性是指政府监理应站在国家和人民的立场上，对建设项目的安全可靠性、经济效益、社会及环境效果等方面进行审查监督，以保证建设行为的规范性，维护国家利益和参与建设各方的合法利益的统一性。由于政府监理具有强制性等特点，因此，政府监理应突出重点、适当选择，定时或不定时地对监理对象进行监督及管理。

（2）政府监理机构及职责。建设监理工作的归口管理部门，在中央为住房和城乡建设

部，在省、自治区、直辖市及市（地、州、盟）、县（旗）为各级人民政府的住房城乡建设主管部门。因此，住房和城乡建设部和省、自治区、直辖市住房城乡建设主管部门设置专门的建设监理管理机构，市（地、州、盟）、县（旗）住房城乡建设主管部门根据需要设置或指定相应的机构，统一管理建设监理工作。

1）住房和城乡建设部建设监理的职责包括：根据国家政府、法律、法规，制定并组织实施建设监理法规；制定社会监理单位和监理工程师的资格标准、审批和管理办法并监督实施；审批全国性、多专业、跨省（自治区、直辖市）承担管理业务的监理单位；参与大型建设项目的竣工验收；检查、督促工程建设重大事故的处理；指导和管理全国监理工作。

②省、自治区、直辖市住房和城乡建设部门建设监理的职责包括：贯彻执行国家建设监理法，根据需要制定管理办法或实施细则，并组织实施；参与审批本地区大中型建设项目施工的开工报告；检查、督促本地区工程建设重大事故的处理；参与大中型建设项目的竣工验收；组织监理工程师的资格考核，颁发证书，审批全省（自治区、直辖市）性的监理单位；指导和监督本部门的建设监理工作。

市（地、州、盟）、县（旗）住房城乡建设主管部门的建设监理职责由省、自治区、直辖市人民政府规定。

③国务院各工业、交通等部门建设监理的职责包括：贯彻执行国家建设监理法规，根据需要制定实施办法并组织实施；组织或参与审查本部门大中型建设项目的设计文件、开工条件和开工报告；组织或参与检查、处理本部门工程建设重大事故；组织或参与本部门大中型建设项目的竣工验收；组织本专业监理工程师的资格考核，颁发证书，审批本部门管理的本专业全国性的监理单位；指导和监督本部门的建设监理工作。

2. 社会监理

（1）社会监理的含义。社会监理是由独立的、具有法人资格的、专业化的社会监理机构（单位），受业主委托，按监理委托合同的要求，对工程建设实施的一种专业化管理。要实施社会监理必须具备以下条件。

1）从事社会监理必须存在着监理对象。社会监理对象可以是某建设项目的建设全过程，这种社会监理被称为建设项目全过程监理。社会监理对象也可以是建设程序的某一个或几个阶段，这种监理被称为建设阶段监理。监理对象还可以是建设过程中的某项或某几项具体任务，如对工程招标的监理、设备采购的监理、大型设备运输的监理、复杂工程结构安装的监理等。

2）从事社会监理必须存在着具有法人资格的、专业化的社会监理单位。

3）社会监理是一种有偿服务的工程咨询模式。业主委托的监理单位从事建设工程监理，双方应签订建设工程监理委托合同，明确业主与监理单位双方在建设工程监理过程中的责、权、利关系。由于建设工程监理委托合同是一类经济合同，完成合同规定的监理任务后，业主应按合同规定向建设监理单位支付一定的酬金，使社会监理具有有偿服务的特色。

4）社会监理单位是一种具有法人资格的经济实体。由于社会监理单位是一种经济实体，所以社会监理单位应建立完备的管理组织机构和各项规章制度，并实行独立核算、自负盈亏，以及接受国家财务监督和审计、税务检查、资质审查等。

（2）社会监理的特点。社会监理是业主（或建设单位）委托社会监理单位从事工程建设项目授权范围内的监督和管理。因此，社会监理具有服务性、独立性、公正性和微观性等显著特点。

### (二)建设工程监理与政府工程质量监督的区别

建设工程监理和质量监督是我国建设管理体制改革中的重大措施，是为确保工程建设的质量、提高工程建设的水平而先后推行的制度。质量监督机构在加强企业管理、促进企业质量保证体系的建立、确保工程质量、预防工程质量事故等方面起到了重要的作用。建设工程监理与质量监督两者关系密不可分、相互紧密联系。但是它们之间存在着明显的区别，主要体现在以下几个方面。

(1)建设工程监理的实施者是社会化、专业化的监理单位，而政府工程质量监督的执行者是政府建设行政主管部门的专业执行机构(工程质量监督机构)。建设工程监理属于社会的、民间的监督管理行为，而工程质量监督则属于政府行为。

(2)建设工程监理是在项目组织系统范围内的平行主体之间的横向监督管理；政府工程质量监督则是项目组织系统外的监督管理主体对项目系统内的建设行为主体进行的一种纵向监督管理。

(3)建设工程监理具有明显的委托性，而政府工程质量监督则具有明显的强制性。

(4)建设工程监理的工作范围由监理合同决定，可以贯穿于工程建设的全过程、全方位，而政府工程质量监督则一般只限于施工阶段。

(5)它们在工程质量方面的工作也存在着较大的区别。

1)工作依据不尽相同，即政府工程质量监督以国家、地方颁发的有关法律、法规和技术规范、标准为依据，而建设工程监理则不仅以有关法律、法规和技术规范、标准为依据，还以国家批准的工程项目建设文件和工程建设合同为依据。

2)深度、广度不同，即建设工程监理所进行的质量控制包括对项目质量目标详细规划，采取一系列综合控制措施，既要做到全方位控制又要做到事前、事中、事后控制，并持续在工程项目建设的各阶段，而政府工程质量监督则主要在工程项目建设的施工阶段对工程质量进行阶段性的监督、检查和确认。

3)工作权限不同。

4)工作方法和手段不同，即建设工程监理主要采用组织管理的方法，从多方面采取措施进行项目质量控制，而政府工程质量监督则更侧重于行政管理的方法和手段。

### (三)监理企业与建设单位的关系

建设单位与监理企业的关系是平等的合同约定关系，是委托与被委托的关系。监理企业所承担的任务由双方事先按平等协商的原则确定于合同之中。建设工程委托监理合同一经确定，建设单位不得干涉监理工程师的正常工作。监理企业依据监理合同中建设单位授予的权力行使职责，公正、独立地开展监理工作。在工程建设项目监理实施的过程中，总监理工程师应定期(月、季、年度)根据委托监理合同的业务范围，向建设单位报告工程进展情况、存在的问题，并提出建议和意见。

总监理工程师在工程建设项目实施的过程中，严格按照建设单位授予的权力，执行建设单位与承建单位签署的工程施工合同，但无权自主变更工程施工合同。若由于不可预见和不可抗拒因素，总监理工程师认为需要变更工程施工合同时，可以及时向建设单位提出建议，协助建设单位与承建单位协商变更工程施工合同。总监理工程师是独立的第三方，建设单位与承建单位在执行工程施工合同过程中发生的任何争议，均应提交总监理工程师调解。总监理工程师必须接到调解要求后在 30 日内将处理意见书面通知双方。如果双方或其中任何一方不同意总监理工程师的意见，则在接到意见书后 15 日内可直接请求当地建设行政主管部门调解，或请当地经济合同仲裁机关仲裁。

建设工程监理是有偿服务活动。酬金及计提办法，由建设单位与监理单位依据所委托的监理内容、工作深度、国家或地方的有关规定协商确定，并写入委托监理合同。

### (四)监理单位与承建单位的关系

监理企业在实施监理前，建设单位必须将监理的内容、总监理工程师的姓名、所授予的权限等，书面通知承建单位。

监理企业与承建单位之间是监理与被监理的关系。承建单位在项目实施的过程中，必须接受监理单位的监督检查，并为监理企业开展工作提供方便，按照要求提供完整的原始记录、检测记录等技术、经济资料。监理企业应为项目的实施创造条件，按时、按计划做好监理工作。

监理企业与承建单位之间没有合同关系，监理企业之所以对工程项目实施中的行为进行监理，一是建设单位的授权；二是在建设单位与承建单位为甲、乙方的工程施工合同中已经事先予以承认；三是国家建设监理法规赋予监理单位具有监督实施有关法规、规范、技术标准的职责。

监理企业是存在于签署工程施工合同的甲乙双方之外的独立一方，在工程项目实施的过程中，监督合同的执行，体现其公正性、独立性和合法性。监理企业不直接承担工程建设中进度、造价和工程质量的经济责任和风险，监理人员也不得在受监理工程的承建单位任职、合伙经营或与其发生经营性隶属关系，不得参与承建单位的盈利分配。

## 五、工程监理企业经营管理

### (一)工程监理企业经营活动基本准则

工程监理企业从事建设工程监理活动，应当遵循"守法、诚信、公正、科学"的道德准则。

#### 1. 守法

守法，即遵守国家的法律法规。工程监理企业的守法也就是要依法经营，主要体现为以下几个方面：

(1)监理企业只能在核定的业务范围经营活动。核定的业务范围是指监理企业资质证书中填写的、经建设监理资质管理部门审查确认的经营范围。核定的业务范围有两层内容，一是监理业务的性质；二是监理业务的等级。核定的经营业务范围以外的任何业务，监理单位不得承接；否则，就是违反经营。

(2)监理企业不得伪造、涂改、出租、出借、转让、出卖资质等级证书。

(3)工程监理委托合同一经双方签订，即具有一定的法律约束力（违背国家法律、法规的合同，即无效合同除外），监理企业应按照合同的规定认真履行，不得无故或故意违背自己的承诺。

(4)监理企业离开原住所承接监理业务，要自觉遵守当地人民政府颁发的监理法规的有关规定，并要主动向监理工程所在地的省、自治区、直辖市住房城乡建设主管部门备案登记，接受其指导和监督管理。

(5)遵守国家关于企业法人的其他法律、法规的规定，包括行政的、经济的和技术的。

### 2. 诚信

诚信，即是诚实信用。诚信不仅是做人的基本道德，而且也是一个企业经营的基本准则，是企业信誉的核心内容。工程监理企业必须非常重视本企业的诚信建设。工程监理企业的诚信要从每一个监理人员做起，要形成一套完整的工作制度，要加强对法律法规的学习，要加强职业道德教育，要努力提高自己的技术服务水平。

工程监理企业应当建立健全企业的信用管理制度。信用管理制度主要有以下几个方面：

(1)建立健全合同管理制度。

(2)建立健全与业主的合作制度，及时进行信息沟通，增强相互间的信任感。

(3)建立健全监理服务需求调查制度，这也是企业进行有效竞争和防范经营风险的重要手段之一。

(4)建立企业内部信用管理责任制度，使检查和评估企业信用的实施情况不断提高企业信用管理水平。

### 3. 公正和科学

公正，是指工程监理企业要依据科学的方案，运用科学的手段，采取科学的方法开展监理工作。工程监理工作结束后，还要进行科学的总结。工程监理企业实施科学化管理主要体现在以下几个方面：

(1)科学的方案。工程监理的方案主要是指监理规划。在实施监理前，要尽可能准确地预测出各种可能的问题，有针对性地撰写解决办法，制定出切实可行、行之有效的监理实施细则，使各项监理活动都纳入计划管理的轨道。

(2)科学的手段。实施工程监理必须借助于先进的科学仪器才能做好监理工作，如各种检测、试验、化验仪器，拍摄录像设备及计算机等。

(3)科学的方法。监理工作的科学方法主要体现在监理人员在掌握大量的、确凿的有关监理对象及其外部环境实际情况的基础上，适时、稳妥、高效地处理有关问题，解决问题要用事实说话、用书面文字说话、用数据说话；要开发、利用计算机软件辅助工程监理。

### (二)工程监理企业的经营活动

#### 1. 取得监理业务的基本方式

工程监理企业承揽监理业务有两种方式：一是通过投标竞争取得监理业务；二是接受建设单位的直接委托而取得监理业务。我国有关法规规定，建设单位一般应通过招标方式择优选定监理单位。也就是说，在通常情况下，应尽量采用招标方式选择监理单位，这是监理业务发展的大趋势，但在特定条件下，建设单位可以不采用招标的方式而把监理业务直接委托给一个监理企业。

#### 2. 工程监理企业投标书的核心

工程监理企业向业主提供的是管理服务，所以，工程监理企业投标书的核心问题主要是反映所提供的管理服务水平高低的监理大纲，尤其是主要的监理对策。业主在监理招标时应以监理大纲的水平作为评定投标书优劣的重要内容，而不应将监理费的高低作为选择工程监理企业的主要评定标准。作为工程监理企业，不应该以降低监理费作为竞争的主要手段去承揽监理业务。

一般情况下，监理大纲中的主要内容有：根据监理招标文件的要求，针对建设工程的特点，初步拟订该工程的监理工作指导思想，主要的管理措施、技术措施，拟投入的监理力量及为搞好该项建设工程而向建设单位提出的原则性建议等。

3. 工程监理费的构成

建设工程监理是一种有偿的服务活动，而且是一种高智能有偿性技术服务。项目业主为使监理企业能顺利地完成监理任务，必须付给监理企业一定的报酬，用以补偿监理企业在完成监理任务时的支出。监理企业的经营活动应达到收支平衡，且有节余。监理费的构成包括监理企业在工程项目建设监理活动中所需要的全部成本，以及合理利润、应缴纳的税金。

(1)直接成本。直接成本是指监理企业在完成某项具体监理业务中所发生的成本。其主要包括以下费用：

1)监理人员和监理辅助人员的工资，包括津贴、附加工资、奖金等。

2)用于监理人员和监理辅助人员的其他专项开支，包括差旅费、补助费、书刊费、医疗费等。

3)用于监理工作的计算机等办公设施的购置使用费和其他仪器租赁费等。

4)所需的其他外部服务支出。

(2)间接成本。间接成本有时称作日常管理费，包括全部业务经营开支和非工程项目监理的特定开支，一般包括以下费用：

1)管理人员、行政人员、后勤服务人员的工资，包括津贴、附加工资、奖金等。

2)经营业务费，包括为招揽监理业务而发生的广告费、宣传费，有关契约或合同的公证费和签证费等活动经费。

3)办公费，包括办公用具、用品购置费，通信、邮寄费，交通费，办公室及相关设施的使用(或租用)费，维修费与会议费、差旅费等。

4)其他固定资产及常用工、器具和设备的使用费，垫支资金贷款利息。

5)业务培训费，图书、资料购置费等教育经费。

6)新技术开发、研制、试用费。

7)咨询费、专有技术使用费。

8)职工福利费、劳动保护费。

9)工会等职工组织活动经费。

10)其他行政活动经费，如职工文化活动经费等。

11)企业领导基金和其他营业外支出。

(3)税金。税金是指按照国家规定，监理企业应缴纳的各种税金总额，如缴纳增值税、所得税等。

(4)利润。利润是指监理企业的监理收入扣除直接成本、间接成本和各种税金之后的余额。监理企业是一种高智能群体，监理是一种高智能的技术服务，监理企业的利润应当高于社会平均利润。

4. 监理费的计算方法

监理费的计算方法一般由业主与工程监理企业确定。其计算方法主要有以下几种：

(1)按时计算法和工资加一定比例的其他费用计算法。

建设工程监理与相关
服务收费管理规定

1)按时计算法。这种方法是根据合同项目使用的时间(计算时间的单位可以是小时，也可以是工日或按月计算)补偿费再加上一定数额的补贴来计算监理费的总额。单位时间的补偿费用一般是以监理企业职员的基本工资为基础，加上一定的管理费和利润(税前利润)。采用这种方法时，监理人员的差旅费、工作函电费、资料费以试验和检验费、交通和住宿费等均由业主另行支付。

这种计算方法主要适用于临时性的、短期的监理业务活动，或者不宜按工程的概(预)算的百分比等其他方法计算监理费时使用。由于这种方法在一定程度上限制了监理企业潜在效益的增加，因而，单位时间内监理费的标准比监理企业内部实际的标准要高得多。

2)工资加一定比例的其他费用计算法。这种方法实际上是按时计算监理费形式的变换，即按参加监理工作的人员的实际工资的基数乘上一个系数。这个系数包括了应有的间接成本和税金、利润等。除监理人员的工资外，其他各项直接费用等均由项目业主另行支付。一般情况下，较少采用这种方法，尤其是在核定监理人员数量和监理人员的实际工资方面，业主与监理企业之间难以取得完全一致的意见。

3)按时计算法和工资加一定比例的其他费用计算法的利弊。采用这两种方法，业主支付的费用是对监理企业实际消耗的时间进行补偿。由于监理企业不必对成本预先做出精确的估算，因此，这一类方法对监理企业来说显得方便、灵活。但是，采用这两种方法要求监理企业必须保存详细的使用时间一览表，以供业主随时审查、核实。特别是监理工程师，如果不能严格地对工作加以控制，就容易造成滥用经费现象。即使没有这类弊病，业主也可能会怀疑监理工程师的努力程度或使用了过多的时间。

(2)工程造价的百分比计算法。

1)计算方法。这种方法是按照工程规模大小和所委托的监理工作的繁简，以建设投资的一定的百分比来计算。一般情况下，工程规模越大，建设投资越多，计算监理费的百分比越小。这种方法简便、科学，是目前比较常用的计算方法。采用这种方法的关键是确定计算监理费的基数。新建、改建、扩建工程及较大型的技术改造工程都编制有工程概算，有的工程还编有工程预算。工程的概(预)算就是初始计算监理费的基数，只是工程结算时，再按结算进行调整。这里所说的工程概(预)算不一定是工程概(预)算的全部，因部分工程的概(预)算也不一定全部用来计算监理费，如业主的管理费、工程所用土地的征用费、所有建(构)筑物的拆迁费等一般都应扣除，不作为计算监理费的基数。只是为简便考虑，签订监理合同时可不扣除这些费用，由此造成的出入，留待工程结算时一并调整。即便没有工程概(预)算，即使是"三边"工程，只要根据监理范围确定了计算监理费的百分比，也不会影响监理合同的签订。

2)工程造价的百分比计算法的利弊。建设成本百分比的方法，其方便之处在于一旦建设成本确定之后，监理费用很容易算出，监理企业对各项经费开支可以不需要详细的记录，业主也不用去审核监理企业的成本。这种方法还有一个好处，就是可以防止因物价上涨而产生的影响，因为建设成本的增加与监理服务成本的增加基本是同步的。这种方法主要的不足是：第一，如果采用实际建设成本做基数，监理费直接与建设成本的变化有关。因此，监理工程师工作越出色，降低建设成本的同时也减少了自己的收入；反之，则有可能增加收入。这显然是不合理的。第二，这种办法带有一定的经验性，不能把影响监理工作费用的所有因素都考虑进去。

(3)监理成本加固定费用计算法。

1)计算方法。监理成本是指监理企业在工程监理项目上花费的直接成本。固定费用是指除直接费用外的其他费用。各监理企业的直接费与其他费用的比例是不同的，但是，一个监理企业的监理直接费与其他费用之比大体上可以确定比例。这样，只要估算出某工程项目的监理成本，那么，整个监理费也就可以确定了。在商谈监理合同时，往往难以准确地确定监理成本，这就为商签监理合同带来了较大的阻力。所以，这种计算方法用得很少。

2)监理成本加固定费用计算法的利弊。该方法的方便之处在于：第一，监理企业在谈判阶段可以先不估算成本，只是在对附加的固定费用进行谈判时才必须做出适当的估算，可以减少工作量；第二，这种方法弹性较大，一般不受建设工期的延长、服务范围的变化等因素的影响，只有在出现重大问题时才有可能重新对附加固定费用进行谈判。这种方法的不利之处在于：在谈判中可能会对某些成本项目是否应该得到补偿存在分歧，附加固定费的谈判常常也是很困难的，如果因为工作范围或计划进度发生变化而引起附加固定费的重新谈判，则困难更大。

(4)固定价格计算法。

1)计算方法。该方法适用于小型或中等规模的工程，并且工作内容及范围较明确的项目，业主和监理经协商一致，可采用固定价格法。即使工作量有所增减变化，只要不超过一定限值，监理费可不做调整。

2)固定价格计算法的利弊。这种方法比较简单，一旦谈判成功，双方都很清楚费用总额，支付方式也简单，业主可以不要求提供支付记录和证明。但是，这种方法却要求监理企业在事前要对成本做出认真的估算，如果工期较长，还应考虑物价变动的因素。采用这种方法，如果工作范围发生了变化，则需要重新进行谈判。这种方法容易导致双方对于实际从事的服务范围缺乏相互一致和清楚地理解，有时会引起双方之间关系紧张。

无论采用哪种方法，对于业主和监理企业来说，都存在有利和不利的地方。对有利与不利做具体分析，将有助于监理企业科学地选择计费方法，也可以供业主和监理企业在商谈费用时参考。

### (三)工程监理企业的经营内容

#### 1. 工程建设决策阶段的监理服务

工程建设的决策咨询，既不是监理单位替建设单位决策，也不是替政府决策，而是受建设单位或政府的委托选择决策咨询单位，协助建设单位或政府与决策咨询单位签订咨询合同，并监督合同的履行，对咨询意见进行评估。

工程建设决策阶段的工作主要是对投资决策、立项决策和可行性研究决策的咨询。

(1)投资决策咨询。投资决策咨询的委托方可能是建设单位(筹备机构)，可能是金融单位，也可能是政府。其内容如下：

1)协助委托方选择投资决策咨询单位，并协助签订合同书。

2)监督管理投资决策咨询合同的实施。

3)对投资咨询意见进行评估，并提出监理报告。

(2)工程建设立项决策咨询。工程建设立项决策主要是确定拟建工程项目的必要性和可行性(建设条件是否具备)及拟建规模。其监理内容如下：

1)协助委托方选择工程建设立项决策咨询单位，并协助签订合同书。

2）监督管理立项决策咨询合同的实施。

3）对立项决策咨询方案进行评估，并提出监理报告。

（3）工程建设可行性研究决策咨询。工程建设的可行性研究是根据确定的项目建议书在技术上、经济上、财务上对项目进行详细论证，提出优化方案。其监理内容如下：

1）协助委托方选择工程建设可行性研究单位，并协助签订可行性研究合同书。

2）监督管理可行性研究合同的实施。

3）对可行性研究报告进行评估，并提出监理报告。

2. 工程建设设计阶段的监理服务

工程建设设计阶段是工程项目建设进入实施阶段的开始。工程设计通常包括初步设计和施工图设计两个阶段。在进行工程设计前还要进行勘察（地质勘查、水文勘察等），这一阶段又叫作勘察设计阶段。在工程建设实施过程中，一般是将勘察和设计分开来签订合同。设计阶段的监理工作内容包括以下几项：

（1）协助业主提出设计要求，组织评选设计方案。

（2）协助选择勘察、设计单位，协助签订工程建设勘察、设计合同，并监督合同的履行。

（3）督促设计单位限额设计、优化设计。

（4）审核设计是否符合规划要求，能否满足业主提出的功能使用要求。

（5）审核设计方案的技术、经济指标的合理性，审核设计方案是否满足国家规定的具体要求和设计规范。

（6）分析设计的施工可行性和经济性。

3. 工程建设施工阶段的监理服务

工程施工是工程建设最终的实施阶段，是形成建筑产品的最后一步。施工阶段各方面工作的好坏对建筑产品优劣的影响巨大，所以，这一阶段的监理至关重要。它包括施工招标阶段的监理、施工监理和竣工后工程保修阶段的监理。其内容包括以下几项：

（1）组织编制工程施工招标文件。

（2）核查工程施工图设计、工程施工图预算标底（招标控制价）。当工程总包单位承担施工图设计时，监理单位应投入较大的精力做好施工图设计审查和施工图预算审查工作。另外，招标标底（招标控制价）包括在招标文件当中，但有的建设单位另行委托编制标底（招标控制价），所以监理单位要另行核查。

（3）协助建设单位组织投标、开标、评标活动，向建设单位提出中标单位建议。

（4）协助建设单位与中标单位签订工程施工合同书。

（5）协助建设单位与承建商编写开工申请报告。

（6）察看工程项目建设现场，向承建商办理移交手续。

（7）审查、确认承建商选择的分包单位。

（8）制定施工总体规划，审查承建商的施工组织设计和施工技术方案，提出修改意见，下达单位工程施工开工令。

（9）审查承建商提出的建筑材料、建筑物构件和设备的采购清单。工业工程的建设单位往往为了满足连续施工的需求，在选定承建商前就开始设备订货。

（10）检查工程使用的材料、构件、设备的规格和质量。

(11)检查施工技术措施和安全防护设施。

(12)主持协商建设单位或设计单位或施工单位或监理单位本身提出的设计变更。

(13)监督管理工程施工合同的履行，主持协商合同条款的变更，调解合同双方的争议，处理索赔事项。

(14)核查完成的工程量，验收分项分部工程，签署工程付款凭证。

(15)督促施工单位整理施工文件的归档准备工作。

(16)参与工程竣工预验收，并签署监理意见。

(17)检查工程结算。

(18)向建设单位提交监理档案资料。

(19)编写竣工验收申请报告。

(20)在规定的工程质量保修期限内，负责检查工程质量状况，组织鉴定质量问题责任，督促责任单位维修。

4. 监理的其他服务

监理单位除承担建设工程监理方面的业务外，还可以承担工程建设方面的咨询业务。属于工程建设方面的咨询业务包括以下几项：

(1)工程建设投资风险分析。

(2)工程建设立项评估。

(3)编制工程建设项目可行性研究报告。

(4)编制工程施工招标标底。

(5)编制工程建设各种估算。

(6)各类建筑物(构筑物)的技术检测、质量鉴定。

(7)有关工程建设的其他专项技术咨询服务。

# 第二节　注册监理工程师

注册监理工程师是指通过职业资格考试取得中华人民共和国监理工程师职业资格证书，并经注册后从事建设工程监理及相关业务活动的专业技术人员。

## 一、监理工程师资格考试

根据《监理工程师职业资格制度规定》(建人规〔2020〕3号)，监理工程师职业资格考试全国统一大纲、统一命题、统一组织。监理工程师职业资格考试设置基础科目和专业科目。

1. 报考条件

凡遵守中华人民共和国宪法、法律、法规，具有良好的业务素质和道德品行，具备下列条件之一者，可以申请参加监理工程师职业资格考试：

(1)具有各工程大类专业大学专科学历(或高等职业教育)，从事工程施工、监理、设计等业务工作满6年。

（2）具有工学、管理科学与工程类专业大学本科学历或学位，从事工程施工、监理、设计等业务工作满4年。

（3）具有工学、管理科学与工程一级学科硕士学位或专业学位，从事工程施工、监理、设计等业务工作满2年。

（4）具有工学、管理科学与工程一级学科博士学位。

经批准同意开展试点的地区，申请参加监理工程师职业资格考试的，应当具有大学本科及以上学历或学位。

2. 资格考试

（1）监理工程师职业资格考试设《建设工程监理基本理论和相关法规》《建设工程合同管理》《建设工程目标控制》《建设工程监理案例分析》4个科目。其中，《建设工程监理基本理论和相关法规》《建设工程合同管理》为基础科目，《建设工程目标控制》《建设工程监理案例分析》为专业科目。

（2）监理工程师职业资格考试专业科目分为土木建筑工程、交通运输工程、水利工程3个专业类别，考生在报名时可根据实际工作需要选择。其中，土木建筑工程专业由住房和城乡建设部负责；交通运输工程专业由交通运输部负责；水利工程专业由水利部负责。

（3）监理工程师职业资格考试分4个半天进行。

（4）监理工程师职业资格考试成绩实行4年为一个周期的滚动管理办法，在连续的4个考试年度内通过全部考试科目，方可取得监理工程师职业资格证书。

（5）已取得监理工程师一种专业职业资格证书的人员，报名参加其他专业科目考试的，可免考基础科目。考试合格后，核发人力资源社会保障部门统一印制的相应专业考试合格证明，该证明作为注册时增加执业专业类别的依据。免考基础科目和增加专业类别的人员，专业科目成绩按照2年为一个周期滚动管理。

（6）具备以下条件之一的，参加监理工程师职业资格考试可免考基础科目：

1）已取得公路水运工程监理工程师资格证书；

2）已取得水利工程建设监理工程师资格证书。

申请免考部分科目的人员在报名时应提供相应材料。

（7）符合监理工程师职业资格考试报名条件的报考人员，按当地人事考试机构规定的程序和要求完成报名。参加考试人员凭准考证和有效证件在指定的日期、时间和地点参加考试。

中央和国务院各部门所属单位、中央管理企业的人员按属地原则报名参加考试。

（8）考点原则上设在直辖市、自治区首府和省会城市的大、中专院校或者高考定点学校。

监理工程师职业资格考试原则上每年一次。

3. 职业资格证书

监理工程师职业资格考试合格者，由各省、自治区、直辖市人力资源社会保障行政主管部门颁发中华人民共和国监理工程师职业资格证书（或电子证书）。该证书由人力资源社会保障部统一印制，住房和城乡建设部、交通运输部、水利部按专业类别分别与人力资源社会保障部用印，在全国范围内有效。

## 二、监理工程师注册

国家对监理工程师职业资格实行执业注册管理制度。取得监理工程师职业资格证书且从事工程监理及相关业务活动的人员，经注册方可以监理工程师名义执业。

### 1. 注册形式

根据《注册监理工程师管理规定》（建设部令第 147 号）的规定，监理工程师注册可分为三种形式，即初始注册、延续注册和变更注册。

(1)初始注册。取得资格证书并受聘于一个建设工程勘察、设计、施工、监理、招标代理、造价咨询等单位的人员，应当通过聘用单位向单位工商注册所在地的省、自治区、直辖市人民政府住房城乡建设主管部门提出注册申请；省、自治区、直辖市人民政府住房城乡建设主管部门受理后提出初审意见，并将初审意见和全部申报材料报国务院住房城乡建设主管部门审批；符合条件的，由国务院住房城乡建设主管部门核发

注册监理工程师
管理规定

注册证书和执业印章。注册证书和执业印章是注册监理工程师的执业凭证，由注册监理工程师本人保管、使用。注册证书和执业印章的有效期为 3 年。

初始注册者，可自资格证书签发之日起 3 年内提出申请。逾期未申请者，须符合继续教育的要求后方可申请初始注册。

初始注册需要提交下列材料：

1)申请人的注册申请表。

2)申请人的资格证书和身份证复印件。

3)申请人与聘用单位签订的聘用劳动合同复印件。

4)所学专业、工作经历、工程业绩、工程类中级及中级以上职称证书等有关证明材料。

5)逾期初始注册的，应当提供达到继续教育要求的证明材料。

(2)延续注册。注册监理工程师每一注册有效期为 3 年，注册有效期满需继续执业的，应当在注册有效期满 30 日前，按照规定的程序申请延续注册。延续注册有效期为 3 年。

延续注册需要提交下列材料：

1)申请人延续注册申请表。

2)申请人与聘用单位签订的聘用劳动合同复印件。

3)申请人注册有效期内达到继续教育要求的证明材料。

(3)变更注册。在注册有效期内，注册监理工程师变更执业单位，应当与原聘用单位解除劳动关系，并按照规定的程序办理变更注册手续，变更注册后仍延续原注册有效期。

变更注册需要提交下列材料：

1)申请人变更注册申请表。

2)申请人与新聘用单位签订的聘用劳动合同复印件。

3)申请人的工作调动证明(与原聘用单位解除聘用劳动合同或者聘用劳动合同到期的证明文件、退休人员的退休证明)。

### 2. 不予注册的情形

申请人有下列情形之一的，不予初始注册、延续注册或者变更注册：

(1)不具有完全民事行为能力的。

（2）刑事处罚尚未执行完毕或者因从事建设工程监理或者相关业务受到刑事处罚，自刑事处罚执行完毕之日起至申请注册之日止不满 2 年的。

（3）未达到监理工程师继续教育要求的。

（4）在两个或者两个以上单位申请注册的。

（5）以虚假的职称证书参加考试并取得资格证书的。

（6）年龄超过 65 周岁的。

（7）法律、法规规定不予注册的其他情形。

3. 注册证书

（1）经批准注册的申请人，由住房和城乡建设部、交通运输部、水利部分别核发《中华人民共和国监理工程师注册证》（或电子证书）。

（2）监理工程师执业时应持注册证书和执业印章。注册证书、执业印章样式及注册证书编号规则由住房和城乡建设部会同交通运输部、水利部统一制定。执业印章由监理工程师按照统一规定自行制作。注册证书和执业印章由监理工程师本人保管与使用。

（3）注册监理工程师有下列情形之一的，其注册证书和执业印章失效：

1）聘用单位破产的。

2）聘用单位被吊销营业执照的。

3）聘用单位被吊销相应资质证书的。

4）已与聘用单位解除劳动关系的。

5）注册有效期满且未延续注册的。

6）年龄超过 65 周岁的。

7）死亡或者丧失行为能力的。

8）其他导致注册失效的情形。

# 三、监理工程师执业

（1）监理工程师在工作中，必须遵纪守法，恪守职业道德和从业规范，诚信执业，主动接受有关部门的监督检查，加强行业自律。

（2）监理工程师不得同时受聘于两个或两个以上单位执业，不得允许他人以本人名义执业，严禁"证书挂靠"。出租、出借注册证书的，依据相关法律、法规进行处罚；构成犯罪的，依法追究刑事责任。

（3）监理工程师依据职责开展工作，在本人执业活动中形成的工程监理文件上签章，并承担相应责任。监理工程师的具体执业范围由住房和城乡建设部、交通运输部、水利部按照职责另行制定。

（4）监理工程师未执行法律、法规和工程建设强制性标准实施监理，造成质量安全事故的，依据相关法律、法规进行处罚；构成犯罪的，依法追究刑事责任。

（5）取得监理工程师注册证书的人员，应当按照国家专业技术人员继续教育的有关规定接受继续教育，更新专业知识，提高业务水平。

1）继续教育的学时。注册监理工程师在每一注册有效期（3 年）内应接受 96 学时的继续教育，其中必修课和选修课各为 48 学时。必修课 48 学时，每年可安排 16 学时。选修课 48 学时，按注册专业安排学时，只注册 1 个专业的，每年接受该注册专业选修课 16 学时的继续教育；注册 2 个专业的，每年接受相应 2 个注册专业选修课各 8 学时的继续教育。

注册监理工程师申请变更注册专业时，在提出申请之前应接受申请变更注册专业 24 学时选修课的继续教育。注册监理工程师申请跨省级行政区域变更执业单位时，在提出申请之前，还应接受新聘用单位所在地 8 学时选修课的继续教育。

注册监理工程师在公开发行的期刊上发表有关工程监理的学术论文，字数在 3 000 以上的，每篇可充抵选修课 4 学时；从事注册监理工程师继续教育授课工作和考试命题工作，每年每次可充抵选修课 8 学时。

2）继续教育的方式和内容。继续教育的方式有两种，即集中面授和网络教学。继续教育的内容主要有以下几项：

①必修课：国家近期颁布的与工程监理有关的法律法规、标准规范和政策；工程监理与工程项目管理的新理论、新方法；工程监理案例分析；注册监理工程师职业道德。

②选修课：地方及行业近期颁布的与工程监理有关的法规、标准规范和政策；工程建设新技术、新材料、新设备及新工艺；专业工程监理案例分析；需要补充的其他与工程监理业务有关的知识。

（6）注册监理工程师的权利。注册监理工程师享有下列权利：

1）使用注册监理工程师称谓。

2）在规定范围内从事执业活动。

3）依据本人能力从事相应的执业活动。

4）保管和使用本人的注册证书和执业印章。

5）对本人执业活动进行解释和辩护。

6）接受继续教育。

7）获得相应的劳动报酬。

8）对侵犯本人权利的行为进行申诉。

（7）注册监理工程师的义务。注册监理工程师应当履行下列义务：

1）遵守法律、法规和有关管理规定。

2）履行管理职责，执行技术标准、规范和规程。

3）保证执业活动成果的质量，并承担相应责任。

4）接受继续教育，努力提高执业水准。

5）在本人执业活动所形成的建设工程监理文件上签字、加盖执业印章。

6）保守在执业中知悉的国家秘密和他人的商业、技术秘密。

7）不得涂改、倒卖、出租、出借或者以其他形式非法转让注册证书或者执业印章。

8）不得同时在两个或者两个以上单位受聘或者执业。

9）在规定的执业范围和聘用单位业务范围内从事执业活动。

10）协助注册管理机构完成相关工作。

## 四、监理工程师的法律责任

### 1. 监理工程师法律责任的表现行为

监理工程师法律责任的表现行为主要有两个方面，一是违反法律法规的（违法）行为；二是违反合同约定的（违约）行为。

（1）违法行为。现行法律法规对监理工程师的法律责任专门做出了具体规定。如《建筑法》第三十五条规定："工程监理单位不按照委托监理合同的约定履行监理义务，对应当监督检查的项目不检查或者不按照规定检查，给建设单位造成损失的，应当承担相应的赔偿责任。工程监理单位与承包单位串通，为承包单位谋取非法利益，给建设单位造成损失的，应当与承包单位承担连带赔偿责任。"

《中华人民共和国刑法》第一百三十七条规定："建设单位、设计单位、施工单位、工程监理单位违反国家规定，降低工程质量标准，造成重大安全事故的，对直接责任人员，处五年以下有期徒刑或者拘役，并处罚金；后果特别严重的，处五年以上十年以下有期徒刑，并处罚金。"

这些规定能够有效地规范、指导监理工程师的执业行为，提高监理工程师的法律责任意识，引导监理工程师公正守法地开展监理业务。

（2）违约行为。监理工程师一般主要受聘于工程监理企业，从事工程监理业务。工程监理企业是订立委托监理合同的当事人，是法定意义的合同主体。但委托监理合同在具体履行时，是由监理工程师代表监理企业来实现的。因此，如果监理工程师出现工作过失，违反了合同约定，其行为将被视为监理企业违约，由监理企业承担相应的违约责任。当然，监理企业在承担违约赔偿责任后，有权在企业内部向有相应过失行为的监理工程师追偿部分损失。所以，由监理工程师个人过失引发的合同违约行为，监理工程师应当与监理企业承担一定的连带责任。其连带责任的基础是监理企业与监理工程师签订的《聘用协议》或《责任保证书》，或监理企业法定代表人对监理工程师签发的《授权委托书》。一般来说，《授权委托书》应包含职权范围和相应责任条款。

2. 监理工程师的安全生产责任

监理工程师的安全生产责任是法律责任的一部分。

导致工作安全事故或问题的原因很多，有自然灾害、不可抗力等客观原因，也有建设单位、设计单位、施工企业、材料供应单位等方面的主观原因。监理工程师虽然不管理安全生产，不直接承担安全责任，但不能排除其间接或连带承担安全责任的可能性。如果监理工程师有下列行为之一，则应当与质量、安全事故责任主体承担连带责任：

（1）违章指挥或者发出错误指令，引发安全事故的。

（2）将不合格的工程建设、建筑材料、建筑构配件和设备按照合格签字，造成工程质量事故，由此引发安全事故的。

（3）与建设单位或施工企业串通，弄虚作假、降低工程质量，从而引发安全事故的。

3. 监理工程师违规行为罚则

监理工程师的违规行为及其处罚，主要有下列几种情况：

（1）隐瞒有关情况或者提供虚假材料申请注册的，住房城乡建设主管部门不予受理或者不予注册，并给予警告，1年之内不得再次申请注册。

（2）以欺骗、贿赂等不正当手段取得注册证书的，由国务院住房城乡建设主管部门撤销其注册，3年内不得再次申请注册，并由县级以上地方人民政府住房城乡建设主管部门处以罚款，其中没有违法所得的，处以1万元以下罚款，有违法所得的，处以违法所得3倍以下且不超过3万元的罚款；构成犯罪的，依法追究刑事责任。

（3）违反规定未经注册，擅自以注册监理工程师的名义从事工程监理及相关业务活动的，由县级以上地方人民政府住房城乡建设主管部门给予警告，责令停止违法行为，处以 3 万元以下罚款；造成损失的，依法承担赔偿责任。

（4）违反规定，未办理变更注册仍执业的，由县级以上地方人民政府住房城乡建设主管部门给予警告，责令限期改正；逾期不改的，可处以 5 000 元以下的罚款。

（5）注册监理工程师在执业活动中有下列行为之一的，由县级以上地方人民政府住房城乡建设主管部门给予警告，责令其改正，没有违法所得的，处以 1 万元以下罚款，有违法所得的，处以违法所得 3 倍以下且不超过 3 万元的罚款；造成损失的，依法承担赔偿责任；构成犯罪的，依法追究刑事责任：

1）以个人名义承接业务的；

2）涂改、倒卖、出租、出借或者以其他形式非法转让注册证书或者执业印章的；

3）泄露执业中应当保守的秘密并造成严重后果的；

4）超出规定执业范围或者聘用单位业务范围从事执业活动的；

5）弄虚作假提供执业活动成果的；

6）同时受聘于两个或者两个以上的单位，从事执业活动的；

7）其他违反法律、法规、规章的行为。

## 五、监理工程师的基本素质

### （一）监理工程师的素质构成

建设工程监理是高智能的技术服务，其服务水平和质量取决于监理工程师的水平和素质。监理工程师的素质由下列要素构成。

**1. 较高的学历和复合型的知识结构**

现代工程建设投资规模巨大，要求多种功能兼备，应用科技门类复杂，组织成千上万人协作的工作经常出现。如果没有深厚的现代科技理论知识、经济管理理论知识和法律知识作为基础，是不可能胜任监理工作的。对监理工程师有较高学历的要求，是保障监理工程师队伍素质的重要基础，也是向国际水平靠近的必然要求。

就科技理论知识而言，在我国与工程建设有关的主干学科就有近 20 种，所设置的工程技术专业有近 40 种。作为一个监理工程师，当然不可能学习与掌握这么多的学科和专业技术理论知识，但应要求监理工程师至少学习与掌握一种专业技术知识，这是监理工程师所必须具备的全部理论知识中的主要部分。同时，每个监理工程师，无论他掌握哪一种科学和专业技术，都必须学习与掌握一定的经济、组织管理和法律等方面的理论知识。

**2. 丰富的工程建设实践经验**

工程建设实践经验是指理论知识在工程建设中应用的经验。一般来说，应用的时间越长、次数越多，经验也就越丰富。不少研究指出，一些工程建设中的失误往往与实践者的经验不足有关，所以，世界各国都将工程建设实践经验放在重要地位。我国在监理工程师注册制度中也对实践经验做出规定。

**3. 良好的职业道德**

监理人员除应具备广泛的理论知识、丰富的工程建设实践经验外，还应具备高尚的职业道德。监理人员必须秉公办事，按照合同条件公正地处理各种问题，遵守国家的各项法律、法规。既不接受业主所支付的酬金以外的任何回扣、津贴或其他间接报酬，也不得与承包商有任何经济往来，包括接受承包商的礼物，经营或参与经营施工及设备、材料采购活动，或在施工单位及设备、材料供应单位任职或兼职。监理工程师还要有很强的责任心，认真、细致地进行工作。这样才能避免由于监理人员的行为不当给工程带来不必要的损失和影响。

### 4. 较强的组织协调能力

在工程建设的全过程中，监理工程师依据合同对工程项目实施监督管理，监理工程师要面对建设单位、设计单位、承包单位、材料设备供应商等与工程有关的单位，只有协调好有关各方的关系，处理好各种矛盾和纠纷，才能使工程建设顺利地开展，实现项目投资目标。

### 5. 良好的身体素质

监理工程师要求具有健康的体魄和充沛的精力，这是由监理工作现场性强、流动性大、工作条件差、任务繁忙等工作性质所决定的。

### (二)监理工程师的职业道德

为了确保建设监理事业的健康发展，对监理工程师的职业道德和工作纪律都有严格的要求，在有关法规里也做了具体的规定。

#### 1. 职业道德守则

(1)维护国家的荣誉和利益，按照"守法、诚信、公正、科学"的准则执业。

(2)执行有关工程建设的法律、法规、规范、标准和制度，履行监理合同规定的义务和职责。

(3)努力学习专业技术和建设监理知识，不断提高业务能力和监理水平。

(4)不以个人名义承揽监理业务。

(5)不同时在两个或两个以上监理单位注册和从事监理活动，不在政府部门和施工、材料设备的生产供应等单位兼职。

(6)不为所监理项目指定承建商、建筑构配件、设备、材料和施工方法。

(7)不收受被监理单位的任何礼金。

(8)不泄露所监理工程各方认为需要保密的事项。

(9)坚持独立自主地开展工作。

#### 2. 工作纪律

(1)遵守国家的法律和政府的有关条例、规定和办法等。

(2)认真履行建设工程监理委托合同所承诺的义务和承担约定的责任。

(3)坚持公正的立场，公平地处理有关各方的争议。

(4)坚持科学的态度和实事求是的原则。

(5)在坚持按建设工程监理委托合同的规定向业主提供技术服务的同时，帮助被监理者完成其担负的建设任务。

(6)不以个人名义在报刊上刊登承揽监理业务的广告。

(7)不得损害他人名誉。

(8)不泄露所监理的工程需保密的事项。

(9)不在任何承建商或材料设备供应商中兼职。

(10)不擅自接受业主额外的津贴，也不接受被监理单位的任何津贴；不接受可能导致判断不公的报酬。

监理工程师违背职业道德或违反工作纪律，由政府主管部门没收非法所得，收缴《监理工程师岗位证书》，并可处以罚款。监理单位还要根据企业内部的规章制度给予处罚。

### 3. FIDIC 道德准则

FIDIC 是国际咨询工程师联合会的法文缩写，是国际上最有权威的被世界银行认可的咨询工程师组织。它认识到工程师的工作对于社会及其环境的持续发展是十分关键的。下述准则是其成员行为的基本准则：

(1)接受对社会的职业责任。

(2)寻求与确认的发展原则相适应的解决办法。

(3)在任何时候，维护职业的尊严、名誉和荣誉。

(4)保持其知识和技能与技术、法规、管理的发展相一致的水平，对于委托人要求的服务采用相应的技能，并尽心尽力。

(5)仅在有能力从事服务时才进行。

(6)在任何时候均为委托人的合法权益行使其职责，并且正直和忠诚地进行职业服务。

(7)在提供职业咨询、评审或决策时不偏不倚。

(8)通知委托人在行使其委托权时可能引起的任何潜在的利益冲突。

(9)不接受可能导致判断不公的报酬。

(10)加强"按照能力进行选择"的观念。

(11)不得故意或无意地做出损害他人名誉或事务的事情。

(12)不得直接或间接取代某一特定工作中已经任命的其他咨询工程师的位置。

(13)通知该咨询工程师并且接到委托人终止其先前任命的建议前，不得取代该咨询工程师的工作。

(14)在被要求对其他咨询工程师的工作进行审查的情况下，要以适当的职业行为和礼节进行。

## 本章小结

本章主要介绍了工程监理企业的组织形式、资质等级和业务范围、资质申请与审批，工程监理企业的经营活动与经营内容，监理工程师资格考试，监理工程师注册、执业与法律责任等内容。通过本章的学习，应对工程监理企业与注册监理工程师有一定的理解与认识，为日后的监理工作打下基础。

## 思考与练习

### 一、填空题

1. _____是指从事工程监理业务并取得工程监理企业资质证书的经济组织，它是监理工程师的执业机构。

2. 工程监理企业承揽监理业务有两种方式：一是_____取得监理业务；二是_____取得监理业务。

3. _____是指通过职业资格考试取得中华人民共和国监理工程师职业资格证书，并经注册后从事建设工程监理及相关业务活动的专业技术人员。

4. 监理工程师注册分为三种形式，即_____、_____和_____。

5. 初始注册者可自资格证书签发之日起 3 年内提出申请。逾期未申请者，须符合_____的要求后方可申请初始注册。

6. 注册监理工程师每一注册有效期为_____，注册有效期满需继续执业的，应当在注册有效期满_____前，按照规定的程序申请延续注册。

## 二、选择题

1. 当监理工程师所在聘用单位名称发生变化时，监理工程师应当向注册管理机构办理（    ）。

A. 变更注册　　　　B. 初始注册　　　　C. 延续注册　　　　D. 注销注册

2. 监理工程师职业资格考试合格者，由（    ）颁发中华人民共和国监理工程师职业资格证书（或电子证书）

A. 各省、自治区、直辖市人力资源社会保障行政主管部门

B. 建设监理单位

C. 全国监理工程师注册管理机关

D. 建设监理协会

3. 按照我国现行法律法规的规定，我国的工程监理企业有可能存在的企业组织形式不包括（    ）。

A. 公司制监理企业　　　　　　　　B. 合伙监理企业

C. 集体合作制监理企业　　　　　　D. 中外合资经营监理企业

4. 工程监理企业合并的，合并后存续或者新设立的工程监理企业可以承继合并前各方中（    ）的资质等级，但应当符合相应的资质等级条件。

A. 较低　　　　　　B. 重新审批　　　　C. 甲级　　　　D. 较高

5. 按时计算法是工程监理费的计算方法之一，这种方法主要适用于（    ）项目的监理业务。

A. 改建、扩建　　　　　　　　　　B. 临时性、短期

C. 中小型　　　　　　　　　　　　D. 住宅小区

## 三、简答题

1. 简述工程监理企业的定义及特征。

2. 工程监理企业的组织形式有哪些？

3. 工程监理企业经营活动基本准则有哪些？

4. 监理工程师的素质由哪些要素构成？

5. 简述监理工程师执业资格考试的报考条件和考试范围。

6.《注册监理工程师管理规定》初始注册需要提交哪些材料？

# 第三章　建设工程监理组织

### 学习目标

　　了解组织、月组织结构的概念；熟悉建设工程项目组织管理的基本模式与监理模式；掌握建设工程项目监理实施程序与实施原则，项目监理机构组织形式、建立步骤、人员和设施配置，监理组织协调的方法。

### 能力目标

　　能进行工程建设监理组织协调。

## 第一节　组织的基本原理

　　组织是管理中的一项重要职能。建立精干、高效的项目监理机构并使之正常运行，是实现建设工程监理目标的前提条件。因此，组织的基本原理是监理工程师必备的基础知识。

### 一、组织与组织结构

1. 组织

　　所谓组织，就是为了使系统达到其特定的目标，使全体参加者经分工与协作，以及设置不同层次的权力和责任制度而构成的一种人的组合体。

　　"组织"一词从不同侧面包含两层不同的含义。其一，作为一个实体，组织是为了达到自身的目标而结合在一起的具有正式关系的一群人。对于正式组织，这种关系是反映人们正式的、有意形成的职务和职位结构。组织必须具有目标且为了达到自身的目标而产生和存在。在组织中工作的人们必须承担某种职务且承担的职务需要进行刻意设计，规定所需要各项活动有人去完成，并且确保各项活动协调一致，而且效率高。其二，组织是一个过程，主要是指人们为了达到目标而创造组织结构，为适应环境的变化而维持和调整组织结构并使组织发挥作用的过程。管理者要根据工作的需要，对组织结构进行精心设计，明确每个岗位的任务、权力、责任和相互关系及信息沟通的渠道，使人们在实现目标的过程中能够发挥比合作个人总和更大的能量。管理者还要根据环境变化对组织结构进行改革和创新或再构造。合理的组织结构只是为达到某种目标提供了一个前提，要有效地完成组织的任务，还需要各层管理者能动地、合理地协调人力、物力、财力和信息，使组织结构得以高效地运行。

组织作为生产要素之一，与其他要素相比有明显特点：其他要素可以互相替代，如增加机器设备等劳动手段可以替代劳动力，而组织不能替代其他要素，也不能被其他要素所替代，它只是使其他要素合理配合而增值的要素，也就是说组织可以提高其他要素的使用效益。

### 2. 组织结构

组织内部构成和各部分间所确立的较为稳定的相互关系和联系方式，称为组织结构。以下几种提法反映了组织结构的基本内涵：

(1)确定正式关系与职责的形式。

(2)向组织各个部门或个人分派任务和各种活动的方式。

(3)协调各个分离活动和任务的方式。

(4)组织中权力、地位和等级关系。

组织结构内涵包括三个核心内容，即组织结构的复杂性、规范性和集权与分权性。

(1)组织结构的复杂性。组织结构的复杂性是指一个组织中的差异性，包括横向差异性、纵向差异性和空间分布差异性。这三个差异性中的任何一个变化都会影响到组织结构的复杂性程度的变化。组织结构的横向差异产生于组织成员之间的差异性和由于社会劳动分工所造成的专业化和部门化；纵向差异是指组织结构中纵向垂直管理层的层数及层级之间的差异程度；空间分布差异是指一个组织的管理机构、工作地点及其人员在地区分布上形成的差异程度。组织发展以及其他任务和管理权力在地理上的可分性，决定了其空间扩展和分布的可行性。

(2)组织结构的规范性。组织结构的规范性是指组织中各项工作的标准化程度，具体来说就是指有关指导和限制组织成员行为和活动的方针政策、规章制度、工作程序、工作过程的标准化程度。在一个组织中，其规范化程度随着技术和专业工作的不同而产生差异，还随着其管理层次的高低和职能分工而有所差异。提高组织的规范性可以给组织带来效益，工作越规范，工作自由度就越小，这就意味着成本越低。

(3)组织结构的集权与分权性。组织结构的集权与分权性是指组织中的决策权集中在组织结构中的哪一点上及其集中的程度与差异。高度集权即决策权高度集中在组织的最高管理层中；低度集权即决策权分散在组织各管理层，乃至低层的每一个员工。因此，低度集权又被称为分权。当高层决策者控制决策过程中所有步骤时，决策是最集权的，适当分权可以使组织得到很多好处，但在某些情况下集权会更有利。

## 二、组织设计

组织设计就是对组织活动和组织结构的设计过程，有效的组织设计在提高组织活动效能方面起着重大的作用。组织设计有以下要点：

(1)组织设计是管理者在系统中建立最有效相互关系的一种合理化的、有意识的过程。

（2）该过程既要考虑系统的外部要素，又要考虑系统的内部要素。

（3）组织设计的结果是形成组织结构。

## 1. 组织构成因素

组织构成一般是上小下大的形式，由管理层次、管理跨度、管理部门、管理职能四大因素组成。各因素是密切相关、相互制约的。

（1）管理层次。管理层次是指从组织的最高管理者到最基层的实际工作人员之间的等级层次的数量。

管理层次可分为三个层次，即决策层、中间控制层（协调层和执行层）、操作层。决策层的任务是确定管理组织的目标和大政方针及实施计划，它必须精干、高效。中国控制层可分为协调层和执行层。协调层的任务主要是参谋、咨询职能，其人员应有较高的业务工作能力；执行层的任务是直接调动和组织人力、财力、物力等具体活动内容，其人员应有实干精神并能坚决贯彻管理指令。操作层的任务是从事操作和完成具体任务，其人员应有熟练的作业技能。这三个层次的职能和要求不同，标志着不同的职责和权限，同时，也反映出组织机构中的人数变化规律。

组织的最高管理者到最基层的实际工作人员权责逐层递减，而人数却逐层递增。

如果组织缺乏足够的管理层次，将使其运行陷于无序的状态。因此，组织必须形成必要的管理层次。但是，管理层次也不宜过多，否则会造成资源和人力的浪费，同时会使信息传递慢、指令走样、协调困难。

（2）管理跨度。管理跨度是指一名上级管理人员所直接管理的下级人数或部门数。由于每一个人的能力和精力是有限度的，一个上级管理人员能够直接、有效地指挥下级的数目具有一定的限度。

管理跨度的大小取决于需要协调的工作量，需要协调的工作量是按下级数目的几何级数变化的。管理跨度的弹性很大，影响因素很多，它与管理人员的性格、才能、个人精力、授权程度以及被管理者的素质关系很大，另外，还与职能难易程度、工作地点远近、工作的相似程度、工作制度和程序等客观因素有关。确定适合的管理跨度，需要积累经验并在实践中进行必要的调整。通常一个组织的高、中级管理人员的有效管理跨度为3～9人（或部门）为宜，而低级管理人员的有效管理跨度则可大些。

（3）管理部门。管理部门是指由组织结构中工作的人员组成的若干管理的单元。划分部门就是对管理劳动的分工，将不同的管理人员安排在不同的管理岗位和部门中，通过他们在特定环境、特定相互关系中的管理工作使整个管理系统有机地运转起来。

组织中各部门的合理划分对发挥组织效应是十分重要的。如果部门划分不合理，会造成控制、协调困难，也会造成人浮于事，浪费人力、物力、财力。管理部门的划分要根据组织目标与工作内容确定，形成既有相互分工又有相互配合的组织机构。

（4）管理职能。组织、设计、确定各部门的职能，应使纵向的领导、检查、指挥灵活，达到指令传递快、信息反馈及时；使横向各部门间相互联系、协调一致，使各部门有职有责、尽职尽责。

## 2. 组织设计的依据

（1）组织战略。在影响组织结构的各种因素中，组织战略是一个重要的因素。组织要选择一个与自己条件相适应的战略，与此同时，需要在组织结构上有所配合，才能令组织战略更有效地执行。

（2）组织环境。组织的生存和发展直接受其所处环境的影响。对于组织来说，环境中存在不确定因素是必然的，对于环境的变化组织只能去设法适应。因此，组织结构要随环境的变化进行设计和调整。

（3）组织规模。组织规模对组织结构复杂程度产生影响。组织规模增长导致水平差异的增加，还可以使地区差异扩大；组织规模的扩大会导致组织结构规范化程度的提高，而且使高层管理者难以直接控制其下属的一切活动，这样就造成分权。

（4）技术。企业的组织结构必须与采用的生产技术与方式相适应，才能令组织更有效率。常规技术易变性小，组织结构通常规范化程度高；工程型技术易变性较大，组织结构通常规范化程度较低，但集权化程度较高；工艺性技术适合具有适中的规范化程度和分权化管理的组织结构；非常规技术应采取具有强制性的有机式组织结构，降低规范化程度。

3. 组织设计的原则

项目监理机构组织设计一般应考虑以下基本原则：

（1）集权与分权统一的原则。在任何组织中都不存在绝对的集权和分权。在项目监理机构设计中，所谓集权，就是总监理工程师掌握所有监理大权，各专业监理工程师只是其命令的执行者；所谓分权，是指在总监理工程师的授权下，各专业监理工程师在各自管理的范围内有足够的决策权，总监理工程师主要起协调作用。

项目监理机构是采取集权形式还是分权形式，要根据工程建设的特点，监理工作的重要性，总监理工程师的能力、精力及各专业监理工程师的工作经验、能力、态度等因素进行综合考虑。

（2）组织分工协调原则。组织分工协调原则是促进组织高效率运行的基本保证。组织分工协调原则是在进行建设监理组织机构设置时，应正确处理好组织内部人与人、领导与被领导，以及部门之间的各种错综复杂的关系，减少或避免组织内部产生的行为矛盾与冲突，使组织内部各种组织要素能充分地协调统一。因此，在对建设监理组织机构设置时，首先应理顺组织内部存在的各种关系，包括领导与被领导关系，部门的隶属、从属、相互作用等关系；其次应正确规范组织的工作任务体系；再次要完善组织的工作制度，包括请示、汇报制度、工作会议制度、业务考核制度、职责及奖惩制度等；最后要建立各种协调机制，各级组织都必须建立协调功能团，而且组织的协调功能团应从组织任务执行功能团中分离出来，真正起到对内部纵向、横向的协调作用。

（3）管理跨度和管理层次相统一的原则。管理跨度与管理层次是相互制约的。管理跨度扩大可以使管理层次减少，加快信息传递，减少信息失真，使信息反馈及时，减少管理人员，降低管理费用。但由于上级主管需要协调的工作量增大，容易导致组织失控。管理跨度与管理层次相统一，就是指要根据组织的内部条件和外部环境的不同来综合权衡，适当确定管理跨度的大小及管理层次的多少。

（4）责、权、利对等原则。责、权、利对等原则就是在监理组织中明确划分职责、权力、利益，且职责、权力、利益是对等的关系。承担某一岗位职务的管理者在承担该岗位规定的工作任务和责任时还必须规定相应的权力和利益。组织的责、权、利是相对于一定的岗位职务来说的，不同的岗位职务应有不同的责、权、利，但始终应该是对等的。责、权、利不对等就可能损伤组织的效能，权大于责容易导致滥用职权，危及整个组织系统的运行；责大于利容易影响管理人员的积极性、主动性和创造性，使组织缺乏活力。

(5)才职相称原则。每项工作都应该确定为完成该工作所需要的知识和技能。可以通过考察一个人的学历与经历，进行测验及面谈等，了解其知识、经验、才能、兴趣等，并进行评审比较。职务设计和人员评审都可以采用科学的方法，使这个人现有的和可能有的才能与其职务上的要求相适应，做到才职相称、人尽其才、才得其用、用得其所。

(6)效益原则。任何组织的设计都是为了获得更高效益，现场监理组织设计必须坚持效益原则。组织结构中部门、人员都要围绕组织目标充分协调，组成最适宜的组织结构，用较少的人员、较少的层次、较少的时间达到管理的效果，做到精干高效，使人有事干、事有人管、保质保量、负荷饱满、效益更高。

(7)组织弹性原则。组织机构设置的弹性原则，简称组织弹性原则，是指组织部门设置、人员编制、任务体系及权力分配等方面，应充分考虑到建设监理市场的近期和长期发展变化，对机构设置和人员编制等都应留有一定的余地。

4. 组织设计的流程

组织设计的流程如图 3-1 所示。

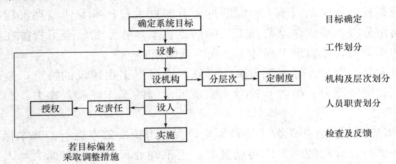

图 3-1　组织设计的流程示意

## 三、组织机构活动基本原理

组织机构的活动应遵循以下几个基本原理。

1. 要素有用性原理

一个组织机构中的基本要素有人力、物力、财力、信息、时间等。运用要素有用性原理，首先应看到人力、物力、财力等要素在组织活动中的有用性，充分发挥各要素的作用，根据各要素作用的大小、主次、好坏进行合理安排、组合和使用，做到人尽其才、财尽其利、物尽其用，尽最大可能提高各要素的利用率。

一切要素都有作用，这是要素的共性，然而要素不仅有共性，而且还有个性。例如，同样是监理工程师，由于专业、知识、能力、经验等水平的差异，所起的作用也就不同。因此，管理者在组织活动过程中不但要看到一切要素都有作用，还要具体分析各要素的特殊性，以便充分发挥每一要素的作用。

2. 动态相关性原理

组织系统处在静止状态是相对的，处在运动状态则是绝对的。组织系统内部各要素之间既相互联系又相互制约，既相互依存又相互排斥，这种相互作用推动组织活动的进步与发展。这种相互作用的因子，叫作相关因子。充分发挥相关因子的作用，是提高组织管理效应的有效途径。事物在组合过程中，由于相关因子的作用，可以发生质变。整体效应不等于其各局部效应的简单相加，各局部效应之和与整体效应不一定相等，这就是动态相关性原理。

3. 主观能动性原理

人和宇宙中的各种事物，运动是其共有的根本属性，它们都是客观存在的物质，不同的是，人是有生命、有思想、有感情、有创造力的。人的特征是：会制造工具，并使用工具进行劳动；在劳动中改造世界，同时也改造自己；能继承并在劳动中运用和发展前人的知识，使人的能动性得到发挥。人是生产力中最活跃的因素，组织管理者的重要任务就是要将人的主观能动性发挥出来，当能动性发挥出来时就会取得很好的效果。

4. 规律效应性原理

组织管理者在管理过程中要掌握规律，按规律办事，将注意力放在抓事物内部的、本质的、必然的联系上，以达到预期的目标，取得良好效应。规律与效应的关系非常密切，一个成功的管理者懂得只有努力揭示规律，才有取得效应的可能；而要取得好的效应，就要主动研究规律，坚决按规律办事。

# 第二节　建设工程项目组织管理

## 一、建设工程项目组织管理基本模式

建设工程项目组织管理的模式主要有平行承发包模式、设计/施工总分包模式、项目总承包模式、项目总承包管理模式、设计和(或)施工联合体承包模式等。

### (一)平行承发包模式

1. 平行承发包模式的结构

平行承发包模式是业主将工程项目的设计、施工等任务经过分解分别发包给若干设计单位和施工单位，并分别与各方签订承包合同。各设计单位之间关系是平行的，各施工单位之间关系也是平行的，如图 3-2 所示。

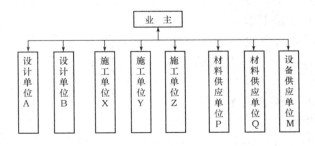

图 3-2　平行承发包模式

平行承发包模式的重点是将项目进行合理分解、分类综合，以确定每个合同的发包内容，便于择优选择承包商。在进行分解任务与确定合同数量、内容时，首先要考虑工程项目的性质、规模、结构的特点，工程项目规模大、范围广、专业多、工期长，往往合同数量较多；其次要考虑市场情况，根据承包商的专业性质、规模大小、市场分布状况，力求项目分解发包与市场结构相适应，合同任务与内容要适合大、中、小承包商参与竞争，符合市场惯例、市场范围与相关规定；最后根据项目贷款协议要求既要考虑贷款使用范围，又要考虑贷款人资格情况。

2. 平行承发包模式的优缺点

平行承发包模式主要有以下优点：

(1)有利于缩短工期。由于设计和施工任务经过分解分别发包，设计阶段与施工阶段有可能形成搭接关系，从而缩短整个建设工程工期。

(2)有利于质量控制。整个工程经过分解分别发包给各承建单位，合同约束与相互制约使每一部分能够较好地实现质量要求。如主体工程与装修工程分别由两个施工单位承包，当主体工程不合格时，装修单位是不会同意在不合格的主体工程上进行装修的，这相当于有了他人控制，比自己控制更有约束力。

(3)有利于业主选择承建单位。在大多数国家的建筑市场中，专业性强、规模小的承建单位一般占较大的比例。这种模式的合同内容比较单一、合同价值小、风险小，使它们有可能参与竞争。因此，无论大型承建单位还是中小型承建单位都有机会竞争。业主可以在很大范围内选择承建单位，为提高择优性创造了条件。

平行承发包模式主要有以下缺点：

(1)合同数量多，会造成合同管理困难。合同关系复杂，使建设工程系统内结合部位数量增加，组织协调工作量加大。因此，应加强合同管理的力度，加强各承建单位之间的横向协调工作，沟通各种渠道，使工程有条不紊地进行。

(2)投资控制难度大。这主要表现在：一是总合同价不易确定，影响投资控制实施；二是工程招标任务量大，需要控制多项合同价格，增加了投资控制难度；三是在施工过程中设计变更和修改较多，导致投资增加。

**(二)设计/施工总分包模式**

1. 设计/施工总分包模式的结构

设计/施工总分包模式就是业主将全部设计任务发包给一个设计单位作为设计总承包，全部施工任务发包给一个施工单位作为施工总承包，总承包单位还可以将其任务的一部分分包给其他的承包单位，从而形成一个设计总合同、一个施工总合同及若干个分包合同的模式，如图3-3所示。

2. 设计/施工总分包模式的优缺点

设计/施工总分包模式主要具有下列优点：

(1)有利于建设工程的组织管理。由于业主只

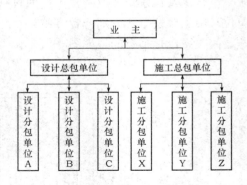

图3-3　设计或施工总分包模式

与一个设计总包单位或一个施工总包单位签订合同，故工程合同数量比平行承发包模式要少很多，有利于业主的合同管理，也使业主协调工作量减少，可发挥监理与总包单位多层次协调的积极性。

（2）有利于投资控制。总包合同价格可以较早确定，并且监理单位也易于控制。

（3）有利于质量控制。在质量方面，既有分包单位的自控，又有总包单位的监督，还有工程监理单位的检查认可，对质量控制有利。

（4）有利于工期控制。总包单位具有控制的积极性，分包单位之间也有相互制约的作用，有利于总体进度的协调控制，也有利于监理工程师控制进度。

设计/施工总分包模式主要有下列缺点：

（1）建设周期较长。由于设计图纸全部完成后才能进行施工总包的招标，不仅不能将设计阶段与施工阶段搭接，而且施工招标需要的时间也较长。

（2）总包报价可能较高。一方面，对于规模较大的建设工程来说，通常只有大型承建单位才具有总包的资格和能力，竞争相对不甚激烈；另一方面，对于分包出去的工程内容，总包单位都要在分包报价的基础上加收管理费向业主报价。这样总报价可能较高。

### （三）项目总承包模式

#### 1. 项目总承包模式的结构

工程项目总承包就是业主将一个工程项目的全部设计任务和全部施工任务都发包给一个总承包单位。总承包单位可以自行完成全部设计和全部施工任务，也可以将项目的部分设计任务和部分施工任务在取得业主认可的前提下分别发给其他设计单位和施工单位。由于项目总承包单位向业主交出一个已达到动用条件的项目，故按这种模式发包的工程又称为"交钥匙工程"，如图 3-4 所示。

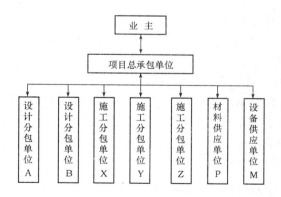

**图 3-4  项目总承包模式**

#### 2. 项目总承包模式的优缺点

工程项目总承包模式合同管理范围整齐单一，有利于投资控制；业主与总承包单位协调工作量小，相当一部分协调工作转移给项目总承包单位内部及其与分包单位之间；设计阶段与施工阶段一般能相互搭接，对进度控制有利。但由于合同条款不易准确确定，合同管理难度一般较大，容易引起较多合同纠纷；承包方风险大，选择总承包单位较为困难；

业主主动性受到限制，工程质量标准和功能要求不易做到全面、准确。这种模式适用于简单、明确的常规性工程和一些专业性较强的工业建筑。

### (四)项目总承包管理模式

#### 1. 项目总承包管理模式的结构

工程项目总承包管理是指业主将项目设计和施工的主要部分发包给专门从事设计与施工组织管理的单位，再由其分包给若干设计、施工承包商，并对他们进行项目管理，如图3-5所示。

与项目总承包相比，项目总承包管理不直接进行设计与施工，而是将承接的设计与施工任务全部分包出去，并站在项目总承包的立场上对项目进行管理。建设单位可以派出一部分人员进行协调，同时，还要监督总承包管理单位的工作。而项目总承包管理单位有自己的设计、施工实体，是设计、施工、材料和设备采购的主要力量。

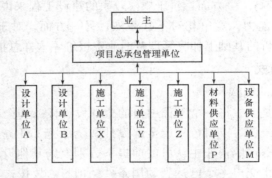

图3-5　项目总承包管理模式

#### 2. 项目总承包管理模式的优缺点

(1)项目总承包管理模式的优点是合同关系简单，对合同管理、组织协调比较有利，对进度和投资控制也有利。

(2)项目总承包管理模式主要具有以下缺点：

1)由于项目总承包管理单位与设计、施工单位是总包与分包关系，后者才是项目实施的基本力量，所以监理工程师对分包的确认工作就成了十分关键的问题。

2)项目总承包管理单位自身经济实力一般比较弱，而承担的风险相对较大，因此，建设工程采用这种承发包模式应持慎重态度。

### (五)设计和(或)施工联合体承包模式

#### 1. 设计和(或)施工联合体承包模式的结构

对于大型和特大型土木工程项目，由于规模大、技术含量高，往往由几家设计和施工单位共同组成设计和施工联合体参与承包。这种业主与一个由若干个设计和(或)若干个施工单位组合的联合体进行签约，将工程项目设计和施工任务发包给这个联合体的模式称作设计和(或)施工联合体承包模式，如图3-6所示。

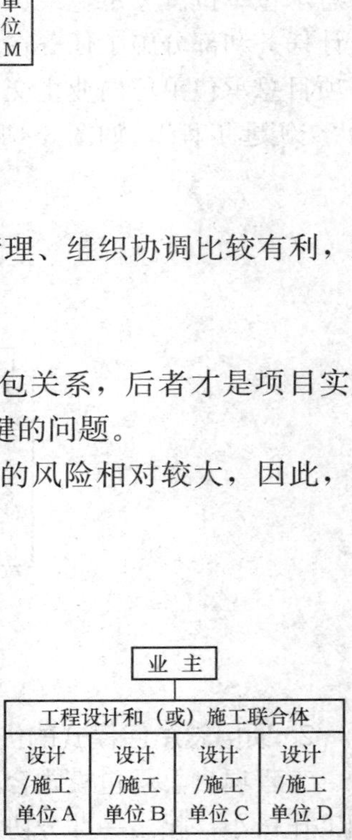

图3-6　设计和(或)施工联合体承包模式

## 2. 设计和(或)施工联合体承包模式的优缺点

设计和(或)施工联合体承包模式既可分担风险,又可以联合各承包商的管理和技术优势,增强承包能力;同时,业主只与联合体签订一份合同,合同数量少,便于管理,但联合体内部还要签订内部合同,以明确彼此经济关系和责任。因此,这种模式有利于进度和质量的控制。

### (六)设计和(或)施工合作体承包模式

设计和(或)施工合作体承包模式类似于设计和(或)施工联合体承包模式,是几个设计和施工单位以设计和施工合作体的名义与建设单位签订工程承包合同,项目完成后即自动解散。

合作体与联合体两者有明显的区别。合作体更为松散,一般不设置统一的指挥机构,只推选1~2个成员单位的负责人负责合作体的内部协调工作,各成员在技术上、经济上独立负责,独立地完成一定范围和一定数量的任务,工作任务有明确的界限和规定。

## 二、建设工程监理模式

建设工程监理模式的选择与建设工程组织管理模式密切相关,监理模式对建设工程的规划、控制、协调起着非常重要的作用。下面针对前述的建设工程组织管理模式介绍几种监理模式。

### 1. 平行承发包模式条件下的监理模式

与建设工程平行承发包模式相适应的监理模式有以下两种主要形式:

(1)业主委托一家监理单位对整个工程项目实施监理。这种监理模式对监理单位要求较高,需要有较强的合同管理、组织协调、全面规划的能力。该模式下业主工作量小,只需与一家监理单位协调。此种模式适用于比较简单的工程项目。相对复杂的工程项目,监理单位可根据项目承包商情况相应组建多个监理分支机构对承包商分别实施监理,由项目总监负责总体协调,保证监理工作的整体性,如图3-7所示。

(2)业主委托多家监理单位分别对承包商实施监理。这种监理模式监理单位的监理对象单一,便于对承包商的管理。但项目监理工作被肢解,不利于总体规划与协调,业主需要分别与各个监理单位签订合同,对各监理单位之间的协调任务重。这种模式适用于业主管理能力强、工程项目比较复杂的情况,如图3-8所示。

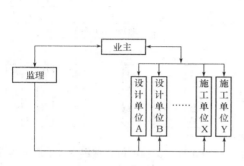

图3-7 平行承发包模式下委托
一家监理单位的监理模式

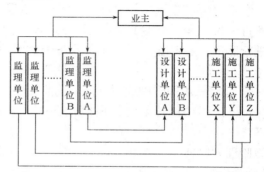

图3-8 平行承发包模式下委托
多家监理单位的监理模式

## 2. 设计/施工总分包模式条件下的监理模式

对设计/施工总分包模式，业主可以委托一家监理单位进行实施阶段全过程的监理，也可以分别按照设计阶段和施工阶段委托监理单位。前者的优点是监理单位可以对设计阶段和施工阶段的工程投资、进度、质量控制统筹考虑，合理进行总体规划协调，更可使监理工程师掌握设计思路与设计意图，有利于施工阶段的监理工作。

虽然总包单位对承包合同承担乙方的最终责任，但分包单位的资质、能力直接影响着工程质量、进度等目标的实现。所以，监理工程师必须做好对分包单位资质的审查、确认工作。这种监理模式如图 3-9 和图 3-10 所示。

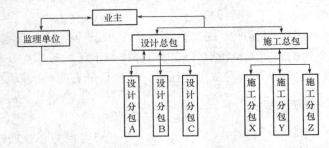

图 3-9 设计/施工总分包模式下业主委托一家监理单位监理的监理模式

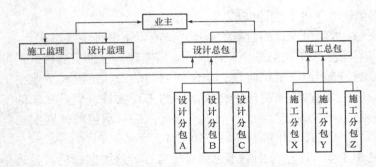

图 3-10 设计/施工总分包模式下业主按阶段委托监理单位的监理模式

## 3. 项目总承包模式条件下的监理模式

在工程项目总承包模式下，业主只与总承包单位签订一份工程承包合同，一般宜委托一家监理单位进行监理，要求监理工程师需具备较全面的知识，如图 3-11 所示。

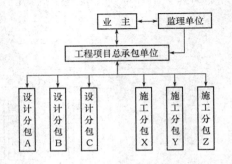

图 3-11 工程项目总承包模式的监理模式

## 4. 项目总承包管理模式条件下的监理模式

由于工程项目总承包管理模式下业主与承包方只签订一份总承包合同，因此宜委托一家监理单位实施监理，以便于监理单位对总分包合同和总承包商进行分包等活动的管理。工程项目总承包管理单位与监理单位都对项目进行管理，但两方的性质、立场、内容等有较大区别，在实施管理过程中要相互协调，但不能互相取代，如图 3-12 所示。

## 5. 设计和（或）施工联合体承包模式条件下的监理模式

由于联合体对外一般有一个明确的代表，负责承包合同的履行，业主只与这个代表签订承包合同。因此，业主宜委托一家监理单位进行监理。监理工作的合同管理比较简单，但监理单位协助业主选择联合体十分关键，既要考虑联合体内各成员的技术、管理、经验、财务与信誉，又要考虑各成员之间的协调与组合，如图3-13所示。

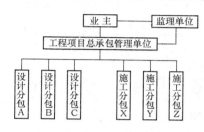

图3-12　工程项目总承包管理模式的监理模式

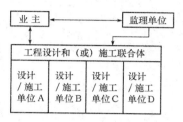

图3-13　设计和（或）施工联合体承包模式条件下的监理模式

## 6. 设计和（或）施工合作体承包模式条件下的监理模式

设计和（或）施工合作体承包模式既可委托一家监理单位实施监理，也可委托几家监理单位实施监理。前者业主只与一家监理单位签订合同，但要求监理单位协调能力强；后者业主需要与几家监理单位签订合同，业主合同管理难度加大。

# 第三节　建设工程项目监理实施程序与原则

## 一、建设工程项目监理实施程序

建设监理单位接受业主委托，选派拟任总监理工程师提前介入工程项目，一旦签订监理合同，就意味着监理业务正式成立，进入工程项目建设监理实施阶段。工程项目建设监理一般按图3-14所示的程序实施。

### 1. 确定项目总监理工程师，成立项目监理机构

监理单位应根据建设工程的规模、性质、业主对监理的要求，委派称职的人员担任项目总监理工程师，代表监理单位全面负责该工程的监理工作。

一般情况下，监理单位在承接工程监理任务时，在参与工程监理的投标、拟订监理方案（大纲）及与业主商签委托监理合同时，即应选派称职的人员主持该项工作。在监理任务确定并签订委托监理合同后，该主持人即可作为项目总监理工程师。这样，项目的总监理工程师在承接任务阶段即早已介入，从而更能了解业主的建设意图和对监理工作的要求，并与后续工作能更好地衔接。总监理工程师是一个建设工程监理工作的总负责人，他对内向监理单位负责，对外向业主负责。

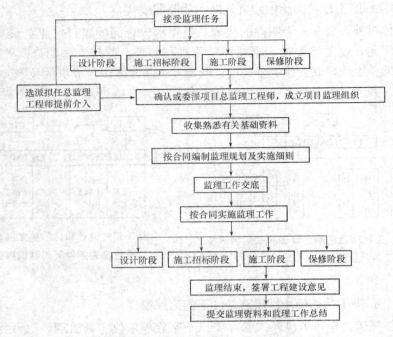

图 3-14　建设工程监理工作总程序图

监理机构的人员构成是监理投标书中的重要内容，是业主在评标过程中认可的。总监理工程师在组建项目监理机构时，应根据监理大纲内容和签订的委托监理合同内容组建，并在监理规划和具体实施计划执行中进行及时的调整。

2. 编制工程项目的监理规划和制定监理实施细则

工程项目的监理规划，是指导项目监理组织全面开展监理活动的纲领性文件，是监理人员有效进行监理工作的依据和指导性文件。在监理规划的指导下，为具体指导工程项目投资控制、质量控制、进度控制，需要结合工程项目的实际情况，制定相应的实施细则。

3. 监理工作交底

在监理工作实施前，一般就在监理工程项目管理工作的重点、难点及监理工作应注意的问题事先进行说明，增强监理工作针对性、预见性。

4. 规范化地开展监理工作

监理工作的规范化体现在以下几点：

（1）工作的时序性。监理的各项工作都应按一定的逻辑顺序先后展开，从而使监理工作能有效地达到目标而不致造成工作状态的无序和混乱。

（2）职责分工的严密性。建设工程监理工作是由不同专业、不同层次的专家群体共同来完成的，他们之间严密的职责分工是协调进行监理工作的前提和实现监理目标的重要保证。

（3）工作目标的确定性。在职责分工的基础上，每一项监理工作的具体目标都应是确定的，完成的时间也应有时限规定，从而能通过报表资料对监理工作及其效果进行检查和考核。

5. 参与验收，签署建设工程监理意见

建设工程施工完成以后，监理单位应在正式验交前组织竣工预验收。在预验收中发现的问题，应及时与施工单位沟通，提出整改要求。监理单位应参加业主组织的工程竣工验收，签署监理单位意见。

6. 提交建设工程监理资料和监理工作总结

项目建设监理业务完成后，监理单位要向业主提交监理档案资料，主要有监理设计变更、工程变更资料，监理指令性文件，各类签证资料和其他约定提交的档案资料。

监理工作总结主要有以下内容：

(1)向业主提交的监理工作总结，包括监理委托合同履行情况概述；监理任务或目标完成情况的评价；业主提供的监理活动使用的办公用房、交通设备、实验设施等的清单；表明监理工作终结的说明。

(2)向社会监理单位提交的工作总结，包括监理工作的经验；可采用的某种技术方法或经济组织措施的经验，以及签订合同、协调关系的经验；监理工作中存在的问题及改进的建议等。

## 二、建设工程项目监理实施原则

监理单位受业主委托对建设工程实施监理时，一般应遵循以下几项原则。

1. 公正、独立、自由的原则

监理工程师应在按合同约定的权、责、利益的基础上，坚持公正、独立、自主的原则，维护各方的合法权益，协调双方的一致性。

2. 权责一致的原则

总监理工程师代表监理单位全面履行建设工程委托监理合同，承担合同中确定的监理单位向业主所承担的义务和责任。因此，在委托监理合同实施中，监理单位应给总监理工程师充分授权，他才能开展监理活动。

3. 总监理工程师负责的原则

总监理工程师是工程监理的责任主体，是向业主和监理单位负责任的承担者。总监理工程师是工程监理的权力主体，全面领导建设工程的监理工作。总监理工程师是工程监理的利益主体，在监理活动中对国家的利益负责；对业主投资项目的效益负责；对监理单位的监理效益负责；对项目监理机构内所有监理人员的利益负责。

4. 严格监理、热情负责的原则

监理人员应严格按国家政策、规范、标准和合同控制建设工程的目标，依照既定的程序和制度运用合理的技能，谨慎而勤奋地工作，对承包单位进行严格监理，为业主提供热情服务。

5. 综合效益的原则

建设工程监理活动既要考虑业主的经济效益，也必须考虑与社会效益和环境效益的有机统一。建设工程监理活动虽经业主的委托和授权才得以进行，但监理工程师应首先严格遵守国家的建设管理法律、法规、标准等，以高度负责的态度和责任感，既要对业主负责，谋求最大的经济效益，又要对国家和社会负责，取得最佳的综合效益。只有在符合宏观经济效益、社会效益和环境效益的条件下，业主投资项目的微观经济效益才能得以实现。

# 第四节　项目监理机构

## 一、项目监理机构组织形式

工程项目监理机构组织形式要根据工程项目的特点、承发包模式、业主委托的任务，依据建设监理行业特点和监理单位自身状况，科学、合理地进行确定。现行的建设监理组织形式主要有直线制监理组织、职能制监理组织、直线职能制监理组织和矩阵制监理组织等。

### 1. 直线制监理组织

直线制监理组织形式可分为按子项目分解的直线制监理组织形式（图 3-15）和按建设阶段分解的直线制监理组织形式（图 3-16）。对于小型工程建设，也可以采用按专业内容分解的直线制监理组织形式（图 3-17）。

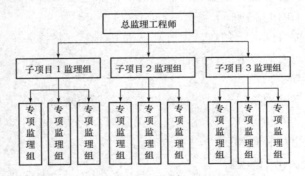

图 3-15　按子项目分解的直线制监理组织形式

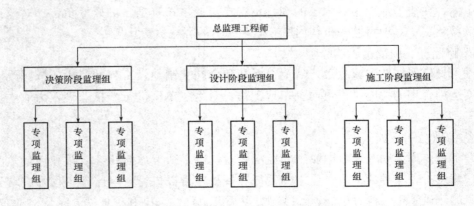

图 3-16　按建设阶段分解的直线制监理组织形式

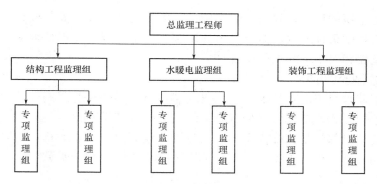

**图 3-17　按专业内容分解的直线制监理组织形式**

直线制监理组织形式简单，其中各种职位按垂直系统直线排列。总监理工程师负责整个项目的规划、组织、指导与协调，子项目监理组分别负责各子项目的目标控制，具体领导现场专业或专项组的工作。

直线制监理组织机构简单、权力集中、命令统一、职责分明、决策迅速、专属关系明确，但要求总监理工程师在业务和技能上是全能式人物，适用于监理项目可划分为若干个相对独立子项的大中型建设项目。

2. 职能制监理组织

职能制监理组织是在总监理工程师下设置一些职能机构，分别从职能的角度对下层监理组进行业务管理。职能机构通过总监理工程师的授权，在授权范围内对主管的业务下达指令。其组织形式如图 3-18 所示。

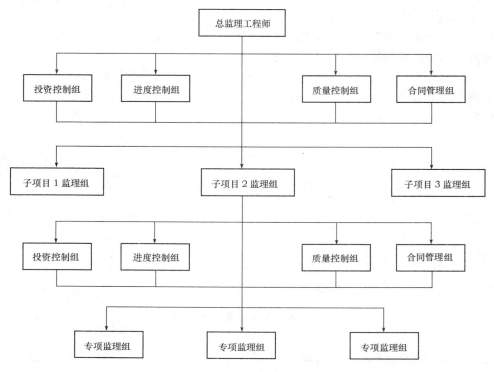

**图 3-18　职能制监理组织形式**

职能制监理组织的目标控制的分工明确，各职能机构通过发挥专业管理能力提高管理效率。总监理工程师负担减少，但容易出现多头领导的情况，职能协调麻烦，主要适用于工程项目地理位置相对集中的工程项目。

3. 直线职能制监理组织

直线职能制监理组织形式是吸收了直线制监理组织形式和职能制监理组织形式的优点而形成的一种组织形式。指挥部门拥有对下级实行指挥和发布命令的权力，并对该部门的工作全面负责；职能部门是直线指挥人员的参谋，他们只能对指挥部门进行业务指导，而不能对指挥部门直接进行指挥和发布命令。其组织形式如图 3-19 所示。

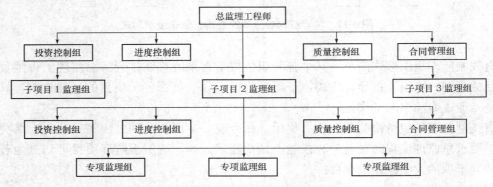

**图 3-19    直线职能制监理组织形式**

直线职能制组织集中领导、职责分明、管理效率高、适用范围较广泛，但职能部门与指挥部门易产生矛盾，不利于信息情报传递。

4. 矩阵制监理组织

矩阵制监理组织由纵向的职能系统与横向的子项目系统组成矩阵组织结构，各专业监理组同时受职能机构和子项目组直接领导，如图 3-20 所示。

矩阵制监理组织形式加强了各职能部门的横向领导，具有较好的机动性和适应性，上下左右集权与分权达到最优结合，有利于复杂与疑难问题的解决，且有利于培养监理人员业务能力。但由于纵横向协调工作量较大，故容易产生矛盾。

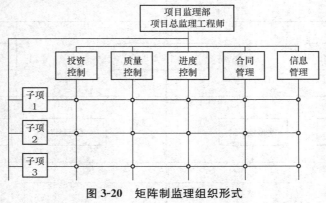

**图 3-20    矩阵制监理组织形式**

矩阵制监理组织形式适用于监理项目能划分为若干个相对独立子项的大中型建设项目，有利于总监理工程师对整个项目实施规划、组织、协调和指导，有利于统一监理工作的要求和规范化，同时又能发挥子项工作班子的积极性，强化责任制。但采用矩阵制监理组织形式时须注意，在具体工作中要确保指令的唯一性，明确规定当指令发生矛盾时应执行哪一个指令。

## 二、项目监理机构的建立步骤

项目监理机构一般按图 3-21 所示的步骤组建。

### 1. 确定项目监理机构目标

建设工程监理目标是项目监理机构建立的前提，项目监理机构的建立应根据委托监理合同中确定的监理目标，制定总目标并明确划分监理机构的分解目标。

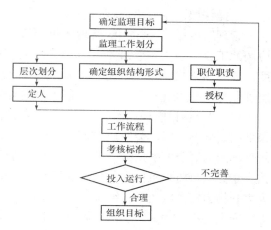

图 3-21　项目监理机构设置步骤

### 2. 确定监理工作内容与范围

根据监理目标和委托监理合同中规定的监理任务，明确列出监理工作内容，并进行分类归并及组合。监理工作的归并及组合应便于监理目标控制，并综合考虑监理工程的组织管理模式、工程结构特点、合同工期要求、工程复杂程度、工程管理及技术特点，还应考虑监理单位自身组织管理水平、监理人员数量、技术业务特点等。

如果工程建设进行实施阶段全过程监理，监理工作划分可按设计阶段和施工阶段分别归并和组合，如图 3-22 所示。

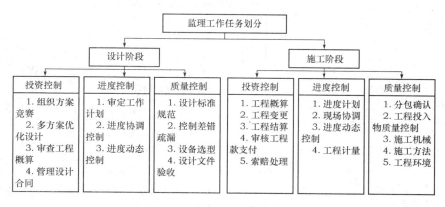

图 3-22　实施阶段监理工作划分

### 3. 组织结构设计

（1）选择组织结构形式。由于建设工程规模、性质等的不同，应选择适宜的组织结构形式设计项目监理机构组织结构，以适应监理工作需要。组织结构形式选择的基本原则是：有利于工程合同管理，有利于监理目标控制，有利于决策指挥，有利于信息沟通。

（2）合理确定管理层次与管理跨度。管理层次是指组织的最高管理者到最基层实际工作人员之间等级层次的数量。管理层次可分为三个层次，即决策层、中间控制层和操作层。

组织的最高管理者到最基层实际工作人员权责逐层递减，而人数却逐层递增。

1）决策层。主要是指总监理工程师、总监理工程师代表，根据建设工程监理合同的要求和监理活动内容进行科学化、程序化决策与管理。

2）中间控制层（协调层和执行层）。由各专业监理工程师组成，具体负责监理规划的落实，监理目标控制及合同实施的管理。

3）操作层。主要由监理员组成，具体负责监理活动的操作实施。

管理跨度是指一名上级管理人员所直接管理的下级人数。管理跨度越大，领导者需要协调的工作量越大，管理难度也越大。为使组织结构能高效运行，必须确定合理的管理跨度。项目监理机构中管理跨度的确定应考虑监理人员的素质、管理活动的复杂性和相似性、监理业务的标准化程度、各规章制度的建立健全情况、建设工程的集中或分散情况等。

（3）划分项目监理机构部门。组织中各部门的合理划分对发挥组织效用是十分重要的。如果部门划分不合理，会造成控制、协调困难，也会造成人浮于事，浪费人力、物力、财力。管理部门的划分要根据组织目标与工作内容确定，形成既有相互分工又有相互配合的组织机构。划分项目监理机构中各职能部门时，应根据项目监理机构目标、项目监理机构可利用的人力和物力资源以及合同结构情况，将质量控制、造价控制、进度控制、合同管理、信息管理、安全生产管理、组织协调等监理工作内容按不同的职能活动形成相应的管理部门。

（4）制定岗位职责及考核标准。岗位职务及职责的确定，要有明确的目的性，不可因人设事。根据权责一致的原则，应进行适当授权，以承担相应的职责，并应确定考核标准，对监理人员的工作进行定期考核，包括考核内容、考核标准及考核时间。表 3-1 和表 3-2 分别为总监理工程师和专业监理工程师岗位职责考核标准。

### 表 3-1　总监理工程师岗位职责标准

| 项目 | 职责内容 | 考核要求 | |
| --- | --- | --- | --- |
| | | 标准 | 时间 |
| 工作目标 | 1. 质量控制 | 符合质量控制计划目标 | 工程各阶段末 |
| | 2. 造价控制 | 符合造价控制计划目标 | 每月（季）末 |
| | 3. 进度控制 | 符合合同工期及总进度控制计划目标 | 每月（季）末 |
| 基本职责 | 1. 根据监理合同，建立和有效管理项目监理机构 | 1. 项目监理组织机构科学合理<br>2. 项目监理机构有效运行 | 每月（季）末 |
| | 2. 组织编制与组织实施监理规划；审批监理实施细则 | 1. 对建设工程监理工作系统策划<br>2. 监理实施细则符合监理规划要求，具有可操作性 | 编写和审核完成后 |
| | 3. 审查分包单位资格 | 符合合同要求 | 规定时限内 |
| | 4. 监督和指导专业监理工程师对质量、造价、进度进行控制；审核、签发有关文件资料；处理有关事项 | 1. 监理工作处于正常工作状态<br>2. 工程处于受控状态 | 每月（季）末 |
| | 5. 做好监理过程中有关各方的协调工作 | 工程处于受控状态 | 每月（季）末 |
| | 6. 组织整理监理文件资料 | 及时、准确、完整 | 按合同约定 |

表 3-2　专业监理工程师岗位职责标准

| 项目 | 职责内容 | 考核要求 | |
| --- | --- | --- | --- |
| | | 标准 | 时间 |
| 工作目标 | 1. 质量控制 | 符合质量控制分解目标 | 工程各阶段末 |
| | 2. 造价控制 | 符合投资控制分解目标 | 每周(月)末 |
| | 3. 进度控制 | 符合合同工期及总进度控制分解目标 | 每周(月)末 |
| 基本职责 | 1. 熟悉工程情况,负责编制本专业监理工作计划和监理实施细则 | 反映专业特点,具有可操作性 | 实施前 1 个月 |
| | 2. 具体负责本专业的监理工作 | 1. 建设工程监理工作有序<br>2. 工程处于受控状态 | 每周(月)末 |
| | 3. 做好项目监理机构内各部门之间监理任务的衔接、配合工作 | 监理工作各负其责,相互配合 | 每周(月)末 |
| | 4. 处理与本专业有关的问题;对质量、造价、进度有重大影响的监理问题应及时报告总监理工程师 | 1. 工程处于受控状态<br>2. 及时、真实 | 每周(月)末 |
| | 5. 负责与本专业有关的签证、通知、备忘录,及时向总监理工程师提交报告、报表资料等 | 及时、真实、准确 | 每周(月)末 |
| | 6. 收集、汇总、整理本专业的监理文件资料 | 及时、准确、完整 | 每周(月)末 |

(5)选派监理人员。根据监理工作任务,选择适当的监理人员,必要时可配备总监理工程师代表。监理人员的选择除应考虑个人素质外,还应考虑人员总体构成的合理性与协调性。

《建设工程监理规范》(GB/T 50319—2013)规定,总监理工程师由注册监理工程师担任;总监理工程师代表工程类注册执业资格的人员(如注册监理工程师、注册造价工程师、注册建造师、注册结构工程师、注册建筑师等)担任,也可由具有中级及以上专业技术职称、3 年及以上工程实践经验并经监理业务培训的人员担任;专业监理工程师由工程类注册执业资格的人员担任,也可由具有中级及以上专业技术职称、2 年及以上工程实践经验并经监理业务培训的人员担任;监理员由具有中专及以上学历并经过监理业务培训的人员担任。

**4. 制定工作流程和信息流程**

为了使监理工作科学、有序地进行,应按监理工作的客观规律制定工作流程和信息流程,规范化地开展监理工作。图 3-23 所示为建设工程监理工作程序流程图。

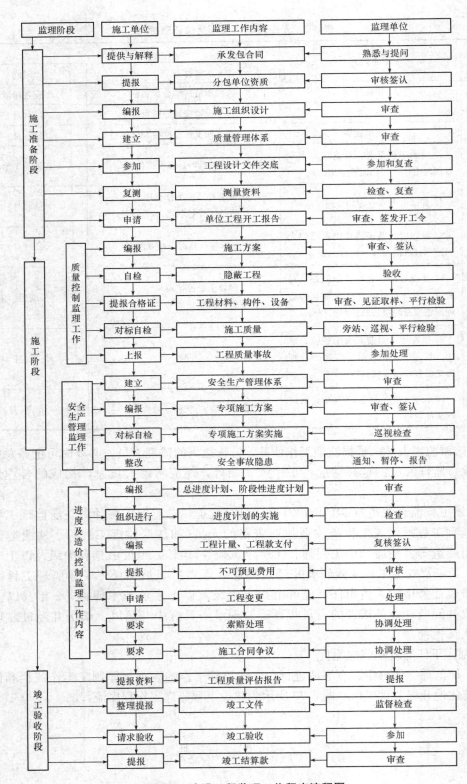

| 监理阶段 | 施工单位 | 监理工作内容 | 监理单位 |
|---|---|---|---|
| 施工准备阶段 | 提供与解释 | 承发包合同 | 熟悉与提问 |
| | 提报 | 分包单位资质 | 审核签认 |
| | 编报 | 施工组织设计 | 审查 |
| | 建立 | 质量管理体系 | 审查 |
| | 参加 | 工程设计文件交底 | 参加和复查 |
| | 复测 | 测量资料 | 检查、复查 |
| | 申请 | 单位工程开工报告 | 审查、签发开工令 |
| 施工阶段 | 质量控制监理工作 | 编报 | 施工方案 | 审查、签认 |
| | | 自检 | 隐蔽工程 | 验收 |
| | | 提报合格证 | 工程材料、构件、设备 | 审查、见证取样、平行检验 |
| | | 对标自检 | 施工质量 | 旁站、巡视、平行检验 |
| | | 上报 | 工程质量事故 | 参加处理 |
| | 安全生产管理监理工作 | 建立 | 安全生产管理体系 | 审查 |
| | | 编报 | 专项施工方案 | 审查、签认 |
| | | 对标自检 | 专项施工方案实施 | 巡视检查 |
| | | 整改 | 安全事故隐患 | 通知、暂停、报告 |
| | 进度及造价控制监理工作内容 | 编报 | 总进度计划、阶段性进度计划 | 审查 |
| | | 组织进行 | 进度计划的实施 | 检查 |
| | | 编报 | 工程计量、工程款支付 | 复核签认 |
| | | 提报 | 不可预见费用 | 审核 |
| | | 申请 | 工程变更 | 处理 |
| | | 要求 | 索赔处理 | 协调处理 |
| | | 要求 | 施工合同争议 | 协调处理 |
| 竣工验收阶段 | 提报资料 | 工程质量评估报告 | 提报 |
| | 整理提报 | 竣工文件 | 监督检查 |
| | 请求验收 | 竣工验收 | 参加 |
| | 提报 | 竣工结算款 | 审查 |

图 3-23　建设工程监理工作程序流程图

## 三、项目监理机构人员配置及职责分工

### 1. 项目监理机构人员配置

项目监理机构中配备监理人员的数量和专业应根据监理的任务范围、内容、期限，以及工程的类别、规模、技术复杂程度、工程环境等因素综合考虑，并应符合委托监理合同中对监理深度和密度的要求，能体现项目监理机构的整体素质，满足监理目标控制的要求。

（1）项目监理机构的人员结构。项目监理机构应具有合理的人员结构，主要包括以下几个方面的内容：

1）合理的专业结构。项目监理人员结构应根据监理项目的性质及业主的要求进行配套。不同性质的项目和业主对项目监理要求需要有针对性地配备专业监理人员，做到专业结构合理，适应项目监理工作的需要。

2）合理的技术职称结构。监理组织的结构要求高、中、初级职称与监理工作要求相称，比例合理，而且要根据不同阶段的监理进行适当调整。施工阶段项目监理机构监理人员要求的技术职称结构见表3-3。

表3-3　施工阶段项目监理机构监理人员要求的技术职称结构

| 层　次 | 人　员 | 职　能 | 职称职务要求 | | |
|---|---|---|---|---|---|
| 决策层 | 总监理工程师、总监理工程师代表、专业监理工程师 | 项目监理的策划、规划、组织、协调、监控、评价等 | 高级职称 | | |
| 执行层/协调层 | 专业监理工程师 | 项目监理实施的具体组织、指挥、控制、协调 | | 中级职称 | |
| 作业层/操作层 | 监理员 | 具体业务的执行 | | | 初级职称 |

3）合理的年龄结构。监理组织的结构要做到老、中、青年龄结构合理，老年人经验丰富，中年人综合素质好，青年人精力充沛。根据监理工作的需要形成合理的人员年龄结构，充分发挥不同年龄层次的优势，有利于提高监理工作的效率与质量。

（2）项目监理机构监理人数的确定。

1）影响项目监理机构监理人数的因素。

①工程建设强度。工程建设强度是指单位时间内投入的工程建设资金的数量，用下式表示：

$$工程建设强度＝投资/工期$$

式中，投资和工期是指由监理单位所承担的那部分工程的建设投资和工期。一般投资费用可按工程估算、概算或合同价计算，工期根据进度总目标及其分目标计算。

显然，工程建设强度越大，需投入的项目监理人数越多。

②工程建设复杂程度。工程复杂程度是根据设计活动多少、工程地点位置、气候条件、地形条件、工程性质、施工方法、工期要求、材料供应及工程分散程度等因素将各种情况的工程从简单到复杂划分为不同级别，简单的工程需配置的人员少，复杂的工程需配置的人员较多。

③监理单位业务水平。监理单位由于人员素质、专业能力、管理水平、工程经验、设备手段等方面的差异导致业务水平的不同。同样的工程项目，水平低的监理单位往往比水

平高的监理单位投入的人力要多。

④项目监理机构的组织结构和任务职能分工。项目监理机构的组织结构情况关系到具体的监理人员配备，务必使项目监理机构任务职能分工的要求得到满足。必要时，还需要根据项目监理机构的职能分工对监理人员的配备做进一步的调整。

有时监理工作需要委托专业咨询机构或专业监测、检验机构进行。这时，项目监理机构的监理人员数量可适当减少。

2)项目监理机构监理人员数量的确定方法。

下面通过举例来说明项目监理机构监理人员数量的确定方法。

【例3-1】 某工程由2个子项目组成，合同总价为4 500万美元，其中子项目1合同价为1 800万美元，子项目2合同价为2 700万美元，合同工期为25个月。

【解】 ①确定工程建设强度。

根据题意，工程建设强度＝4 500×12/25＝2 160(万美元/年)＝21.6百万美元/年。

②确定工程复杂程度。工程复杂程度是一种等级尺度，由0(很简单)到10(很复杂)分五个等级来评定，见表3-4。

表3-4　工程复杂程度等级表

| 分值 | 工程复杂程度及等级 | 分值 | 工程复杂程度及等级 |
|------|------|------|------|
| 0~3 | 简单工程 | 7~9 | 复杂工程 |
| 3~5 | 一般工程 | 9~10 | 很复杂工程 |
| 5~7 | 一般/复杂工程 | | |

每一项工程又可列出10种工程特征(表3-5)，对这10种工程特征中的每一种，都可以用10分制来打分，求出10种工程特征的平均数，即为工程复杂程度的等级。如平均分数为8，则可按表3-4确定为复杂工程。

在本例中，根据工程的实际情况，具体打分情况见表3-5。

表3-5　工程复杂程度等级评定表

| 项次 | 因素 | 子项目1 | 子项目2 |
|------|------|------|------|
| 1 | 设计活动 | 5 | 8 |
| 2 | 工程位置 | 9 | 4 |
| 3 | 气候条件 | 7 | 7 |
| 4 | 地形条件 | 7 | 7 |
| 5 | 工程地质 | 6 | 8 |
| 6 | 施工方法 | 3 | 4 |
| 7 | 工期要求 | 5 | 4 |
| 8 | 工程性质 | 4 | 6 |
| 9 | 材料供应 | 4 | 4 |
| 10 | 工程分散程度 | 3 | 3 |
| | 平均分值 | 5.3 | 5.5 |

注：根据计算结果，此工程列为一般复杂等级。

③根据工程复杂程度和工程建设强度套用监理人员需要量定额(表3-6)。

表3-6　监理人员需要量定额(百万美元/年)

| 工程复杂程度 | 监理工程师 | 监理员 | 行政文秘人员 |
|---|---|---|---|
| 简　单 | 0.20 | 0.75 | 0.1 |
| 一　般 | 0.25 | 1.00 | 0.1 |
| 一般复杂 | 0.35 | 1.10 | 0.25 |
| 复　杂 | 0.50 | 1.50 | 0.35 |
| 很复杂 | >0.50 | >1.50 | >0.35 |

从定额中可查到相应项目监理机构监理人员需要量(人·年/百万美元)如下：

监理工程师0.35，监理员1.10，行政文秘人员0.25。

各类监理人员数量如下：

监理工程师：0.35×21.6＝7.56(人)，按8人考虑；

监理员：1.10×21.6＝23.76(人)，按24人考虑；

行政文秘人员：0.25×21.6＝5.4(人)，按6人考虑。

④根据实际情况确定监理人员数量。本工程项目的项目监理机构采用直线制监理组织结构，如图3-24所示。

根据监理组织结构情况决定每个机构各类监理人员数量如下。

监理总部(含总监、总监代表和总监办公室)：总理工程师1人，总监理工程师代表1人，行政文秘人员3人。

子项目1监理组：监理工程师3人，监理员10人，行政文秘人员1人。

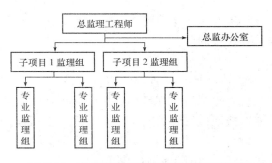

图3-24　项目监理机构的直线制组织结构

子项目2监理组：监理工程师3人，监理员14人，行政文秘人员2人。

另外，施工阶段项目监理机构的监理人员数量一般不少于3人。

## 2. 项目监理组织各类人员的基市职责

(1)总监理工程师的职责。《建设工程监理规范》(GB/T 50319—2013)规定，总监理工程师应由工程监理单位法定代表人书面任命。总监理工程师项目监理结构的负责人，应由注册监理工程师担任。

1)确定项目监理机构人员及其岗位职责。

2)组织编制监理规划，审批监理实施细则。

3)根据工程进展及监理工作情况调配监理人员，检查监理人员工作。

4)组织召开监理例会。

5)组织审核分包单位资格。

6)组织审查施工组织设计、(专项)施工方案。

7)审查工程开复工报审表，签发工程开工令、暂停令和复工令。

8)组织检查施工单位现场质量、安全生产管理体系的建立及运行情况。

9)组织审核施工单位的付款申请，签发工程款支付证书，组织审核竣工结算。

10)组织审查和处理工程变更。

11)调解建设单位与施工单位的合同争议，处理工程索赔。

12)组织验收分部工程，组织审查单位工程质量检验资料。

13)审查施工单位的竣工申请，组织工程竣工预验收，组织编写工程质量评估报告，参与工程竣工验收。

14)参与或配合工程质量安全事故的调查和处理。

15)组织编写监理月报、监理工作总结，组织整理监理文件资料。

16)总监理工程师不得将下列工作委托给总监理工程师代表：

①组织编制监理规划，审批监理实施细则。

②根据工程进展及监理工作情况调配监理人员。

③组织审查施工组织设计、(专项)施工方案。

④签发工程开工令、暂停令和复工令。

⑤签发工程款支付证书，组织审核竣工结算。

⑥调解建设单位与施工单位的合同争议，处理工程索赔。

⑦审查施工单位的竣工申请，组织工程竣工预验收，组织编写工程质量评估报告，参与工程竣工验收。

⑧参与或配合工程质量安全事故的调查和处理。

(2)专业监理工程师的职责。《建设工程监理规范》(GB/T 50319—2013)规定，专业监理工程师是项目监理机构中按专业或岗位设置的专业监理人员。当工程规模较大时，在某一专业或岗位宜设置若干名专业监理工程师。专业监理工程师具有相应监理文件的签发权，该岗位可以由具有工程类注册执业资格的人员(如：注册监理工程师、注册造价工程师、注册建造师、注册工程师、注册建筑师等)担任，也可由具有中级及以上专业技术职称、2年及以上工程实践经验的监理人员担任。建设工程涉及特殊行业(如爆破工程)的，从事此类工程的专业监理工程师还应符合国家对有关专业人员资格的规定。

专业监理工程师应履行下列职责：

1)参与编制监理规划，负责编制监理实施细则。

2)审查施工单位提交的涉及本专业的报审文件，并向总监理工程师报告。

3)参与审核分包单位资格。

4)指导、检查监理员工作，定期向总监理工程师报告本专业监理工作实施情况。

5)检查进场的工程材料、构配件、设备的质量。

6)验收检验批、隐蔽工程、分项工程，参与验收分部工程。

7)处置发现的质量问题和安全事故隐患。

8)进行工程计量。

9)参与工程变更的审查和处理。

10)组织编写监理日志，参与编写监理月报。

11)收集、汇总、参与整理监理文件资料。

12)参与工程竣工预验收和竣工验收。

(3)监理员的职责。监理员是从事具体监理工作的人员，不同于项目监理机构中其他行政辅助人员。监理员应具有中专及以上学历，并经过监理业务培训。

监理员应履行下列职责：

1)检查施工单位投入工程的人力、主要设备的使用及运行状况。

2)进行见证取样。

3)复核工程计量有关数据。

4)检查工序施工结果。

5)发现施工作业中的问题，及时指出并向专业监理工程师报告。

## 四、项目监理机构所需设施配置

驻地监理人员要有效地实施工程项目的监理，需要借助于各种试验、检验技术设备和手段，以及必要的办公、生活设施。

驻地监理工程师所需的监理设施，可分以下六个方面。

### 1. 办公室

如果监理办公设施由建设单位提供，应在招标文件中注明下述各项：空间大小、办公室在现场的位置、办公室所使用的建筑材料、办公室设施（如公用设施、暖/冷气设备、门窗面积、照明设备、家具、办公设备、照相机、安全设备、急救箱、茶几、厨房设备、通道、停车棚等）、维修与保安措施及付款办法。

### 2. 实验室

注明下列各项：一般试验设备、材料试验设备、土壤和集料试验设备、实验室在工地所处的位置、面积、地面和装饰要求、实验室的冷/暖系统、通风条件、供水、供电和电话等。

承包商也可以按合同建立自己的实验设施，其测试、试验由驻地监理工程师派员监控。

在城市地区的工程项目，许多试验可以在工地以外的专业实验室进行。

### 3. 勘测设备

勘测设备主要包括计量、放线、检查等所需要的设备，如经纬仪、测距器、自动水准仪、直角转光器等。

如果勘测设备由建设单位提供，则应注明设备的类别、数量、维护措施、付款办法等事项（勘测设备较适合于租用）。

### 4. 运输工具

如果运输工具由建设单位提供，则通常要说明：运输工具的类别与数量、燃料与备件的供应、保险、司机的提供、维护、付款办法等。

### 5. 通信器材

通信器材是监理人员不可缺少的工具，主要有电话、对讲机、流动无线电话等。通信器材的供应，取决于工地所需的技术复杂程度与后勤服务。

如果由建设单位提供通信器材，则应注明其类别、数量、性能和付款方式等事项。

### 6. 宿舍和生活设施

监理人员的宿舍是兴建还是租用，应视工程的具体情况和地理位置而定。同时，还应考虑烹调设施、洗衣设施、社交设施、水电供应、营地保安措施、访客的住宿设施等。

监理人员的宿舍和生活设施必须在工程动工之前准备就绪。

# 第五节　工程建设监理组织协调

协调就是联结、联合、调和所有的活动及力量，使各方配合得当，其目的是促使各方协同一致，以实现预定目标。协调工作应贯穿于整个工程建设实施及其管理过程中。

工程建设系统就是一个由人员、物质、信息等构成的人为组织系统。用系统方法分析，工程建设的协调一般有三大类：一是"人员/人员界面"；二是"系统/系统界面"；三是"系统/环境界面"。

项目监理机构的协调管理就是在"人员/人员界面""系统/系统界面""系统/环境界面"之间，对所有的活动及力量进行联结、联合、调和的工作。系统方法强调，要将系统作为一个整体来研究和处理，因为总体的作用规模要比各子系统的作用规模之和大。为了顺利实现工程建设系统目标，必须重视协调管理，发挥系统整体功能。在工程建设监理中，要保证项目的参与各方围绕工程建设开展工作，使项目目标顺利实现。组织协调工作是最重要、最困难的一个环节，也是监理工作能否成功的关键。只有通过积极的组织协调才能达到对整个系统全面协调控制的目的。

## 一、项目监理机构组织协调的工作内容

从系统工程角度看，项目监理机构组织协调内容可分为系统内部（项目监理机构）协调和系统外部协调两大类，系统外部协调又可分为系统近外层协调和系统远外层协调。近外层和远外层的主要区别是，建设单位与近外层关联单位之间有合同关系，与远外层关联单位之间没有合同关系。

1. 项目监理机构内部的协调

（1）项目监理机构内部人际关系的协调。项目监理机构是由工程监理人员组成的工作体系，工作效率在很大程度上取决于人际关系的协调程度。总监理工程师应首先协调好人际关系，激励项目监理机构人员。

1）在人员安排上要量才录用。要根据项目监理机构中每个人的专长进行安排，做到人尽其才。工程监理人员的搭配要注意能力互补和性格互补，人员配置要尽可能少而精，避免力不胜任和忙闲不均。

2）在工作委任上要职责分明。对项目监理机构中的每一个岗位，都要明确岗位目标和责任，应通过职位分析，使管理职能不重不漏，做到事事有人管、人人有专责，同时明确岗位职权。

3）在绩效评价上要实事求是。要发扬民主作风，实事求是地评价工程监理人员工作绩效，以免人员无功自傲或有功受屈，使每个人热爱自己的工作，并对工作充满信心和希望。

4）在矛盾调解上要恰到好处。人员之间的矛盾总是存在的，一旦出现矛盾，就要进行调解，要多听取项目监理机构成员的意见和建议，及时沟通，使工程监理人员始终处于团结、和谐、热情高涨的工作氛围之中。

（2）项目监理机构内部组织关系的协调。项目监理机构是由若干部门（专业组）组成的工作体

系，每个专业组都有自己的目标和任务。如果每个专业组都从建设工程整体利益出发，理解和履行自己的职责，则整个建设工程就会处于有序的良性状态，否则，整个系统便处于无序的紊乱状态，导致功能失调、效率下降。为此，应从以下几个方面协调项目监理机构内部组织关系：

1）在目标分解的基础上设置组织机构，根据工程特点及建设工程监理合同约定的工作内容，设置相应的管理部门。

2）明确规定每个部门的目标、职责和权限，最好以规章制度形式作出明确规定。

3）事先约定各个部门在工作中的相互关系。工程建设中的许多工作是由多个部门共同完成的，其中有主办、牵头和协作、配合之分，事先约定可避免误事、脱节等贻误工作现象的发生。

4）建立信息沟通制度。如采用工作例会、业务碰头会，发送会议纪要、工作流程图、信息传递卡等来沟通信息，这样有利于从局部了解全局，服从并适应全局需要。

5）及时消除工作中的矛盾或冲突。坚持民主作风，注意从心理学、行为科学角度激励各个成员的工作积极性；实行公开信息政策，让大家了解建设工程实施情况、遇到的问题或危机；经常性地指导工作，与项目监理机构成员一起商讨遇到的问题，多倾听他们的意见、建议，鼓励大家同舟共济。

（3）项目监理机构内部需求关系的协调。建设工程监理实施中有人员需求、检测试验设备需求等，而资源是有限的，因此，内部需求平衡至关重要。协调平衡需求关系需要从以下环节考虑：

1）对建设工程监理检测试验设备的平衡。建设工程监理开始实施时，要做好监理规划和监理实施细则的编写工作，合理配置建设工程监理资源，要注意期限的及时性、规格的明确性、数量的准确性、质量的规定性。

2）对工程监理人员的平衡。要抓住调度环节，注意各专业监理工程师的配合。工程监理人员的安排必须考虑到工程进展情况，根据工程实际进展安排工程监理人员进退场计划，以保证建设工程监理目标的实现。

**2. 项目监理机构与建设单位的协调**

建设工程监理实践证明，项目监理机构与建设单位组织协调关系的好坏，在很大程度上决定了建设工程监理目标能否顺利实现。

我国长期计划经济体制的惯性思维，使得多数建设单位合同意识差、工作随意性大，主要体现在：一是沿袭计划经济时期的基建管理模式，搞"大业主、小监理"，建设单位的工程建设管理人员有时比工程监理人员多，或者由于建设单位的管理层次多，对建设工程监理工作干涉多，并插手工程监理人员的具体工作；二是不能将合同中约定的权力交给工程监理单位，致使监理工程师有职无权，不能充分发挥作用；三是科学管理意识差，随意压缩工期、压低造价，工程实施过程中变更多或不能按时履行职责，给建设工程监理工作带来困难。因此，与建设单位的协调是建设工程监理工作的重点和难点。监理工程师应从以下几个方面加强与建设单位的协调：

（1）监理工程师首先要理解建设工程总目标和建设单位的意图。对于未能参加工程项目决策过程的监理工程师，必须了解项目构思的基础、起因和出发点，否则，可能会对建设工程监理目标及任务有不完整、不准确的理解，从而给监理工作造成困难。

（2）利用工作之便做好建设工程监理宣传工作，增进建设单位对建设工程监理的理解，特别是对建设工程管理各方职责及监理程序的理解；主动帮助建设单位处理工程建设中的事务性工作，以自己规范化、标准化、制度化的工作去影响和促进双方工作的协调一致。

（3）尊重建设单位，让建设单位一起投入工程建设全过程。尽管有预定目标，但建设工程实施必须执行建设单位指令，使建设单位满意。对建设单位提出的某些不适当要求，只要不属于原则问题，都可先执行，然后在适当时机、采取适当方式加以说明或解释；对于原则性问题，可采取书面报告等方式说明原委，尽量避免发生误解，以使建设工程顺利实施。

3. 项目监理机构与施工单位的协调

监理工程师对工程质量、造价、进度目标的控制，以及履行建设工程安全生产管理的法定职责，都是通过施工单位的工作来实现的，因此，做好与施工单位的协调工作是监理工程师组织协调工作的重要内容。

（1）与施工单位的协调应注意以下问题。

1）坚持原则，实事求是，严格按规范、规程办事，讲究科学态度。监理工程师应强调各方面利益的一致性和建设工程总目标；应鼓励施工单位向其汇报建设工程实施状况、实施结果和遇到的困难等，以寻求对建设工程目标控制的有效解决办法。双方了解得越多、越深刻，建设工程监理工作中的对抗和争执就越少。

2）协调不仅是方法、技术问题，更多的是语言艺术、感情交流和用权适度问题。有时尽管协调意见是正确的，但由于方式或表达不妥，反而会激化矛盾。高超的协调能力则往往能起到事半功倍的效果，令各方面都满意。

（2）与施工单位的协调工作的主要内容。

1）与施工项目经理关系的协调。施工项目经理及工地工程师最希望监理工程师能够公平、通情达理，指令明确而不含糊，并且能及时答复所询问的问题。监理工程师既要懂得坚持原则，又要善于理解施工项目经理的意见，工作方法灵活，能够随时提出或愿意接受变通办法解决问题。

2）施工进度和质量问题的协调。由于工程施工进度和质量的影响因素错综复杂，因而施工进度和质量问题的协调工作也十分复杂。监理工程师应采用科学的进度和质量控制方法，设计合理的奖罚机制及组织现场协调会议等协调工程施工进度和质量问题。

3）对施工单位违约行为的处理。在工程施工过程中，监理工程师对施工单位的某些违约行为进行处理是一件需要慎重而又难免的事情。当发现施工单位采用不适当的方法进行施工，或采用不符合质量要求的材料时，监理工程师除应立即制止外，还需要采取相应的处理措施。遇到这种情况，监理工程师需要在其权限范围内采用恰当的方式及时做出协调处理。

4）施工合同争议的协调。对于工程施工合同争议，监理工程师应首先采用协商解决方式，协调建设单位与施工单位的关系。协商不成时，才由合同当事人申请调解，甚至申请仲裁或诉讼。遇到非常棘手的合同争议时，不妨暂时搁置等待时机，另谋良策。

5）对分包单位的管理。监理工程师虽然不直接与分包合同发生关系，但可对分包合同中的工程质量、进度进行直接跟踪监控，然后通过总承包单位进行调控、纠偏。分包单位在施工中发生的问题，由总承包单位负责协调处理。分包合同履行中发生的索赔问题一般应由总承包单位负责，涉及总包合同中建设单位的义务和责任时，由总承包单位通过项目监理机构向建设单位提出索赔，由项目监理机构进行协调。

4. 项目监理机构与设计单位的协调

工程监理单位与设计单位都是受建设单位委托进行工作的，两者之间没有合同关系，因此，项目监理机构要与设计单位做好交流工作，需要建设单位的支持。

(1)真诚地尊重设计单位的意见,在设计交底和图纸会审时,要理解和掌握设计意图、技术要求、施工难点等,将标准过高、设计遗漏、图纸差错等问题解决在施工之前。进行结构工程验收、专业工程验收、竣工验收等工作,要约请设计代表参加。发生质量事故时,要认真听取设计单位的处理意见等。

(2)施工中发现设计问题,应及时按工作程序通过建设单位向设计单位提出,以免造成更大的直接损失。监理单位掌握比原设计更先进的新技术、新工艺、新材料、新结构、新设备时,可主动通过建设单位与设计单位沟通。

(3)注意信息传递的及时性和程序性。监理工作联系单、工程变更单等要按规定的程序进行传递。

5. 项目监理机构与政府部门及其他单位的协调

建设工程实施过程中,政府部门、金融组织、社会团体、新闻媒介等也会起到一定的控制、监督、支持、帮助作用,如果这些关系协调不好,建设工程实施也可能严重受阻。

(1)与政府部门的协调。与政府部门的协调主要包括:与工程质量监督机构的交流和协调;建设工程合同备案;协助建设单位在征地、拆迁、移民等方面的工作,争取得到政府有关部门的支持;现场消防设施的配置得到消防部门检查认可;现场环境污染防治得到环保部门认可等。

(2)与社会团队、新闻媒介等的协调。建设单位和项目监理机构应把握机会,争取社会各界对建设工程的关心和支持。这是一种争取良好社会环境的远外层关系的协调,建设单位应起主导作用。如果建设单位确需将部分或全部远外层关系协调工作委托工程监理单位承担,则应在建设工程监理合同中明确委托的工作和相应报酬。

## 二、监理组织协调的方法

工程建设监理组织协调的常用方法主要包括会议协调法、交谈协调法、书面协调法、访问协调法、情况介绍法。

1. 会议协调法

会议协调法是工程建设监理中最常用的一种协调方法。常用的会议协调法包括第一次工地会议、工地例会、专业工地会议。

(1)第一次工地会议。第一次工地会议是指工程项目开工前,监理人员应参加由建设单位主持召开的第一次工地会议,承包单位的授权代表参加,必要时邀请分包单位和有关设计单位人员参加。

(2)工地例会。工地例会是指在施工过程中,总监理工程师定期主持召开的工地例会。工地例会是履约沟通情况、交流信息、协调处理、研究解决合同履行中存在的各方面问题的主要协调方式。工地例会宜每周召开一次,参加人员包括监理单位项目总监理工程师、其他有关监理人员、承包单位项目经理及其他有关人员、建设单位代表。需要时,可邀请其他有关单位代表参加。

(3)专业工地会议是为解决施工过程中的专门问题而召开的会议,由总监理工程师或其授权的监理工程师主持。工程项目各主要参建单位均可向项目监理机构书面提出召开专题工地会议的动议。动议内容包括主要议题、与会单位、人员及召开时间。经总监理工程师与有关单位协商,取得一致意见后,由总监理工程师签发召开专题工地会议的书面通知,与会各方应认真做好会前准备。

## 2. 交谈协调法

在实践中，并不是所有问题都需要开会来解决，有时可采用"交谈"这一方法。交谈包括面对面的交谈和电话交谈两种形式。

无论是内部协调还是外部协调，这种方法使用频率都是相当高的，因为它是一条保持信息畅通的最好渠道和寻找协作、帮助的最好方法，也是正确及时地发布工程指令的有效方法。

## 3. 书面协调法

当会议交谈不方便或者需要精确地表达自己的意见时，就会用到书面协调的方法。书面协调法的特点是具有合同效力，其常用于：

(1)不需双方直接交流的书面报告、报表、指令和通知等。

(2)需要以书面形式向各方提供详细信息和情况通报的报告、信函和备忘录等。

(3)事后对会议记录、交谈内容或口头指令的书面确认。

## 4. 访问协调法

访问协调法包括走访和邀访两种形式，主要用于外部协调。走访是指监理工程师在工程建设施工前或施工过程中，对与工程施工有关的各政府部门、公共事业机构、新闻媒介或工程毗邻单位进行访问，向他们解释工程情况，了解他们的意见。邀访是指监理工程师邀请上述各单位(包括业主)代表到施工现场对工程进行指导性巡视，了解现场工作。

## 5. 情况介绍法

情况介绍法通常是与其他协调方法紧密结合在一起的，它可能是在一次会议前，或是一次交谈前，或是一次走访或邀访前向对方进行的情况介绍。形式上主要是口头的，有时也伴有书面的。介绍往往作为其他协调的引导，目的是使别人首先了解情况。因此，监理工程师应重视任何场合下的每一次介绍，要使别人能够理解你介绍的内容、问题和困难以及你想得到的协助等。

## 本章小结

本章主要介绍了组织与组织设计、建筑工程项目组织管理的几种基本模式以及监理模式、建设工程项目监理实施的程序与原则、项目监理机构、项目监理机构组织协调的工作内容和方法等。通过本章的学习，应对建设工程项目组织管理有一定的认识，为日后的学习与工作打下基础。

## 思考与练习

### 一、填空题

1. _____ 是管理中的一项重要职能。建立精干、高效的项目监理机构并使之正常运行，是实现建设工程监理目标的前提条件。

2. 组织结构内涵包括三个核心内容，即组织结构的_____、_____和_____。

3. _____ 就是业主将一个工程项目的全部设计任务和全部施工任务都发包给一个

总承包单位。

4. 现行的建设监理组织形式主要有 _____、_____、_____ 和 _____ 等。

## 二、选择题

1. 关于组织结构基本内涵的表述，下列不正确的是（　　）。

A. 主要解决组织中的工作流程设计

B. 协调各个分离活动和任务的方式

C. 确定组织中权力、地位和等级关系

D. 向组织各部门分配任务的方式

2. 平行承发包模式的特点是（　　）。

A. 不利于缩短工期 　　　　　　　　　B. 合同数量多管理困难

C. 质量控制难度大 　　　　　　　　　D. 不利于业主选择承建单位

3. 施工总分包模式的缺点之一是（　　）。

A. 不利于质量控制 　　　　　　　　　B. 不利于工期控制

C. 总承包投标价可能较高 　　　　　　D. 不利于建设工程的组织管理

4. 监理任务确定并签订委托监理合同后，监理单位首先要做的工作是（　　）。

A. 编制监理大纲 　　　　　　　　　　B. 编制监理规划

C. 组建项目监理机构 　　　　　　　　D. 编制监理实施细则

5. 建设工程监理目标是项目监理机构建立的前提，应根据（　　）确定的监理目标建立项目监理机构。

A. 监理实施细则 　　B. 委托监理合同 　　C. 监理大纲 　　D. 监理规划

6. 在建立项目监理机构的步骤中，处于确定项目监理机构目标与设计项目监理机构组织结构之间的工作是（　　）。

A. 分解项目监理机构目标 　　　　　　B. 确定监理工作内容

C. 选择组织结构形式 　　　　　　　　D. 划分项目监理机构部门

7. （　　）是由纵横两套管理系统组成的组织结构，一套是纵向的职能系统，另一套是横向的子项目系统。

A. 智能制监理组织形式 　　　　　　　B. 矩阵制监理组织形式

C. 直线智能制监理组织形式 　　　　　D. 直线制监理组织形式

## 三、简答题

1. 简述组织结构内涵的核心内容。

2. 项目监理机构组织设计一般应考虑哪些基本原则？

3. 组织机构的活动应遵循哪几个基本原理？

4. 建设工程项目组织管理基本模式有哪些？

5. 与建设工程平行承发包模式相适应的监理模式有哪两种形式？

6. 设计/施工总分包模式主要具有哪些优点？

7. 简述建设工程项目监理实施原则。

8. 简述专业监理工程师的职责。

9. 工程建设监理组织协调的常用方法有哪些？

# 第四章 监理规划与监理实施细则

**学习目标**

了解监理规划的概念、作用；熟悉建设工程监理规划编制的程序、依据、要求，建设工程监理实施细则的编制原则与依据；掌握建设工程监理规划的基本内容与审核，监理实施细则的主要内容与报审。

**能力目标**

能够编制工程建设监理规划。

## 第一节　建设工程监理规划概述

### 一、监理规划的概念

监理规划是在监理委托合同签订后，由总监理工程师主持制定的、指导开展监理工作的纲领性文件，它起着指导监理单位内部自身业务工作的作用。它是项目监理组织对项目管理过程的组织、控制、协调等工作设想的文字表述，是监理人员有效地进行监理工作的依据和指导性文件。

### 二、监理规划的作用

(1)监理规划是指导监理单位的项目监理组织全面开展监理工作。监理规划的基本作用是指导监理单位的项目监理组织全面开展监理工作。

建设工程监理的中心任务是协助业主实现项目总目标。实现项目总目标是一个系统的过程，它需要制订计划，建立组织，配备监理人员，进行有效的领导，实施目标控制。只有系统地做好上述系列工作，才能完成建设工程监理的任务，实现监理总目标。在实施建设监理的过程中，监理单位要集中精力做好目标控制工作，但是，如果不事先对计划、组织、人员配备、领导等项工作做出科学的安排，就无法实现有效控制。因此，项目监理规划需要对项目监理组织开展的各项监理工作做出全面、系统的组织和安排，它包括确定监理目标，制订监理计划，安排目标控制、合同管理、信息管理、组织协调等各项工作，并确定各项工作的方法和手段。

（2）监理规划是建设工程监理主管机构对监理单位实施监督管理的重要依据。政府建设监理主管机构对建设工程监理单位要实施监督、管理和指导，对其人员素质、专业配套和建设工程监理业绩要进行核查和考评以确认其资质与资质等级，以使我国整个建设工程监理行业能够达到应有的水平。要做到这一点，除进行一般性的资质管理工作外，更重要的是通过监理单位的实际监理工作来认定它的水平。而监理单位的实际水平可从监理规划和它的实施中充分地表现出来。因此，政府建设监理主管机构对监理单位进行考核时，应当十分重视对监理规划的检查，也就是说，监理规划是政府建设监理主管机构监督、管理和指导监理单位开展监理活动的重要依据。

（3）监理规划是业主确认监理单位是否全面、认真履行建设工程监理合同的主要依据。监理单位如何履行建设工程监理合同，如何落实业主委托监理单位所承担的各项监理服务工作；作为监理的委托方，业主不但需要而且应加以了解和确认。同时，业主有权监督监理单位执行监理合同。而监理规划正是业主了解和确认这些问题的最好资料，是业主确认监理单位是否履行监理合同的主要说明性文件。监理规划应当能够全面而详细地为业主监督监理合同的履行提供依据。

实际上，监理的前期文件，即监理大纲，就是监理规划的框架性文件。而且经由谈判确定了的监理大纲纳入监理合同的附件之中，成为建设工程监理合同文件的组成部分。

（4）监理规划是监理单位重要的存档资料。项目监理规划的内容随着工程的进展而逐步调整、补充和完善，它在一定程度上真实地反映了一个工程项目监理的全貌，是最好的监理过程记录。因此，它是每一家监理单位的重要存档资料。

## 三、监理大纲与监理规划、监理实施细则

监理大纲、监理规划、监理实施细则是相互关联的，都是建设工程监理工作文件的组成部分，它们之间存在着明显的依据性关系，在编写监理规划时，一定要严格根据监理大纲的有关内容来编写；在制定监理实施细则时，一定要在监理规划的指导下进行。

1. 监理大纲

监理大纲也称为监理方案，它是监理单位在业主开始委托监理的过程中，特别是在业主进行监理招标的过程中，为承揽监理业务而编写的方案性文件。它的作用主要有两个方面，一是使业主认可大纲中的监理方案，从而承揽到监理业务；二是为今后开展监理工作制定方案。

2. 监理规划

监理规划是监理单位接受业主委托并签订委托监理合同之后，在项目总监理工程师的主持下，根据委托监理合同，在监理大纲的基础上，结合工程的具体情况，广泛收集工程信息和资料的情况下制定，经监理单位技术负责人批准，用来指导项目监理机构全面开展监理工作的指导性文件。

从内容范围上讲，监理大纲与监理规划都是围绕着整个项目监理机构所开展的监理工作来编写的，但监理规划的内容要比监理大纲更具体、更全面。

### 3. 监理实施细则

建设工程监理实施细则又简称监理细则，是根据监理规划，由专业监理工程师编写，并经总监理工程师批准，针对建设工程监理项目中某一专业或某一方面监理工作的操作性文件。对中型及以上或专业性较强的工程项目，项目监理机构应编制监理实施细则。监理实施细则应结合工程项目的专业特点，做到详细具体并具有可操作性，起到指导本专业或本子项目具体监理业务的开展的作用。

监理大纲、监理规划、监理实施细则三者之间的比较，见表4-1。

**表 4-1　监理大纲、监理规划、监理实施细则三者之间的比较**

| 监理文件名称 | 编制对象 | 编制人员 | 编制时间和作用 | 内　容 | | |
| --- | --- | --- | --- | --- | --- | --- |
| | | | | 为什么做？ | 做什么？ | 如何做？ |
| 监理大纲 | 项目整体 | 监理单位技术负责人 | 在监理招标阶段编制的，目的是使建设单位信服，进而获得监理任务，起着"方案设计"的作用 | ◎ | ○ | |
| 监理规划 | 项目整体 | 总监理工程师　监理单位技术负责人批准 | 在监理委托合同签订后制定，目的是指导项目监理工作，起着"初步设计"的作用 | ○ | ◎ | ◎ |
| 监理实施细则 | 某项专业具体监理工作 | 专业监理工程师　总监理工程师批准 | 在完善项目监理组织，落实监理责任后制定，目的是具体实施各项监理工作，起"施工图设计"的作用 | | ○ | ◎ |

注：◎为重点内容。

# 第二节　建设工程监理规划的编制

## 一、建设工程监理规划编制的程序

监理规划可在签订建设工程监理合同及收到工程设计文件后由总监理工程师组织编制，并应在召开第一次工地会议前报送建设单位。

总监理规划编制应遵循下列程序：

(1)总监理工程师组织专业监理工程师编制。

(2)总监理工程师签字后由工程监理单位技术负责人审批。

## 二、建设工程监理规划编制的依据

编制监理规划时，必须详细了解有关项目的下列资料。

### 1. 工程建设方面的法律、法规

工程建设方面的法律、法规具体包括以下三个方面：

（1）国家颁布的有关工程建设的法律、法规。这是工程建设相关法律、法规的最高层次。在任何地区或任何部门进行工程建设，都必须遵守国家颁布的工程建设方面的法律、法规。

（2）工程所在地或所属部门颁布的工程建设相关的法规、规定和政策。一项工程建设必然是在某一地区实施的，也必然是归属于某一部门的，这就要求工程建设必须遵守工程建设所在地颁布的工程建设相关的法规、规定和政策，同时，也必须遵守工程所属部门颁布的工程建设相关规定和政策。

（3）工程建设的各种标准、规范。工程建设的各种标准、规范也具有法律地位，也必须遵守和执行。

### 2. 政府批准的工程建设文件

政府批准的工程建设文件包括以下两个方面：

（1）政府工程住房城乡建设主管部门批准的可行性研究报告、立项批文。

（2）政府规划部门确定的规划条件、土地使用条件、环境保护要求、市政管理规定。

### 3. 建设工程监理合同

建设工程监理合同的相关条款和内容是编写监理规划的重要依据，主要包括：监理工作范围和内容，监理与相关服务依据，工程监理单位的义务和责任，建设单位的义务和责任等。

建设工程监理投标书是建设工程监理合同文件的重要组成部分，工程监理单位在监理大纲中明确的内容，主要包括项目监理组织计划，拟投入主要监理人员，工程质量、造价、进度控制方案，安全生产管理的监理工作，信息管理和合同管理方案，与工程建设相关单位之间关系的协调方法等，均是监理规划的编制依据。

### 4. 其他工程建设合同

在编写监理规划时，也要考虑其他工程建设合同关于业主和承建单位权利和义务的内容。

### 5. 项目业主的正当要求

根据监理单位应竭诚为客户服务的宗旨，在不超出合同职责范围的前提下，监理单位应最大限度地满足业主的正当要求。

### 6. 工程实施过程输出的有关工程信息

（1）方案设计、初步设计、施工图设计。

（2）工程实施状况。

（3）工程招标投标情况。

（4）重大工程变更。

（5）外部环境变化等。

### 7. 监理大纲

监理大纲中的监理组织计划，拟投入的主要监理人员，投资、进度、质量控制方案，合同管理方案，信息管理方案，定期提交给业主的监理工作阶段性成果等内容都是监理规划编写的依据。

## 三、建设工程监理规划编制的要求

### 1. 监理规划的基市内容构成应力求统一

监理规划在总体内容组成上应力求做到统一，这是监理工作规范化、制度化、科学化的要求。

监理规划基本构成内容应当包括目标规划、监理组织、目标控制、合同管理和信息管理。施工阶段监理规划统一的内容要求应当在建设监理法规文件或监理合同中明确下来。

2. 监理规划的具体内容应有针对性

监理规划基本构成内容应当统一，但各项具体的内容则要有针对性。这是因为监理规划是指导某一个特定建设工程监理工作的技术组织文件，它的具体内容应与这个建设工程相适应。由于所有建设工程都具有单件性和一次性的特点，也就是说每个建设工程都有自身的特点，而且每一个监理单位和每一位总监理工程师对某一个具体建设工程在监理思想、监理方法和监理手段等方面都会有自己的独到之处，因此，不同的监理单位和不同的监理工程师在编写监理规划的具体内容时，必然会体现出自己鲜明的特色。或许有人会认为这样难以有效辨别建设工程监理规划编写的质量，实际上，由于建设工程监理的目的就是协助业主实现其投资目的，因此，某一个建设工程监理规划只要能够对有效实施该工程监理做好指导工作，能够圆满地完成所承担的建设工程监理业务，就是一个合格的建设工程监理规划。

所以，针对一个具体工程项目的监理规划，有自己的投资、进度和质量目标；有自己的项目组织形式；有自己的监理组织机构；有自己的信息管理制度；有自己的合同管理措施；有自己的目标控制措施、方法和手段。只有具有针对性，监理规划才能真正起到指导监理工作的作用。

3. 监理规划的表达方式应当格式化、标准化

现代的科学管理应当讲究效率、效能和效益。仅就监理规划的内容表达上谈这个问题就应当考虑采用何种方式、方法才能使监理规划表现得更明确、更简洁、更直观，使它便于记忆且一目了然。因此，需要选择最有效的方式和方法以表示出规划的各项内容。比较而言，图、表和简单的文字说明应当是采用的基本方法，编写监理规划各项内容时应当采用什么表格、图示，以及哪些内容需要使用简单的文字说明应当做出统一规定。

4. 项目总监理工程师是监理规划编写的主持人

监理规划应当在项目总监理工程师主持下编写制定，这是建设工程监理实行项目总监理工程师负责制的要求。监理规划编写过程中还应有专业监理工程师共同参加，共同分析项目特点，提出项目监理措施和方法，确定项目监理工作的程序和制度。同时，要广泛征求各专业和各子项目的状况资料和环境资料作为规划的依据。监理规划在编写过程中应当听取项目业主的意见，最大限度地满足他们的合理要求，监理规划编写过程中还要听取被监理方的意见，这不仅仅包括承建本工程项目的单位（当然他们是重要的和主要的），还应当向富有经验的承包商广泛地征求意见。作为监理单位的业务工作，在编写监理规划时还应当按照本单位的要求进行编写。

5. 监理规划应当把握工程项目运行的脉搏

监理规划是针对一个具体建设工程编写的，而不同的建设工程具有不同的工程特点、工程条件和运行方式，这也决定了建设工程监理规划必然与工程运行客观规律具有一致性，必须把握、遵循工程建设运行的规律。只有把握工程建设运行的客观规律，监理规划的运行才是有效的，才能实施对这项工程的有效监理。

另外，监理规划要随着工程建设的展开不断进行补充、修改和完善。它由开始的"粗线

条"或"近细远粗"逐步变得完整、完善起来。在工程建设的运行过程中，内外因素和条件不可避免地要发生变化，造成工程的实施情况偏离计划，往往需要调整计划乃至目标，这就必然造成监理规划也要相应地调整内容。其目的是使工程建设能够在监理规划的有效控制之下，不能让它成为脱缰的野马，变得无法驾驭。

监理规划要把握工程运行的脉搏，还由于它所需要的编写信息是逐步提供的。当只知道关于项目的很少一点信息时，不可能对项目进行详尽规划。随着设计的不断进展及工程招标方案的出台和实施，工程信息量越来越多，于是规划也就越趋于完整。就一项工程项目的全过程监理规划来说，那些想一气呵成的做法是不实际的，也是不科学的，即使编写出来也是一纸空文，没有任何实施的价值。

6. 监理规划需分阶段编写

如前所述，监理规划的内容与工程进展密切相关，没有规划信息也就没有规划内容。因而，监理规划的编写需要有一个过程。可以将编写的整个过程分为若干个阶段，每个编写阶段都可与工程实施各阶段相应，这样，项目实施各阶段所输出的工程信息成为相应的规划信息，从而使监理规划编写能够遵循管理法律，变得有的放矢。

监理规划编写阶段可按工程实施的各阶段来划分，这样，工程实施各阶段所输出的工程信息就成为相应的监理规划信息。如可划分为设计阶段、施工招标阶段和施工阶段。设计的前期阶段，即设计准备阶段应完成规划的总框架，并将设计阶段的监理工作进行"近细远粗"的规划，使监理规划内容与已经掌握的工程信息紧密结合。设计阶段结束，大量的工程信息能够提供出来，所以，施工招标阶段监理规划的大部分内容能够落实。随着施工招标的进展，各承包单位逐步确定下来，工程施工合同逐步签订，施工阶段监理规划所需的工程信息基本齐备，足以编写出完整的施工阶段监理规划。在施工阶段，有关监理规划的主要工作是根据工程进展情况进行调整、修改，使监理规划能够动态地控制整个工程建设，并使其正常进行。

在监理规划的编写过程中需要进行审查和修改。因此，监理规划的编写还要留出必要的审查和修改的时间。为此，应当对监理规划的编写时间事先做出明确的规定。

7. 监理规划需审核

监理规划在编写完成后需要进行审核并批准。监理单位的技术主管部门是内部审核单位，其技术负责人应当签认。同时，最好还要提交给业主，由其对监理规划进行确认。

## 第三节　建设工程监理规划的内容及审核

### 一、建设工程监理规划的内容

《建设工程监理规范》(GB/T 50319—2013)中明确规定，监理规划的内容包括：工程概况；监理工作的范围、内容、目标；监理工作依据；监理组织形式、人员配备及进退场计划、监理人员岗位职责；监理工作制度；工程质量控制；工程造价控制；工程进度控制；安全生产管理的监理工作；合同与信息管理；组织协调；监理工作设施。

**(一)工程概况**

工程概况包括以下几项：

(1)工程项目名称。

(2)工程项目建设地点。

(3)工程项目组成及建设规模。

(4)主要建筑结构类型。

(5)预计工程投资总额。预计工程投资总额可以按以下两种常用编列：

1)建设工程投资总额。

2)建设工程投资组成简表。

(6)建设工程计划工期。可以以建设工程的计划持续时间或以建设工程开、竣工的具体日历时间表示。

1)以建设工程的计划持续时间表示：建设工程计划工期为"××个月"或"×××天"。

2)以建设工程的具体日历时间表示：建设工程计划工期由_____年_____月_____日至_____年_____月_____日。

(7)工程质量要求。应具体提出建设工程的质量目标要求。

(8)建设工程设计单位及施工单位名称。

(9)建设工程项目结构图与编码系统。

**(二)监理工作的范围、内容、目标**

1. 监理工作范围

监理工作范围是指监理单位所承担的建设工程的监理任务的工程范围。如果监理单位承担全部建设工程的监理任务，则监理范围为全部建设工程，否则应按监理单位所承担的建设工程的建设标段或子项目划分确定建设工程监理范围。

2. 监理工作内容

建设工程监理基本工作内容包括：工程质量、造价、进度三大目标控制，合同管理和信息管理、组织协调，以及履行建设工程安全生产管理的法定职责。监理规划中需要根据建设工程监理合同约定进一步细化监理工作内容。

3. 监理工作目标

监理工作目标是指工程监理单位预期达到的工作目标，通常以建设工程质量、造价、进度三大目标的控制值来表示。

(1)工程质量控制目标：工程质量合格及建设单位的其他要求。

(2)工程造价控制目标：以_____年预算为基价，静态投资为_____万元(或合同价为_____万元)。

(3)工期控制目标：_____个月或自_____年_____月_____日至__年_____月_____日。

在建设工程监理实际工作中，应进行工程质量、造价、进度目标的分解，运用动态控制原理对分解的目标进行跟踪检查，对实际值与计划值进行比较、分析和预测，发现问题时及时采取组织、技术、经济和合同等措施进行纠偏和调整，以确保工程质量、造价、进度目标的实现。

### （三）监理工作依据

依据《建设工程监理规范》(GB/T 50319—2013)的规定，实施建设工程监理的依据主要包括法律法规及工程建设标准、建设工程勘察设计文件、建设工程监理合同及其他合同文件等。编制特定工程的监理规划，不仅要以上述内容为依据，而且还要收集有关资料作为编制依据，见表4-2。

表 4-2　监理规划的编制依据

| 编制依据 | | 文件资料名称 |
|---|---|---|
| 反映工程特征的资料 | 勘察设计阶段监理相关服务 | (1)可行性研究报告或设计任务书<br>(2)项目立项批文<br>(3)规划红线范围<br>(4)用地许可证<br>(5)设计条件通知书<br>(6)地形图 |
| | 施工阶段监理 | (1)设计图纸和施工说明书<br>(2)地形图<br>(3)施工合同及其他建设工程合同 |
| 反映建设单位对项目监理要求的资料 | | 监理合同：反映监理工作范围和内容、监理大纲、监理投标文件 |
| 反映工程建设条件的资料 | | (1)当地气象资料和工程地质及水文资料<br>(2)当地建筑材料供应状况的资料<br>(3)当地勘察设计和土建安装力量的资料<br>(4)当地交通、能源和市政公用设施的资料<br>(5)检测、监测、设备租赁等其他工程参建方的资料 |
| 反映当地工程建设法规及政策方面的资料 | | (1)工程建设程序<br>(2)招投标和工程监理制度<br>(3)工程造价管理制度等<br>(4)有关法律法规及政策 |
| 工程建设法律、法规及标准 | | 法律、法规，部门规章，建设工程监理规范，勘察、设计、施工、质量评定、工程验收等方面的规范、规程、标准等 |

### （四）监理组织形式、人员配备及进退场计划、监理人员岗位职责

#### 1. 监理组织形式

(1)监理单位履行施工阶段的委托监理合同时，必须在施工现场建立项目监理机构。项目监理机构在完成委托监理合同约定的监理工作后方可撤离施工现场。

(2)项目监理机构的组织形式和规模，应根据委托监理合同规定的服务内容、服务期限、工程类别、规模、技术复杂程度、工程环境等因素确定。

(3)监理人员应包括总监理工程师、专业监理工程师和监理员，必要时可配备总监理工程师代表。

项目监理机构的监理人员应专业配套、数量满足工程项目监理工作的需要。监理人员数量一般不少于3人。

(4)监理单位应于委托监理合同签订后10天内将项目监理机构的组织形式、人员构成及对总监理工程师的任命书面通知业主。当总监理工程师需要调整时，监理单位应征得业主同意，并书面通知业主；当专业监理工程师需要调整时，总监理工程师应书面通知业主和承包单位。

2. 人员配备及进退场计划

监理人员的构成，应根据被监理工程的类别、规模、技术复杂程度和能够对工程监理有效控制的原则进行配备。监理人员包括：总监理工程师、总监理工程师代表、专业监理工程师(以上统称为监理工程师)；测量、试验人员和现场旁站人员(以上统称监理员)及必要的文秘、行政事务人员等。

监理人员的组合应合理。监理工程师办公室各专业部门负责人等各类高级监理人员一般应占监理总人数的10%以上；各类专业监理工程师中中级专业监理人员一般应占监理总人数的40%；各类专业工程师助理及辅助人员等初级监理人员一般应占监理总人数的40%；行政及事务人员一般应控制在监理总人数的10%以内。

监理人员的数量要满足对工程项目进行质量、进度、费用监理和合同管理的需要，一般应按每年计划完成的投资额并结合工程的技术等级、工程种类、复杂程度、设计深度、当地气候、工地地形、施工工期、施工方法等项实际因素，综合进行测算确定。

3. 监理人员岗位职责

监理人员分工及岗位职责应根据监理合同约定的监理工作范围和内容及《建设工程监理规范》(GB/T 50319—2013)的规定，由总监理工程师安排和明确。总监理工程师应督促和考核监理人员职责的履行。必要时，可设总监理工程师代表，行使部分总监理工程师的岗位职责。

总监理工程师应根据项目监理机构监理人员的专业、技术水平、工作能力、实践经验等细化和落实相应的岗位职责。

**(五)监理工作制度**

为全面履行建设工程监理职责，确保建设工程监理服务质量，监理规划中应根据工程特点和工作重点明确相应的监理工作制度。其主要包括项目监理机构现场监理工作制度、项目监理机构内部工作制度及相关服务工作制度(必要时)。

1. 项目监理机构现场监理工作制度

(1)图纸会审及设计交底制度。

(2)施工组织设计审核制度。

(3)工程开工、复工审批制度。

(4)整改制度，包括签发监理通知单和工程暂停令等。

(5)平行检验、见证取样、巡视检查和旁站制度。

(6)工程材料、半成品质量检验制度。

(7)隐蔽工程验收、分项(部)工程质量验收制度。

（8）单位工程验收、单项工程验收制度。

（9）监理工作报告制度。

（10）安全生产监督检查制度。

（11）质量安全事故报告和处理制度。

（12）技术经济签证制度。

（13）工程变更处理制度。

（14）现场协调会及会议纪要签发制度。

（15）施工备忘录签发制度。

（16）工程款支付审核、签认制度。

（17）工程索赔审核、签认制度等。

2. 项目监理机构内部工作制度

（1）项目监理机构工作会议制度，包括监理交底会议，监理例会、监理专题会、监理工作会议等。

（2）项目监理机构人员岗位职责制度。

（3）对外行文审批制度。

（4）监理工作日志制度。

（5）监理周报、月报制度。

（6）技术、经济资料及档案管理制度。

（7）监理人员教育培训制度。

（8）监理人员考勤、业绩考核及奖惩制度。

3. 相关服务工作制度

如果提供相关服务时，还需要建立以下制度：

（1）项目立项阶段：包括可行性研究报告评审制度和工程估算审核制度等。

（2）设计阶段：包括设计大纲、设计要求编写及审核制度，设计合同管理制度，设计方案评审办法，工程概算审核制度，施工图纸审核制度，设计费用支付签认制度，设计协调会制度等。

（3）施工招标阶段：包括招标管理制度，标底或招标控制价编制及审核制度，合同条件拟订及审核制度，组织招标实务有关规定等。

**（六）工程质量控制**

**1. 质量控制目标的描述**

（1）设计质量控制目标。

（2）材料质量控制目标。

（3）设备质量控制目标。

（4）土建施工质量控制目标。

（5）设备安装质量控制目标。

（6）其他说明。

**2. 质量控制目标实现的风险分析**

项目监理机构宜根据工程特点、施工合同、工程设计文件及经过批准的施工组织设计对工程质量控制目标进行风险分析，并提出防型形对策。

## 3. 质量控制的工作流程与措施

(1)工程质量控制工作流程图。依据分解的目标编制质量控制工作流程图。

(2)质量控制的具体措施。

1)质量控制的组织措施。建立健全项目监理机构，完善职责分工，制定有关质量监督制度，落实质量控制责任。

2)质量控制的技术措施。协助完善质量保证体系；严格事前、事中和事后的质量检查监督。

3)质量控制的经济措施及合同措施。严格质检和验收，不符合合同规定质量要求的拒付工程款；达到业主特定质量目标要求的，按合同支付质量补偿金或奖金。

## 4. 旁站方案

每一项建设工程施工过程中都存在对结构安全、重要使用功能起着重要作用的关键部位和关键工序，对这些关键部位和关键工序的施工质量进行重点控制，直接关系到建设工程整体质量能否达到设计标准要求及建设单位的期望。

旁站是建设工程监理工作中用以监督工程质量的一种手段，可以起到及时发现问题、第一时间采取措施、防止偷工减料、确保施工工艺工序按施工方案进行、避免其他干扰正常施工的因素发生等作用。旁站与监理工作其他方法手段结合使用，成为工程质量控制工作中相当重要和必不可少的工作方式。

### (七)工程造价控制

#### 1. 工程造价控制目标分解

(1)按建设工程的投资费用组成分解。

(2)按年度、季度分解。

(3)按建设工程实施阶段分解。

(4)按建设工程组成分解。

#### 2. 工程造价控制工作内容

(1)熟悉施工合同及约定的计价规则，复核、审查施工图预算。

(2)定期进行工程计量，复核工程进度款申请，签署进度款付款签证。

(3)建立月完成工程量统计表，对实际完成量与计划完成量进行比较分析，发现偏差的应提出调整建议，并报告建设单位。

(4)按程序进行竣工结算款审核，签署竣工结算款支付证书。

#### 3. 工程造价控制主要方法

在工程造价目标分解的基础上，依据施工进度计划、施工合同等文件，编制资金使用计划，可列表编制(表4-3)，并运用动态控制原理对工程造价进行动态分析、比较和控制。

表 4-3　资金使用计划表

| 工程名称 | ××年度 | | | | ××年度 | | | | ××年度 | | | |
|---|---|---|---|---|---|---|---|---|---|---|---|---|
| | 一 | 二 | 三 | 四 | 一 | 二 | 三 | 四 | 一 | 二 | 三 | 四 |
| | | | | | | | | | | | | |
| | | | | | | | | | | | | |
| | | | | | | | | | | | | |

工程造价动态比较的内容包括以下几项：

(1)工程造价目标分解值与造价实际值的比较。

(2)工程造价目标值的预测分析。

(3)工程造价目标实现的风险分析。

4. 工程造价控制工作流程与措施

(1)工程造价控制的工作流程。依据工程造价目标分解编制工程造价控制工作流程图。

(2)投资控制的具体措施。

1)投资控制的组织措施。建立健全项目监理机构，完善职责分工及有关制度，落实投资控制的责任。

2)投资控制的技术措施。在设计阶段，推行限额设计和优化设计；在招标投标阶段，合理确定标底及合同价；对材料、设备采购，通过质量价格比选，合理确定生产供应单位；在施工阶段，通过审核施工组织设计和施工方案，使组织施工合理化。

3)投资控制的经济措施。及时进行计划费用与实际费用的分析比较。对原设计或施工方案提出合理化建议并被采用，由此产生的投资节约按合同规定予以奖励。

4)投资控制的合同措施。按合同条款支付工程款，防止过早、过量的支付。减少施工单位的索赔，正确处理索赔事宜等。

5. 工程造价控制动态比较

(1)投资目标分解值与概算值的比较。

(2)概算值与施工图预算值的比较。

(3)合同价与实际投资的比较。

**(八)工程进度控制**

1. 工程进度控制工作内容

(1)审查施工总进度计划和阶段性进度计划。

(2)检查、督促施工进度计划的实施。

(3)进行进度目标实现的风险分析，制定进度控制的方法和措施。

(4)预测实际进度对工程总工期的影响，分析工期延误原因，制定对策和措施，并报告工程实际进展情况。

2. 总进度目标的分解

(1)年度、季度进度目标。

(2)各阶段的进度目标。

(3)各子项目进度目标。

3. 进度控制的工作流程与措施

(1)工作流程图。

(2)进度控制的具体措施。

1)进度控制的组织措施。落实进度控制的责任，建立进度控制协调制度。

2)进度控制的技术措施。建立多级网络计划体系，监控承建单位的作业实施计划。

3)进度控制的经济措施。对工期提前者实行奖励；对应急工程实行较高的计件单价；确保资金的及时供应等。

4)进度控制的合同措施。按合同要求及时协调有关各方的进度，以确保建设工程的形象进度。

4. 进度控制的动态比较

工程进度动态比较的内容包括以下几项：

(1)工程进度目标分解值与进度实际值的比较。

(2)工程进度目标值的预测缝隙。

### (九)安全生产管理的监理工作

1. 安全生产管理的监理工作目标

履行法律法规赋予工程监理单位的法定职责，尽可能防止和避免施工安全事故的发生。

2. 安全生产管理的监理工作内容

(1)编制建设工程监理实施细则，落实相关监理人员。

(2)审查施工单位现场安全生产规章制度的建立和实施情况。

(3)审查施工单位安全生产许可证及施工单位项目经理、专职安全生产管理人员和特种作业人员的资格，核查施工机械和设施的安全许可验收手续。

(4)审查施工承包人提交的施工组织设计，重点审查其中的质量安全技术措施、专项施工方案与工程建设强制性标准的符合性。

(5)审查包括施工起重机械和整体提升脚手架、模板等自升式架设设施等在内的施工机械和设施的安全许可验收手续情况。

(6)巡视检查危险性较大的分部分项工程专项施工方案实施情况。

(7)对施工单位拒不整改或不停止施工时，应及时向有关主管部门报送监理报告。

3. 专项施工方案的编制、审查和实施的监理要求

(1)专项施工方案编制要求。实行施工总承包的，专项施工方案应当由总承包施工单位组织编制，其中，起重机械安装拆卸工程、深基坑工程、附着式升降脚手架等专业工程实行分包的，其专项施工方案可由专业分包单位组织编制。实行施工总承包的，专项施工方案应当由总承包施工单位技术负责人及相关专业分包单位技术负责人签字。

对于超过一定规模的危险性较大的分部分项工程专项方案应当由施工单位组织召开专家论证会。

(2)专项施工方案监理审查要求：

1)对编制的程序进行符合性审查。

2)对实质性内容进行符合性审查。

(3)专项施工方案实施要求。施工单位应当严格按照专项方案组织施工，安排专职安全管理人员实施管理，不得擅自修改、调整专项施工方案。如因设计、结构、外部环境等因素发生变化确需修改的，应及时报告项目监理机构，修改后的专项施工方案应当按相关规定重新审核。

4. 安全生产管理的监理方法和措施

(1)通过审查施工单位现场安全生产规章制度的建立和实施情况，督促施工单位落实安全技术措施和应急救援预案，加强风险防范意识，预防和避免安全事故发生。

(2)通过项目监理机构安全管理责任风险分析，制定监理实施细则，落实监理人员，加强日常巡视和安全检查。发现安全事故隐患时，项目监理机构应当履行监理职责，采取会议、告知、通知、停工、报告等措施向施工单位管理人员指出，预防和避免安全事故发生。

## （十）合同与信息管理

### 1. 合同管理

（1）合同管理的主要工作内容。

1）处理工程暂停工及复工、工程变更、索赔及施工合同争议、解除等事宜。

2）处理施工合同终止的有关事宜。

（2）合同结构。结合项目结构图和项目组织结构图，以合同结构图形式表示，并列出项目合同目录一览表（表 4-4）。

表 4-4　合同目录一览表

| 序号 | 合同编号 | 合同名称 | 承包商 | 合同价 | 合同工期 | 质量要求 |
|---|---|---|---|---|---|---|
|  |  |  |  |  |  |  |
|  |  |  |  |  |  |  |
|  |  |  |  |  |  |  |

（3）合同管理的工作流程及措施。

1）工作流程图。

2）合同管理的具体措施。

（4）合同执行状况的动态分析。

（5）合同争议解决与索赔处理程序。

（6）合同管理表格。

### 2. 信息管理

（1）信息流程图。

（2）信息分类表，见表 4-5。

表 4-5　信息分类表

| 序号 | 信息类别 | 信息名称 | 信息管理要求 | 责任人 |
|---|---|---|---|---|
|  |  |  |  |  |
|  |  |  |  |  |
|  |  |  |  |  |

（3）机构内部信息流程图。

（4）信息管理的工作流程与措施。

1）工程流程图。

2）信息管理的具体措施。

（5）信息管理表格。

## （十一）组织协调

### 1. 组织协调的范围和层次

（1）组织协调的范围。项目组织协调的范围包括建设单位、工程建设参与各方（政府管理部门)之间的关系。

(2)组织协调的层次,内容包括以下几项:

1)协调工程参与各方之间的关系。

2)工程技术协调。

2. 组织协调的主要工作

(1)项目监理机构的内部协调。

1)总监理工程师牵头,做好项目监理机构内部人员之间的工作关系协调。

2)明确监理人员分工及各自的岗位职责。

3)建立信息沟通制度。

4)及时交流信息、处理矛盾,建立良好的人际关系。

(2)与工程建设有关单位的外部协调。

1)建设工程系统内的单位:进行建设工程系统内的单位协调重点分析,主要包括建设单位、设计单位、施工单位、材料和设备供应单位、资金提供单位等。

2)建设工程系统外的单位:进行建设工程系统外的单位协调重点分析,主要包括政府住房城乡建设主管机构、政府其他有关部门、工程毗邻单位、社会团体等。

3. 组织协调的方法和措施

(1)组织协调方法。

1)会议协调:监理例会、专题会议等方式。

2)交谈协调:面谈、电话、网络等方式。

3)书面协调:通知书、联系单、月报等方式。

4)访问协调:走访或约见等方式。

(2)不同阶段组织协调措施。

1)开工前的协调:如第一次工地例会等。

2)施工过程中协调。

3)竣工验收阶段协调。

4. 组织协调的工作程序

(1)工程质量控制协调程序。

(2)工程造价控制协调程序。

(3)工程进度控制协调程序。

(4)其他方面工作协调程序。

**(十二)监理工作设施**

(1)制定监理设施管理制度。

(2)根据建设工程类别、规模、技术复杂程度、建设工程所在地的环境条件,按建设工程监理合同约定,配备满足监理工作需要的常规检测设备和工具。

(3)落实场地、办公、交通、通信、生活等设施,配备必要的影像设备。

(4)项目监理机构应将拥有的监理设备和工具(如计算机、设备、仪器、工具、照相机、摄像机等)列表(表4-6),注明数量、型号和使用时间,并指定专人负责管理。

表 4-6　常规检查设备和工具

| 序号 | 仪器设备名称 | 型号 | 数量 | 使用时间 | 备注 |
|---|---|---|---|---|---|
| 1 | | | | | |
| 2 | | | | | |
| 3 | | | | | |
| 4 | | | | | |
| 5 | | | | | |
| 6 | | | | | |
| | | | | | |

## 二、建设工程监理规划的审核

建设工程监理规划在编写完成后需要进行审核并经批准。监理单位的技术主管部门是内部审核单位，负责人应当签认。监理规划审核的内容主要包括以下几个方面。

### （一）监理规划报审程序

依据《建设工程监理规范》(GB/T 50319—2013)的规定，监理规划应在签订建设工程监理合同及收到工程设计文件后编制，在召开第一次工地会议前报送建设单位。监理规划报审程序的时间节点安排、各节点工作内容及负责人见表4-7。

表 4-7　监理规划报审程序

| 序号 | 时间节点安排 | 工作内容 | 负责人 |
|---|---|---|---|
| 1 | 签订监理合同及收到工程设计文件后 | 编制监理规划 | 总监理工程师组织 专业监理工程师参与 |
| 2 | 编制完成、总监签字后 | 监理规划审批 | 监理单位技术负责人审批 |
| 3 | 第一次工地会议前 | 报送建设单位 | 总监理工程师报送 |
| 4 | 设计文件、施工组织计划和施工方案发生重大变化时 | 调整监理规划 | 总监理工程师组织 专业监理工程师参与技术负责人审批 监理单位 |
| | | 重新审批监理规划 | 总监单位技术负责人重新审批 |

### （二）监理范围、工作内容及监理目标的审核

依据监理招标文件和委托监理合同，看其是否理解业主对该工程的建设意图，监理范围、监理工作内容是否包括全部委托的工作任务，监理目标是否与合同要求和建设意图相一致。

### （三）项目监理机构和人员结构的审核

1. 组织机构的审核

在组织形式、管理模式等方面是否合理，是否结合工程实施的具体特点，是否能够与业主的组织关系和承包方的组织关系相协调等。

2. 人员结构的审核

(1)派驻监理人员的专业满足程度。应根据工程特点和委托监理任务的工作范围审查，

不仅考虑专业监理工程师如土建监理工程师、机械监理工程师等能否满足开展监理工作的需要，而且还要看其专业监理人员是否覆盖了工程实施过程中的各种专业要求，以及高、中级职称和年龄结构的组成。

（2）人员数量的满足程度。主要审核从事监理工作人员在数量和结构上的合理性。按照我国已完成监理工作的工程资料统计测算，在施工阶段，大中型建设工程每年完成100万元人民币的工程量所需监理人员为0.6～1人，专业监理工程师、一般监理人员和行政文秘人员的结构比例为0.2：0.6：0.2。专业类别较多的工程的监理人员数量应适当增加。

（3）专业人员不足时采取的措施是否恰当。大中型建设工程由于技术复杂、涉及的专业面广，当监理单位的技术人员不足以满足全部监理工作要求时，对拟临时聘用的监理人员的综合素质应认真审核。

（4）派驻现场人员计划表。对于大中型建设工程，不同阶段对监理人员人数和专业等方面的要求不同，应对各阶段所派驻现场监理人员的专业、数量计划是否与建设工程的进度计划相适应进行审核；还应平衡正在其他工程上执行监理业务的人员，是否能按照预定计划进入本工程参加监理工作。

**（四）工作计划审核**

在工程进展中各个阶段的工作实施计划是否合理、可行，审查其在每个阶段中如何控制建设工程目标及组织协调的方法。

**（五）投资、进度、质量控制方法的审核**

对三大目标的控制方法和措施应重点审查，看其如何应用组织、技术、经济、合同措施保证目标的实现，方法是否科学、合理、有效。

**（六）监理工作制度审核**

主要审查监理的内、外工作制度是否健全。

# 第四节　建设工程监理实施细则

## 一、建设工程监理实施细则的编制原则

### 1. 分阶段编制原则

建设工程监理实施细则应根据监理规划的要求，按工程进展情况，尤其当施工图未出齐就开工的时候，可分阶段进行编写，并在相应工程（如分部工程、单位工程或按专业划分构成一个整体的局部工程）施工开始前编制完成，用于指导专业监理的操作，确定专业监理的监理标准。

### 2. 总监理工程师审批原则

建设工程监理实施细则是专门针对工程中一个具体的专业制定的，如基础工程、主体结构工程、电气工程、给水排水工程、装修工程等。其专业性强，编制的程度要求高，应由专业监理工程师组织项目监理机构中该专业的监理人员编制，并必须经总监理工程师审批。

### 3. 动态性原则

建设工程监理实施细则编好后，并不是一成不变的。因为工程的动态性很强，项目动态性决定了建设工程监理实施细则的可变性。所以，当发生工程变更、计划变更或原监理实施细则所确定的方法、措施、流程不能有效地发挥作用时，要把握好工程项目变化规律，及时根据实际情况对建设工程监理实施细则进行补充、修改和完善，调整建设工程监理实施细则内容，使工程项目运行能够在建设工程监理实施细则的有效控制下，最终实现项目建设的目标。

## 二、建设工程监理实施细则的编制依据

《建设工程监理规范》(GB/T 50319—2013)规定，监理实施细则的编制应依据下列资料：

(1)监理规划。

(2)工程建设标准、工程设计文件。

(3)施工组织设计、(专项)施工方案。

除《建设工程监理规范》(GB/T 50319—2013)中规定的相关依据外，监理实施细则在编制过程中还可以融入工程监理单位的规章制度和经认证发布的质量体系，以达到监理内容的全变、完整，有效提高建设工程监理自身的工作质量。

## 三、建设工程监理实施细则的主要内容

《建设工程监理规范》(GB/T 50319—2013)明确规定了监理实施细则应包含的内容，即专业工程特点、监理工作流程、监理工作要点，以及监理工作方法与措施。

### (一)专业工程特点

专业工程特点是指需要编制监理实施细则的工程专业特点，而不是简单的工程概述。专业工程特点应从专业工程施工的重点和难点、施工范围和施工顺序、施工工艺、施工工序等内容进行有针对性的阐述，体现为工程施工的特殊性、技术的复杂性，与其他专业的交叉和衔接以及各种环境约束条件。

除专业工程外，新材料、新工艺、新技术以及对工程质量、造价、进度应加以重点控制等特殊要求也需要在监理实施细则中体现。

### (二)监理工作流程

监理工作流程是结合工程相应专业制定的具有可操作性和可实施性的流程图，不仅涉及最终产品的检查验收，更多地涉及施工中各个环节及中间产品的监督检查与验收。

监理工作涉及的流程包括开工审核工作流程、施工质量控制流程、进度控制流程、造价(工程量计量)控制流程、安全生产和文明施工监理流程、测量监理流程、施工组织设计审核工作流程、分包单位资格审核流程、建筑材料审核流程、技术审核流程、工程质量问题处理审核流程、旁站检查工作流程、隐蔽工程验收流程、工程变更处理流程、信息资料管理流程等。

### (三)监理工作要点

监理工作要点及目标值是对监理工作流程中工作内容的增加和补充，应将流程图设置的相关监理控制点和判断点进行详细而全面的描述，将监理工作目标和检查点的控制指标、数据和频率等阐明清楚。

### (四)监理工作方法及措施

#### 1. 监理工作方法

监理工程师通过旁站、巡视、见证取样、平行检测等监理方法，对专业工程做全面监控，对每一个专业工程的监理实施细则而言，其工作方法必须加以详尽阐明。

除上述四种常规方法外，监理工程师还可采用指令文件、监理通知、支付控制手段等方法实施监理。

#### 2. 监理工作措施

各专业工程的控制目标要有相应的监理措施以保证控制目标的实现。制定监理工作措施通常有以下两种方式：

(1)根据措施实施内容不同，可将监理工作措施分为技术措施、经济措施、组织措施和合同措施。例如，某建筑工程钻孔灌注桩分项工程监理工作组织措施和技术措施如下：

1)组织措施。根据钻孔桩工艺和施工特点，对项目监理机构人员进行合理分工，现场专业监理人员分两班(8：00—20：00 和 20：00—次日 8：00，每班 1 人)，进行全程巡视、旁站、检查和验收。

2)技术措施。

①组织所有监理人员全面阅读图纸等技术文件，提出书面意见，参加设计交底，制定详细的监理实施细则。

②详细审核施工单位提交的施工组织设计，严格审查施工单位现场质量管理体系的建立和实施。

③研究分析钻孔桩施工质量风险点，合理确定质量控制关键点，包括桩位控制、桩长控制、桩径控制、桩身质量控制和桩端施工质量控制。

(2)根据措施实施时间不同，可将监理工作措施分为事前控制措施、事中控制措施及事后控制措施。事前控制措施是指为预防发生差错或问题而提前采取的措施；事中控制措施是指监理工作过程中，及时获取工程实际状况信息，以供及时发现问题、解决问题而采取的措施；事后控制措施是指发现工程相关指标与控制目标或标准之间出现差异后而采取的纠偏措施。

## 四、建设工程监理实施细则报审

### (一)监理实施细则报审程序

根据《建设工程监理规范》(GB/T 50319—2013)的规定，监理实施细则可随工程进展编制，但必须在相应工程施工前完成，并经总监理工程师审批后实施。监理实施细则报审程序见表4-8。

表4-8　监理实施细则报审程序

| 序号 | 节点 | 工作内容 | 负责人 |
|---|---|---|---|
| 1 | 相应工程施工前 | 编制监理实施细则 | 专业监理工程师编制 |
| 2 | 相应工程施工前 | 监理实施细则审批、批准 | 专业监理工程师送审，总监理工程师批准 |
| 3 | 工程施工过程中 | 若发生变化，监理实施细则中工作流程与方法措施调整 | 专业监理工程师调整，总监理工程师批准 |

### (二)监理实施细则审核内容

监理实施细则由专业监理工程师编制完成后，需要报总监理工程师批准后方能实施。监理实施细则审核的内容主要包括以下几个方面。

1. 编制依据、内容的审核

监理实施细则的编制是否符合监理规划的要求，是否符合专业工程相关的标准，是否符合设计文件的内容，与提供的技术资料是否相符合，是否与施工组织设计、（专项）施工方案使用的规范、标准、技术要求相一致。监理的目标、范围和内容是否与监理合同和监理规划相一致，编制的内容是否涵盖专业工程的特点、重点和难点，内容是否全面、翔实、可行，是否能确保监理工作质量等。

2. 项目监理人员的审核

（1）组织方面。组织方式、管理模式是否合理，是否结合了专业工程的具体特点，是否便于监理工作的实施，制度、流程上是否能保证监理工作，是否与建设单位和施工单位相协调等。

（2）人员配备方面。人员配备的专业满足程度、数量等是否满足监理工作的需要，专业人员不足时采取的措施是否恰当，是否有操作性较强的现场人员计划安排表等。

3. 监理工作流程、监理工作要点的审核

监理工作流程是否完整、翔实，节点检查验收的内容和要求是否明确，监理工作流程是否与施工流程相衔接，监理工作要点是否明确、清晰，目标值控制点设置是否合理、可控等。

4. 监理工作方法和措施的审核

监理工作方法是否科学、合理、有效，监理工作措施是否具有针对性、可操作性及安全可靠，是否能确保监理目标的实现等。

5. 监理工作制度的审核

针对专业建设工程监理，其内、外监理工作制度是否能有效保证监理工作的实施，监理记录、检查表格是否完备等。

## 本章小结

本章主要介绍了建设工程监理规划的概念、作用、编制程序、编制依据、编制要求、基本内容、审核，建设工程监理实施细则的编制原则、依据、内容及报审等内容。通过本章的学习，应对监理规划与监理实施细则有较为清晰的认识，具备一定的编制能力，为日后的工作打下基础。

## 思考与练习

**一、填空题**

1. _____是在监理委托合同签订后，由总监理工程师主持制定的、指导开展监理工作的纲领性文件，它起着指导监理单位内部自身业务工作的作用。

2. _____是监理单位在业主开始委托监理的过程中，特别是在业主进行监理招标过程中，为承揽监理业务而编写的方案性文件。

3. _____是根据监理规划，由专业监理工程师编写，并经总监理工程师批准，针对建设工程监理项目中某一专业或某一方面监理工作的操作性文件。

4. 建设工程监理基本工作内容包括：_____、_____、_____三大目标控制，_____、组织协调，以及履行建设工程安全生产管理的法定职责。

5. _____是指工程监理单位预期达到的工作目标。

## 二、选择题

1. 监理规划编制完成后，应经(　　)审核批准后实施。

A. 监理单位负责人
B. 监理单位技术负责人
C. 总监理工程师
D. 项目经理机构技术负责人

2. 关于监理规划作用的说法，下列表述错误的是(　　)。

A. 监理规划的基本作用是指导项目监理机构全面开展监理工作
B. 监理规划是业主了解和确认监理单位全面履行监理合同的依据
C. 监理规划是政府住房城乡建设主管部门对监理单位监理业绩考核的依据
D. 监理规划是监理单位和建设单位应长期保存的工程档案之一

3. 随着建设工程的展开，要对监理规划进行补充、修改和完善。这是编写监理规划应满足的(　　)的要求。

A. 符合建设工程运行规律
B. 具体内容具有针对性
C. 基本构成内容应力求统一
D. 分阶段编制完成

4. 监理大纲的编制目的是(　　)。

A. 指导监理工作
B. 为编制监理施工组织文件提供依据
C. 承揽监理业务
D. 进行建设工程监理组织协调

## 三、简答题

1. 简述监理规划的作用。
2. 编制监理规划时，必须详细了解哪些项目的资料？
3. 建设工程监理规划的编制要求有哪些？
4. 建设工程监理规划的基本内容有哪些？
5. 简述建设工程监理实施细则的编制原则。
6. 监理实施细则审核的内容主要包括哪几个方面？

# 第五章　建设工程监理目标控制

## 学习目标

了解监理控制的概念、流程、基本环节、类型，建设工程监理目标控制系统，建设工程投资的概念、特点，建设工程进度控制的概念，影响进度的因素；掌握建设工程投资控制、进度控制、质量控制的目标，建设工程设计阶段与施工阶段的投资控制、进度控制与质量控制。

## 能力目标

具有在工程建设中进行投资控制、进度控制、质量控制的能力。

## 第一节　监理目标控制概述

### 一、监理目标控制的概念

建设工程监理的核心是工作规划、控制和协调，控制就是指目标动态控制，即对目标进行跟踪。进行目标动态控制是监理工作的一个极其重要的方面。

根据控制论的一般原理，控制是作用者对被作用者的一种能动作用，被作用者按照作用者的这种作用而行动，并达到系统的预定目标。因此，控制具有一定的目的性，为达成某种或某些目标而实施；控制是为了达到某个或某些目的而进行的过程，且是一种动态过程，是被作用者的活动依循既定的目标前进的过程，其本身是一种手段而非一种目的；控制不是某个事件或某种状况，而是散布在目标实施过程中的一连串行动；控制深受内部和外部环境的影响，环境影响控制目标的制定与实施；控制过程中每一个员工既是控制的主体又是控制的客体，既对其所负责的作业实施控制，又受到他人的控制和监督；所有的控制都应是针对"人"而设立和实施的，项目实施过程中应因此而形成一种控制精神和控制观念，以达到最佳的控制效率和效果。

在管理学中，控制通常是指管理人员按计划标准来衡量所取得的成果，纠正所发生的偏差，以保证计划目标得以实现的管理活动。

## 二、监理目标控制的流程和基本环节

### 1. 流程

控制流程如图 5-1 所示。

控制是在事先制订的计划基础上进行的，将计划所需的人力、材料、设备、机具、方法等资源和信息进行投入，于是计划开始运行、工程开始实施。随着工程的实施和计划的运行，不断输出实际的工程状况和实际的造价、进度和质量目标，控制人员要收集工程实际情况和目标值，以及其他有关的工程信息，将它们进行加工、整理、分类和综合，提出工程状态报告。控制部门根据工程状态报告将项目实际的造价、

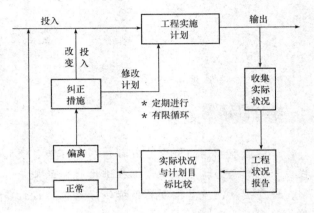

图 5-1　控制流程

进度、质量目标状况与相应的计划目标进行比较，确定实际目标是否偏离了计划目标。如果未偏离，就按原计划继续运行；反之，就需要采取纠正措施，或改变投入，或修改计划，或采取其他纠正措施，使计划呈现一种新状态，使工程能够在新的计划状态下进行。这就是动态控制原理。上述控制程序是一个不断循环的过程，一个工程项目目标控制的全过程就是由这样的一个个循环过程组成的。循环控制要持续到项目建成动用，贯彻项目的整个建设过程。

对于工程建设目标控制系统来说，由于收集实际数据、偏差分析、制定纠偏措施都主要由目标控制人员来完成，都需要一定的时间，这些工作不可能同时进行并在瞬间内完成，因而其控制实际上就表现为周期性的循环过程。通常，在建设工程监理的实践中，造价控制、进度控制和常规质量控制问题的控制周期按周或月计，而严重的工程质量问题和事故则需要及时加以控制。

另外，由于系统本身的状态和外部环境是不断变化的，相应地也就要求控制工作随之变化。目标控制人员对工程建设本身的技术经济规律、目标控制工作规律的认识也是不断变化的，他们的目标控制能力和水平也是在不断提高的。因而，即使在系统状态和环境变化不大的情况下，目标控制工作也可能发生较大的变化。这表明，目标控制也可能包含着对已采取的目标控制措施的调整或控制。

### 2. 基本环节

每一个控制过程都要经过投入、转换、反馈、对比、纠正等基本步骤。因此，做好投入、转换、反馈、对比、纠正等各项工作就成了控制过程的基本环节工作，如图 5-2 所示。

（1）投入。控制过程首先从投入开始。一项

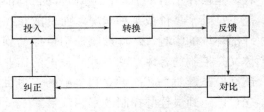

图 5-2　控制过程的基本环节

计划能否顺利实现，基本条件就是能否按计划所要求的人力、财力、物力进行投入。计划确定的资源数量、质量和投入的时间是保证计划顺利实施的基本条件，也是实现计划目标的基本保障。因此，要使计划能够正常实施并达到预计目标，就应当保证能够将质量、数量符合计划要求的资源按规定时间和地点投入到工程建设中。在质量控制中，投入的原材料、成品、半成品的质量对工程的最终质量起着决定作用，因此，监理工程师必须把握住对"投入"的控制。

(2)转换。转换主要是指工程项目由投入到产出的过程，也就是工程建设目标实现的过程。在转换过程中，计划的运行在一定的时期内会受到来自外部环境和内部系统等多种因素的干扰，造成实际工程情况偏离计划的要求。这类干扰往往是潜在的，是在制订计划时未被人们所预料或人们根本无法预料的。同时，由于计划本身不可避免地存在着缺陷，因而造成期望输出与实际输出之间发生偏离，如进度计划在实施的过程中，可能由于原材料的供应不足，或者由于气候的变化而发生工程延期等各种问题。

为了做好"转换"过程的控制工作，监理工程师应跟踪了解工程进展情况，掌握工程转换过程的第一手资料，为今后分析偏差原因、确定纠正措施收集和提供原始依据。同时，采取"即时控制"措施，发现偏离，及时纠偏，解决问题于萌芽状态。

(3)反馈。即使是一项制订得相当完善的计划，其运行结果也未必与计划一致。因为在计划实施过程中，实际情况的变化是绝对的，不变是相对的，每个变化都会对目标和计划的实现带来一定的影响。所以，控制部门和控制人员需要全面、及时、准确地了解计划的执行情况及其结果，而这就需要通过反馈信息来实现。反馈的信息包括项目实施过程中已发生的工程状况、环境变化等信息，还包括对未来工程的预测信息。要确定各种信息流通渠道，建立功能完善的信息系统，保证反馈的信息真实、完整、正确和及时。

信息反馈的方式可以分为正式和非正式信息反馈两种，在控制过程中两者都需要。正式信息反馈是指书面的工程状况报告的一类信息，它是控制过程中应当采用的主要反馈方式；非正式信息反馈主要指口头方式的信息反馈，对其也应当给予足够的重视。另外，还应使非正式信息反馈转化为正式信息反馈。

(4)对比。对比是指将得到的反馈信息与计划所期望的状况相比较，它是控制过程的重要特征。控制的核心是找出差距并采取纠正措施，使工程得以在计划的轨道上进行。对比是将实际目标值与计划目标值进行比较，以确定是否产生偏差及偏差的大小。进行对比工作，首先是确定实际目标值。这是在各种反馈信息的基础上进行分析、综合，形成与计划目标相对应的目标值。然后将这些目标值与衡量标准（计划目标值）进行对比，判断偏差，如果存在偏差，还要进一步判断偏差的程度大小，同时，还要分析产生偏差的原因，以便找到消除偏差的措施。在对比工作中，应注意以下几点：

1)明确目标实际值与计划值的内涵。目标的实际值与计划值是两个相对的概念。随着工程建设实施过程的进展，其实施计划和目标一般都将逐渐深化、细化，往往还要做适当的调整。从目标形成的时间来看，在前者为计划值，在后者为实际值。

2)合理选择比较的对象。在实际工作中，最为常见的是相邻两种目标值之间的比较。在我国许多工程建设中，业主往往以批准的设计概算作为造价控制的总目标。这时，合同价与设计概算、结算价与设计概算的比较也是必要的。另外，结算价以外的各种造价值之间的比较都是一次性的，而结算价与合同价（或设计概算）的比较则是经常性的，一般是定期(如每月)比较。

3)建立目标实际值与计划值之间的对应关系。工程建设的各项目标都要进行适当分解。通常，目标的计划值分解较粗，目标的实际值分解较细。因此，为了保证能够切实地进行目标实际值与计划值的比较，并通过比较发现问题，必须建立目标实际值与计划值之间的对应关系。这就要求目标的分解深度、细度可以不同，但分解的原则、方法必须相同，从而可以在较粗的层次上进行目标实际值与计划值的比较。

4)确定衡量目标偏离的标准。要正确判断某一目标是否发生偏差，就要预先确定衡量目标偏离的标准。例如，某工程建设的某项工作的实际进度比计划要求拖延了一段时间，如果这项工作是关键工作，或者虽然不是关键工作，但该项工作拖延的时间超过了它的总时差，则应当判断为发生偏差，即实际进度偏离计划进度；反之，如果该项工作不是关键工作，且其拖延的时间未超过总时差，则虽然该项工作本身偏离计划进度，但从整个工程的角度来看，则实际进度并未偏离计划进度。

（5）纠正。即纠正偏差，根据偏差的大小和产生偏差的原因，有针对性地采取措施来纠正偏差。如果偏差较小，通常可采用比较简单的措施纠正；如果偏差较大，则需改变局部计划才能使计划目标得以实现。如果已经确认原计划不能实现，就要重新确定目标，制订新计划，然后在新计划下进行。

需要特别说明的是，只要目标的实际值与计划值有差异，就发生了偏差。但是，对于工程建设目标控制来说，纠正一般是针对正偏差（实际值大于计划值）而言，如造价增加、工期拖延；而如果出现负偏差，如造价节约、工期提前，并不采取"纠正"措施，可通过故意增加造价、放慢进度，使造价和进度恢复到计划状态。但是，对于负偏差的情况，要仔细分析其原因，排除假象。对于确实是通过积极而有效的目标控制方法和措施而产生负偏差效果的情况，应认真总结经验，扩大其应用范围，更好地发挥其在目标控制中的作用。

投入、转换、反馈、对比和纠正工作构成一个循环链，缺少某一工作环节，循环就不健全。同时，某一工作做得不够，也会影响后续工作和整个控制过程。可见，要做好控制工作，必须重视此循环链中的每一项工作。

### 三、监理目标控制的类型

监理目标控制的类型可以按照不同的方法来划分。按照被控系统全过程的不同阶段，控制可划分为事前控制、事中控制和事后控制；按照控制信息的来源，可分为前馈控制和反馈控制；按照控制过程是否形成闭合回路，可分为开环控制和闭环控制；按照控制措施制定的出发点，可分为主动控制与被动控制。控制类型的划分是人为的（主观的），是根据不同的分析目的而选择的，而控制措施本身是客观的。因此，同一控制措施可以表述为不同的控制类型，或者说，不同划分依据的不同控制类型之间存在着内在的同一性。

#### 1. 主动控制

所谓主动控制就是预先分析目标偏离的可能性，并拟订和采取各项预防性措施，以使计划目标得以实现。

主动控制是一种面对未来的控制。它可以解决传统控制过程中存在的时滞影响，尽最大可能改变偏差已经成为事实的尴尬局面，从而使控制更为有效。主动控制是一种前馈式控制。当它根据已掌握的可靠信息，经过分析预测得出偏离的结论后，就将防偏措施向系统输入，以使系统避免或减少目标的偏离。主动控制是一种事前控制，它必须在事情发生之前采取控制措施。

主动控制的措施包括以下几个方面：

(1)详细调查并分析研究外部环境条件，以确定影响计划目标实现与计划运行的各种有利和不利因素，并将它们考虑到计划和其他管理工作当中。

(2)识别风险，努力将各种影响目标实现和计划执行的潜在因素揭示出来，为风险分析和管理提供依据，并在计划实施过程中做好风险管理工作。

(3)用科学的方法制订计划。做好计划的可行性分析工作，消除各种不可行的因素、错误和缺陷，保障工程的实施能够有足够的时间、空间、人力、物力和财力，并在此基础上力求使计划优化。计划制订得越明确、完善，就越能使控制产生更好的效果。

(4)高质量地做好组织工作。使组织与目标和计划高度一致，将目标控制的任务与管理职能落实到适当的机构和人员，做到职权与职责明确，使全体成员能够通力协作为实现目标而努力。

(5)制订必要的备用方案。一旦发生情况，则有应急措施做保障，从而可以减少偏离量或避免发生偏离。

(6)计划应有适当的松弛度。这样，可以避免那些经常发生又不可避免的干扰对计划的不断影响，减少"例外"情况产生的数量，使管理人员处于主动地位。

(7)沟通信息流通渠道，加强信息收集、整理和研究工作，为预测工程未来发展状况提供全面、及时、准确的信息。

当然，即使采取了主动控制，仍需要衡量最终输出。因为再完美无缺的计划在执行落实时都会受到干扰。干扰是绝对的，没有干扰是相对的。在输出结果出现偏差后，就不可避免地要采取被动控制措施。

2. 被动控制

被动控制是指当系统按计划进行时，管理人员对计划的实施进行跟踪，将它输出的工程信息经过加工、管理，传递给控制部门，使控制人员可以从中发现问题，找出偏差，寻求并确定解决问题和纠正偏差的方案，然后回送给计划实施系统付诸实施，使得计划目标出现偏离就能得以纠正。这种从计划的实际输出中发现偏差、及时纠正的控制方式称为被动控制。

被动控制是一种事中控制和事后控制。它是在计划实施过程中对已经出现的偏差采取控制措施。它虽然不能降低目标偏离的可能性，但可以降低目标偏离的严重程度，并将偏差控制在尽可能小的范围内。

被动控制是一种反馈控制(图5-3)。它是根据本工程实施情况(即反馈信息)的综合分析结果进行的控制，其控制效果在很大程度上取决于反馈信息的全面性、及时性和可靠性。

被动控制是一种闭环控制(图5-4)。闭环控制即循环控制，也就是说，被动控制表现为一个循环过程：发现偏差，分析产生偏差的原因，研究制定纠偏措施并预计纠偏措施的成效，落实并实施纠偏措施，产生实际成效，收集实际实施情况，对实施的实际效果进行评价，将实际效果与预期效果进行比较，发现偏差等，直至整个工程建成。

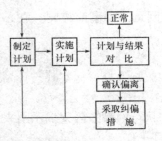

图 5-3　被动控制的反馈过程图

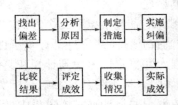

图 5-4　被动控制的闭合回路

对监理工程师来讲，被动控制仍然是一种积极的控制，也是十分重要的控制方式，而且是经常运用的控制形式。

由以上分析可知，被动控制是根据系统的输出来调节系统的再输入和输出，即根据过去的操作情况，去调整未来的行为。这种特点，一方面决定了它在监理控制中具有普遍的应用价值；另一方面也决定了它自身的局限性。这个局限性首先表现在反馈信息的检测、传输和转换过程中存在着不同程度的"时滞"，即时间延迟。这种时滞表现在三个方面：一是当系统运行出现偏差时，检测系统常常不能及时发现，而等到问题明显严重时，才能引起注意；二是对反馈信息的分析、处理和传输，常常需要大量的时间；三是在采取了纠正措施，即系统输入发生变化后，其输出并不立即改变，常常需要等待一段时间才引起变化。

反馈信息传输、转换过程中的时滞，引起的直接后果就是使系统产生振荡，或使控制过程出现波动。有时输出刚达到标准值时，输入的变化又使其摆过头，而使输出难以稳定在标准值上。

即使在比较简单的控制过程中，要查明产生偏差的原因也往往要花费很多时间，而把纠正措施付诸实施则要花费更多的时间。对于工程建设这样的复杂过程更是如此。有效的实时信息系统可以最大限度地减少反馈信息的时滞。

其次，由于被动控制（指负反馈）是通过不断纠正偏差来实现的，而这种偏差对控制工作来说则是一种损失。例如，工程进度产生较大延误，要采取加大人、财、物的投入，或者就要影响项目竣工使用。可以说，在监理过程中的被动控制总是以某种程度上的损失为代价的。

另外，要实现主动（前馈）控制也是相当复杂的工作，因为要准确地预测到系统每一变量的预期变化，并不是一件容易的事。某些难以预测的干扰因素的存在，也常常给主动控制带来困难。但这些并不意味着主动控制是不可能实现的。在实际工作中，重要的是准确地预测决定系统输出的基本的和主要的变量或因素，并使这些变量及其相互关系模型化和计算机化。

至于一些次要的变量和某些干扰变量，不可能全部被预测到。对于这些不易预测的变量，可以在主动控制的同时辅以被动控制不断予以消除，这就是要将主动控制与被动控制结合起来。

实际上，主动控制和被动控制对于有效的控制而言都是必要的，两者目标一致，相辅相成，缺一不可。控制过程就是这两种控制的结合，是两者的辩证统一。主动控制和被动控制的关系如图 5-5 所示。

实际上，所谓主动控制与被动控制相结合也就是要求监理工程师在进行目标控制的过程中，既要实施主动控制又要实施被动控制，既要根据实际输出的工程信息又要根据预测的工程信息实施控制。以主动控制预防潜在偏差的发生和以被动控制纠正实际偏差的措施，来确保计划取得成功。要做到主动控制与被动控制相结合，关键在于处理好两个方面的问题：一是要扩大信息来源，即不仅要从本工程获得实施情况的信息，而且要从外部环境获得有关信息，包括已建同类工程的有关信息，

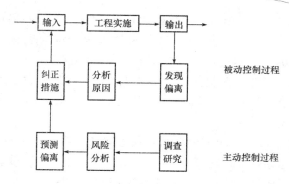

**图 5-5 主动控制与被动控制的关系**

注：图中"纠正措施"包括主动控制采取的
纠正措施和被动控制采取的纠正措施。

这样才能对风险因素进行定量分析，使纠正措施有针对性；二是要把握好输入这个环节，即要输入两类纠正措施，不仅有纠正已经发生的偏差的措施，而且有预防和纠正可能发生偏差的措施，这样才能取得较好的控制效果。

## 四、监理目标控制系统

目标是指想要达到的境地或标准。对于长远的总体目标，多指理想性的境地；对于具体的目标，多指数量描述的指标或标准。

工程项目目标一般都是在有关合同中明确的。工程项目管理的参与者来自建设方、承包方、监理方等单位。不同的单位在工程项目管理中的主要目标是一致的，但因不同的利益主体关系，各自在目标管理中的角度及程度又有一定的区别。

对于建设单位，工程项目的目标体系主要体现为造价、进度、质量三大目标，这三大目标是一个相互联系的整体，它们构成了工程项目的目标系统。

### (一)工程建设目标的确定

三大目标是不可分割的系统，目标控制应着眼于整个项目目标系统的实现，监理人员必须妥善处理项目质量、进度、投资三大目标之间的关系。在进行目标控制时，应按照监理合同的要求，控制承包单位"快""好""省"地开展施工。

项目监理机构在制定监理工作目标时要注意以下事项：

(1)进行工程项目目标规划时，总监理工程师要注意统筹兼顾，协调各专业监理工程师合理确定投资、进度、质量三大目标的标准。监理工程师要在需求与目标之间、三大目标之间反复衡量，找准它们之间的最佳均衡点，力求做到需求与目标之间、三大目标之间的辩证统一。

与控制的动态性相一致，在整个项目的运行过程中，目标规划也处于动态变化之中。因此，在控制实施行为尽可能使之与目标计划相一致的前提下，要随变化了的内部情况和外部环境适当调整目标规划。每一次调整，都是目标之间的新的均衡与统一。

(2)要以实现项目目标系统作为衡量目标控制效果的标准，针对整个目标系统实施控制，绝不能因盲目追求单一目标而冲击或干扰其他目标。为了落实项目的总目标，首先要对总目标进行分解，但目标的分解应当满足目标控制的全面性要求和实现过程的系统性要

求。通过项目监理机构的有机运作，将分目标统一于总目标中。

（3）追求目标系统的整体效果，综合运用各种目标控制的措施，使各目标之间做到互补。实现目标控制必须综合运用技术、经济、合同、组织四种措施，每一种措施的运用都会对目标的实现产生影响。如施工中改进施工工艺，不但有利于提高施工的质量、加快施工进度，而且可能带来投资的节省。同样，加强对施工的管理也会带来同样的效果。

（4）对不同的项目，在不同的时期，目标的重要性也是不同的。对某个项目来说，在特定条件下可能某一个目标（如进度目标）是最重要的。因此，总监理工程师要能够辩证地对待监理工作，在工作中要抓住主要矛盾和矛盾的主要方面。

**（二）工程建设目标的分解**

为了在工程建设实施过程中有效地进行目标控制，仅有总目标还不够，还需要将总目标进行适当分解。

工程建设目标分解应遵循以下几个原则：

（1）能分能合。这要求工程建设的总目标能够自上而下逐层分解，也能够根据需要自下而上逐层综合。这一原则实际上是要求目标分解要有明确的依据并采用适当的方式，避免目标分解的随意性。

（2）按工程部位分解，而不按工种分解。这是因为建设工程的建造过程也是工程实体的形成过程，这样分解比较直观，而且可以将投资、进度、质量三大目标联系起来，也便于对偏差原因进行分析。

（3）区别对待，有粗有细。根据工程建设目标的具体内容、作用和所具备的数据，目标分解的粗细程度应当有所区别。

（4）有可靠的数据来源。目标分解本身不是目的而是手段，是为目标控制服务的。目标分解的结果是形成不同层次的分目标，这些分目标就成为各级目标控制组织机构和人员进行目标控制的依据。如果数据来源不可靠，分目标就不可靠，就不能作为目标控制的依据。因此，目标分解所达到的深度应当以能够取得可靠的数据为原则，并非越深越好。

（5）目标分解结构与组织分解结构相对应。如前所述，目标控制必须有组织加以保障，要落实到具体的机构和人员，因而，就存在一定的目标控制组织分解结构。只有使目标分解结构与组织分解结构相对应，才能进行有效的目标控制。当然，一般来说，目标分解结构较细、层次较多，而组织分解结构较粗、层次较少，目标分解结构在较粗的层次上应当与组织分解结构一致。

**（三）工程建设目标的任务和措施**

1. 工程建设目标的任务

（1）建设工程质量控制任务。建设工程质量控制，就是通过采取有效措施，在满足工程造价和进度要求的前提下，实现预定的工程质量目标。

项目监理机构在建设工程施工阶段质量控制的主要任务是通过对施工投入、施工和安装过程、施工产出品（分项工程、分部工程、单位工程、单项工程等）进行全过程控制，以及对施工单位与其人员的资格、材料和设备、施工机械和机具、施工方案和方法、施工环境实施全面控制，以期按标准实现预定的施工质量目标。

为完成施工阶段质量控制任务，项目监理机构需要做好以下工作：协助建设单位做好施工现场准备工作，为施工单位提交合格的施工现场；审查确认施工总包单位及分包单位资格；检查工程材料、构配件、设备质量；检查施工机械和机具质量；审查施工组织设计和施工方案；检查施工单位的现场质量管理体系和管理环境；控制施工工艺过程质量；验收分部分项工程和隐蔽工程；处置工程质量问题、质量缺陷；协助处理工程质量事故；审核工程竣工图，组织工程预验收；参加工程竣工验收等。

（2）建设工程造价控制任务。建设工程造价控制，就是通过采取有效措施，在满足工程质量和进度要求的前提下，力求使工程实际造价不超过预定造价目标。

项目监理机构在建设工程施工阶段造价控制的主要任务是通过工程计量、工程付款控制、工程变更费用控制、预防并处理好费用索赔、挖掘降低工程造价潜力等，使工程实际费用支出不超过计划投资。

为完成施工阶段造价控制任务，项目监理机构需要做好以下工作：协助建设单位制定施工阶段资金使用计划，严格进行工程计量和付款控制，做到不多付、不少付、不重复付；严格控制工程变更，力求减少工程变更费用；研究确定预防费用索赔的措施，以避免、减少施工索赔；及时处理施工索赔，并协助建设单位进行反索赔；协助建设单位按期提交合格施工现场，保质、保量、适时、适地提供由建设单位负责提供的工程材料和设备；审核施工单位提交的工程结算文件等。

（3）建设工程进度控制任务。建设工程进度控制，就是通过采取有效措施，在满足工程质量和造价要求的前提下，力求使工程实际工期不超过计划工期目标。

项目监理机构在建设工程施工阶段进度控制的主要任务是通过完善建设工程控制性进度计划、审查施工单位提交的进度计划、做好施工进度动态控制工作、协调各相关单位之间的关系、预防并处理好工期索赔，力求实际施工进度满足计划施工进度的要求。

为完成施工阶段进度控制任务，项目监理机构需要做好以下工作：完善建设工程控制性进度计划；审查施工单位提交的施工进度计划；协助建设单位编制和实施由建设单位负责供应的材料和设备供应进度计划；组织进度协调会议，协调有关各方关系；跟踪检查实际施工进度；研究制定预防工期索赔的措施，做好工程延期审批工作等。

2. 工程建设目标的措施

为了有效地控制建设工程项目目标，应从组织、技术、经济、合同等多方面采取措施。

（1）组织措施。组织措施是其他各类措施的前提和保障，包括：建立健全实施动态控制的组织机构、规章制度和人员，明确各级目标控制人员的任务和职责分工，改善建设工程目标控制的工作流程；建立建设工程目标控制工作考评机制，加强各单位（部门）之间的沟通协作；加强动态控制过程中的激励措施，调动和发挥员工实现建设工程目标的积极性和创造性等。

（2）技术措施。为了对建设工程目标实施有效控制，需要对多个可能的建设方案、施工方案等进行技术可行性分析。为此，需要对各种技术数据进行审核、比较，以及对施工组织设计、施工方案等进行审查、论证等。另外，在整个建设工程实施过程中，还需要采用工程网络计划技术、信息化技术等实施动态控制。

(3)经济措施。无论是对建设工程造价目标实施控制，还是对建设工程质量、进度目标实施控制，都离不开经济措施。经济措施不仅仅是审核工程量、工程款支付申请及工程结算报告，还需要编制和实施资金使用计划，以及对工程变更方案进行技术经济分析等。而且通过投资偏差分析和未完工程投资预测，可发现一些可能引起未完工程投资增加的潜在问题，从而便于以主动控制为出发点，采取有效措施加以预防。

(4)合同措施。加强合同管理是控制建设工程目标的重要措施。建设工程总目标及分目标将反映在建设单位与工程参建主体所签订的合同之中。由此可见，通过选择合理的承发包模式和合同计价方式，选定满意的施工单位及材料设备供应单位，拟订完善的合同条款，并动态跟踪合同执行情况及处理好工程索赔等，是控制建设工程目标的重要合同措施。

### (四)工程建设目标的管理

目标管理是以被管理的活动目标为中心，通过将社会经济活动的任务转换为具体的目标以及目标的制定、实施和控制来实现社会经济活动的最终目的。根据目标管理的定义，项目目标管理的程序大体可划分为以下几个阶段：

(1)确立项目具体的任务及项目内各层次、各部门的任务分工。

(2)将项目的任务转换为具体的指标或目标。目标管理中，指标必须能够比较全面、真实地反映出项目任务的基本要求，并能够成为评价考核项目任务完成情况的最重要、最基本的依据。目标管理中的指标是用来具体落实评价考核项目任务的手段，所以必须能够比较全面、真实地反映出项目任务的主要内容。但指标又只能从某一侧面反映项目任务的主要内容，还不能代替项目任务本身，因此，还不能用目标管理代替其对项目任务的全面管理。除了要实现目标外，还必须全面地完成项目任务。指标是可以测定和计量的，这样才能为落实指标、考核指标提供可行的基础标准；指标必须在目标承担者的可控范围之内，这样才能保证目标能够真正执行并成为目标承担者的一种自我约束。

指标作为一种管理手段应该具有层次性、优先次序性以及系统性。层次性是指上一级指标一般都可分解为下一级的几处指标，下一级指标又可再分解为更多的下一级指标，以便把指标落实到最基层的管理主体。优先次序性是指项目的若干指标及各层次、各部门的若干指标都不是并列的，而是有着不同的重要程度，因而，在管理上应该首先确定各指标的重要程度并据之进行管理。系统性是指项目内各种指标的设置都不是孤立的，而是有机结合的一个体系及从各个方面全面地反映项目任务的基本要求。

目标是指标实现程度的标准，它反映在一定时期某一主体活动达到的指标水平。同样的指标体系，由于对其具体达到的水平要求不同就可构成不同的目标。对于企业来说，其目标水平应该是逐步提高的，但其基本指标可能长期保持不变。

(3)落实和执行项目所制定的目标。制定了项目各层次、各部门的目标后就要将它具体地落实，其中应主要做好如下工作：一要确定目标的责任主体，即谁要对目标的实现负责，是负主要责任还是一般责任；二要明确目标责任主体的权力、利益和责任；三要确定对目标责任主体进行检查、监督的上一级责任人和手段；四要落实实现目标的各种保证条件，如生产要素供应、专业职能的服务指导等。

(4)对目标的执行过程进行调控。首先，要监督目标的执行过程，从中找出需要加强控制的重要环节和偏差；其次，要分析目标出现偏差的原因并及时协调控制。对于按目标进行的主体活动，要进行各种形式的激励。

（5）对目标完成的结果进行评价。即要考查经济活动的实际效果与预定目标之间的差别，根据目标实现的程度进行相应的奖惩。一方面，要总结有助于目标实现的实际、有效的经验；另一方面，要找出还可以改进的方面，并据此确定新的目标水平。

**（五）工程建设三大目标之间的关系**

任何工程项目都应当具有明确的目标。监理工程师进行目标控制时应当把项目的工期目标、费用目标和质量目标视为一个整体来控制。因为它们相互联系、相互制约，是整个项目系统中的目标子系统。造价、进度、质量三大目标之间既存在矛盾的方面，又存在统一的方面，是一个矛盾的统一体，如图 5-6 所示。

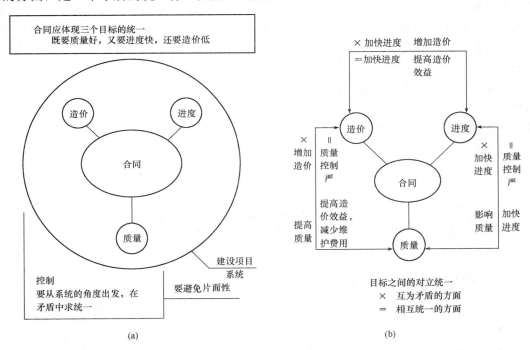

**图 5-6  工程项目造价、进度、质量三大目标的关系**

（a）要从系统的角度出发，在矛盾中求统一；（b）造价目标、进度目标和质量目标的关系

1. **工程建设三大目标之间的对立关系**

工程建设造价、进度、质量三大目标之间首先存在着矛盾和对立的一面。例如，通常情况下，如果建设单位对工程质量要求较高，那么就要投入较多的资金、花费较长的建设时间以实现这个质量目标。如果要抢时间、争速度地完成工程项目，将工期目标定得很高，那么在保证工程质量不受到影响的前提下，投资就要相应地提高；或者是在投资不变的情况下，适当降低对工程质量的要求。如果要降低投资、节约费用，那么势必要考虑降低项目的功能要求和质量标准。

以上分析表明，工程建设三大目标之间存在对立的关系。因此，不能奢望造价、进度、质量三大目标同时达到"最优"，即既要投资少，又要工期短，还要质量好。在确定工程建设目标时，不能将造价、进度、质量三大目标割裂开来，分别、孤立地分析和论证，更不能片面强调某一目标而忽略其对其他两个目标的不利影响，而必须将造价、进度、质量三大目标作为一个系统而统筹考虑，反复协调和平衡，力求实现整个目标系统达到最优。

2. 工程建设三大目标之间的统一关系

工程建设造价、进度、质量三大目标之间不仅存在着对立的一面，还存在着统一的一面。例如，在质量与功能要求不变的条件下，适当增加投资的数量，就为采取加快工程进度的措施提供了经济条件，就可以加快项目建设速度，缩短工期，使项目提前完工，投入使用，投资尽早收回，项目全寿命经济效益得到提高。适当提高项目功能和质量标准，虽然会造成一次性投资的提高和(或)工期的增加，但能够节约项目动用后的经常费和维修费，降低产品的后期成本，从而获得更好的投资经济效益。如果制定一个既可行又优化的项目进度计划，使工程能够连续、均衡地开展，则不但可以缩短工期，而且可能获得较好的质量和较低的费用。这一切都说明了工程项目造价、进度、质量三大目标关系之中存在着统一的一面。

在对工程建设三大目标对立统一关系进行分析时，同样需要将造价、进度、质量三大目标作为一个系统统筹考虑，同样需要反复协调和平衡，力求实现整个目标系统最优，也就是实现造价、进度、质量三大目标的统一。

# 第二节　建设工程投资控制

## 一、建设工程投资的概念

建设项目总投资是指投资主体为获取预期收益，在选定的建设项目上所需投入的全部资金。建设项目按用途，可分为生产性建设项目和非生产性建设项目。生产性建设项目总投资包括固定资产投资和流动资产投资两部分；非生产性建设项目总投资只包括固定资产投资，不含流动资产投资。建设项目总造价是指项目总投资中的固定资产投资总额。

固定资产投资是投资主体为达到预期收益的资金垫付行为。我国的固定资产投资包括基本建设投资、更新改造投资、房地产开发投资和其他固定资产投资四种。其中，基本建设投资是指利用国家预算内拨款、自筹资金、国内外基本建设贷款以及其他专项资金进行的，以扩大生产能力(或新增工程效益)为主要目的的新建、扩建工程及有关的工作量的资金投入行为。更新改造投资是通过以先进科学技术改造原有技术、以实现内涵扩大再生产为主的资金投入行为。房地产开发投资是房地产企业开发厂房、宾馆、写字楼、仓库和住宅等房屋设施和开发土地的资金投入行为。其他固定资产投资是指按规定不纳入投资计划和利用专项资金进行基本建设与更新改造的资金投入行为。

建设项目的固定资产投资也就是建设项目的工程造价，二者在量上是等同的。其中，建筑安装工程投资也就是建筑安装工程造价，二者在量上也是等同的。从这里也可以看出工程造价两种含义的同一性。

静态投资是以某一基准年、月的建设要素的价格为依据所计算出的建设项目投资的瞬时值。静态投资包括建筑安装工程费、设备和工器具购置费、工程建设其他费用、基本预备费，以及因工程量误差而引起的工程造价的增减等。

动态投资是指为完成一个工程项目的建设，预计投资需要量的总和。动态投资除包括静态投资外，还包括建设期贷款利息、有关税费、涨价预备费等。动态投资概念较为符合市场价格运行机制，使投资的估算、计划、控制更加符合实际。

静态投资和动态投资密切相关。动态投资包含静态投资，静态投资是动态投资最主要的组成部分，也是动态投资的计算基础。

## 二、建设工程投资的特点

建设工程投资的特点是由建设工程的特点决定的。

### (一)建设工程投资数额巨大

建设工程投资数额巨大，动辄上千万、数十亿。建设工程投资数额巨大的特点使它关系到国家、行业或地区的重大经济利益，对国计民生也会产生重大的影响。从这一点也说明了建设工程投资管理的重要意义。

### (二)建设工程投资差异明显

每个建设工程都有其特定的用途、功能、规模，每项工程的结构、空间分割、设备配置和内外装饰都有不同的要求，工程内容和实物形态都有其差异性。同样的工程处于不同的地区，在人工、材料、机械消耗上也有差异。所以，建设工程投资的差异十分明显。

### (三)建设工程投资需单独计算

每个建设工程都有专门的用途，所以，其结构、面积、造型和装饰也不尽相同。即使是用途相同的建设工程，其技术水平、建筑等级和建筑标准也有所差别。此外，建设工程还必须在结构、造型等方面适应工程所在地的气候、地质、水文等自然条件，这就使建设工程的实物形态千差万别。再加上不同地区构成投资费用的各种要素的差异，最终导致建设工程投资的千差万别。因此，建设工程只能通过特殊的程序(编制估算、概算、预算、合同价、结算价及最后确定竣工决算等)，就每项工程单独计算其投资。

### (四)建设工程投资确定依据复杂

建设工程投资的确定依据繁多，关系复杂，在不同的建设阶段有不同的确定依据，且互为基础和指导，互相影响。如预算定额是概算定额(指标)编制的基础，概算定额(指标)又是估算指标编制的基础；反过来，估算指标又控制概算定额(指标)的水平，概算定额(指标)又控制预算定额的水平；间接费定额以直接费定额为基础，二者共同构成了建设工程投资的内容等，都说明了建设工程投资的确定依据复杂的特点。

### (五)建设工程投资确定层次繁多

凡是按照一个总体设计进行建设的各个单项工程汇集的总体为一个建设项目。在建设项目中凡是具有独立的设计文件、竣工后可以独立发挥生产能力或工程效益的工程为单项工程，也可将它理解为具有独立存在意义的完整的工程项目。各单项工程又可分解为各个能独立施工的单位工程。考虑到组成单位工程的各部分是由不同工人用不同工具和材料完成的，又可以将单位工程进一步分解为分部工程。然后，还可以按照不同的施工方法、构造及规格，将分部工程更细致地分解为分项工程。需分别计算分部分项工程投资、单位工程投资、单项工程投资，最后才形成建设工程投资。可见建设工程投资的确定层次繁多。

### (六)建设工程投资需动态跟踪调整

每个建设工程从立项到竣工都有一个较长的建设期，在此期间都会出现一些不可预料的变化因素对建设工程投资产生影响。如工程设计变更，设备、材料、人工价格变化，国家利率、汇率调整，因不可抗力出现或因承包方、发包方原因造成的索赔事件出现等，必然会引起建设工程投资的变动。所以，建设工程投资在整个建设期内都属于不确定的，须随时进行动态跟踪、调整，直至竣工决算后才能真正形成建设工程投资。

## 三、建设工程投资控制的目标

控制是为确保目标的实现而服务的，一个系统若没有目标，就不需要也无法进行控制。目标的设置应是很严肃的，应有科学的依据。

工程项目建设过程是一个周期长、投入大的生产过程，建设者在一定时间内占有的经验知识是有限的，不但常常受到科学条件和技术条件的限制，而且也受到客观过程的发展及其表现程度的限制，因而不可能在工程建设伊始就设置一个科学的、一成不变的投资控制目标，而只能设置一个大致的投资控制目标，这就是投资估算。随着工程建设实践、认识、再实践、再认识，投资控制目标一步步清晰、准确，这就是设计概算、施工图预算、承包合同价等。也就是说，投资控制目标的设置应是随着工程建设实践的不断深入而分阶段设置。具体来讲，投资估算应是建设工程设计方案选择和进行初步设计的投资控制目标；设计概算应是进行技术设计和施工图设计的投资控制目标；施工图预算或建安工程承包合同价则应是施工阶段投资控制的目标。有机联系的各个阶段目标相互制约、相互补充，前者控制后者，后者补充前者，共同组成建设工程投资控制的目标系统。

目标要既有先进性又有实现的可能性，目标水平要能激发执行者的进取心和充分发挥他们的工作能力，挖掘他们的潜力。若目标水平太低，如对建设工程投资高估冒算，则对建造者缺乏激励性，建造者也没有发挥潜力的余地，目标形同虚设；若水平太高，如在建设工程立项时投资就留有缺口，建造者一再努力也无法达到，则可能产生灰心情绪，使工程投资控制成为一纸空文。

## 四、建设工程设计阶段的投资控制

(1)设计概算的编制与审查。

1)设计概算的内容。设计概算是初步设计概算的简称，是指在初步设计或扩大初步设计阶段，由设计单位根据初步设计图纸、定额、指标、其他工程费用定额等，对工程投资进行的概略计算。这是初步设计文件的重要组成部分，是确定工程设计阶段投资的依据，经过批准的设计概算是控制工程建设投资的最高限额。

设计概算可分为三级概算，即单位工程概算、单项工程综合概算、工程建设总概算。其编制内容及相互关系如图 5-7 所示。

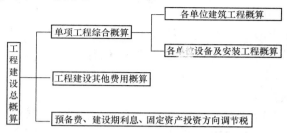

图 5-7　设计概算的编制内容及相互关系

2) 设计概算编制的依据。

①经批准的建设项目计划任务书。计划任务书由国家或地方基建主管部门批准，其内容随建设项目的性质而异。一般包括建设目的、建设规模、建设理由、建设布局、建设内容、建设进度、建设投资、产品方案和原材料来源等。

②初步设计或扩大初步设计的图纸和说明书。有了初步设计图纸和说明书，才能了解其设计内容和要求，并计算主要工程量，这些是编制设计概算的基础资料。

③概算指标、概算定额或综合预算定额。这三项指标是由国家或地方基建主管部门颁发的，是计算价格的依据，不足部分可参照预算定额或其他有关资料。

④设备价格资料。各种定型设备如各种用途的泵、空压机、蒸汽锅炉等，均按国家有关部门规定的现行产品出厂价格计算；非标准设备按非标准设备制造厂的报价计算。另外，还应增加供销部门的手续费、包装费、运输费及采购包管等费用。

⑤地区工资标准和材料预算价格。

⑥有关取费标准和费用定额。

3) 设计概算审查的步骤。设计概算审查是一项复杂而细致的技术经济工作，审查人员既应懂得有关专业技术知识，又应具有熟练编制概算的能力，通常可按以下步骤进行：

①概算审查的准备。概算审查的准备工作包括：了解设计概算的内容组成、编制依据和方法；了解建设规模、设计能力和工艺流程；熟悉设计图纸和说明书；掌握概算费用的构成和有关技术经济指标；明确概算各种表格的内涵；收集概算定额、概算指标、取费标准等有关规定的文件资料等。

②进行概算审查。根据审查的主要内容，分别对设计概算的编制依据、单位工程设计概算、综合概算、总概算进行逐级审查。

③进行技术经济对比分析。利用规定的概算定额或指标及有关技术经济指标与设计概算进行分析对比，根据设计和概算列明的工程性质、结构类型、建设条件、费用构成、投资比例、占地面积、生产规模、设备数量、造价指标、劳动定员等与国内外同类型工程规模进行对比分析，从大的方面找出与同类型工程的距离，为审查提供线索。

④研究、定案、调整概算。对概算审查中出现的问题要在对比分析、找出差距的基础上深入现场，进行实际调查研究，了解设计是否经济合理，概算编制依据是否符合现行规定和施工现场实际情况，有无扩大规模、多估投资或预留缺口等情况，并及时核实概算投资。对于当地没有同类型的项目而不能进行对比分析时，可对国内同类型企业进行调查，

收集资料，作为审查的参考。经过会审决定的定案问题应及时调整概算，并经原批准单位下发文件。

4)设计概算审查的内容。

①审查设计概算的编制依据。包括国家综合部门的文件，国务院主管部门和各省、市、自治区根据国家规定或授权制定的各种规定与办法，以及建设项目的设计文件等重点审查。

②审查概算编制深度。

③审查建设规模、标准。审查概算的投资规模、生产能力、设计标准、建设用地、建筑面积、主要设备、配套工程、设计定员等是否符合原批准可行性研究报告或立项批文的标准。如概算总投资超过原批准投资估算的10%以上，则应进一步审查超估算的原因。

④审查设备规格、数量和配置。工业建设项目设备投资比重大，一般占总投资的30%~50%，要认真审查。审查所选用的设备规格、台数是否与生产规模一致；材质、自动化程度有无提高标准；引进设备是否配套、合理，备用设备台数是否适当；消防、环保设备是否计算等。还要重点审查价格是否合理、是否符合有关规定，如国产设备应按当时询价资料或有关部门发布的出厂价、信息价，引进设备应依据询价或合同价编制概算。

⑤审查工程费。建筑安装工程投资是随工程量增加而增加的，要认真审查，要根据初步设计图纸、概算定额及工程量计算规则、专业设备材料表、建构筑物和总图运输一览表进行审查，有无多算、重算和漏算。

⑥审查计价指标。审查建筑工程采用工程所在地区的计价定额、费用定额、价格指数和有关人工、材料、机械台班单价是否符合现行规定；审查安装工程所采用的专业部门或地区定额是否符合工程所在地区的市场价格水平；审查概算指标调整系数、主材价格、人工、机械台班和辅材调整系数是否按当地最新规定执行；审查引进设备安装费率或计取标准、部分行业的专业设备安装费费率是否按有关规定计算等。

(2)施工图预算的编制与审查。

1)施工图预算的内容。施工图预算是在设计的施工图完成以后，以施工图为依据，根据预算定额、费用标准及工程所在地区的人工、材料、施工机械设备台班的预算价格编制的，是确定建筑工程、安装工程预算造价的文件。

2)施工图预算的编制依据。

①各专业设计施工图和文字说明、工程地质勘察资料。

②当地和主管部门颁布的现行建筑工程和专业安装工程预算定额(基础定额)、单位估价表、地区资料、构配件预算价格(或市场价格)、间接费用定额和有关费用规定等文件。

③现行的有关设备原价(出厂价或市场价)及运杂费费率。

④现行的有关其他费用定额、指标和价格。

⑤建设场地中的自然条件和施工条件，并据以确定的施工方案或施工组织设计。

3)施工图审查的步骤。

①做好审查前的准备工作。

②选择合适的审查方法，按相应内容审查。由于工程规模、繁简程度不同，施工企业情况也不同，所编工程预算的繁简程度和质量也不同，因此需针对情况选择相应的审查方

法进行审核。

③综合整理审查资料，编制调整预算。经过审查，如发现有差错，需要进行增加或核减的，经与编制单位逐项核实，统一意见后，修正原施工图预算，汇总核减量。

4)施工图审查的方法。

①逐项审查法。逐项审查法又称全面审查法，即按定额顺序或施工顺序，对各分项工程中的工程细目逐项全面详细审查的一种方法。其优点是全面、细致，审查质量高、效果好；缺点是工作量大，时间较长。这种方法适用于一些工程量较小、工艺较简单的工程。

②标准预算审查法。标准预算审查法就是对利用标准设计图纸或通用图纸施工的工程，先集中力量编制标准预算，以此为准来审查工程预算的一种方法。按标准设计图纸或通用图纸施工的工程，一般上部结构和做法相同，只是根据现场施工条件或地质情况不同，对基础部分做局部调整。凡是这样的工程，以标准预算为准，对局部修改部分单独审查即可，无须逐一详细审查。该方法的优点是时间短、效果好、易定案；缺点是适用范围小，仅适用于采用标准设计图纸的工程。

③分组计算审查法。分组计算审查法就是将预算中有关项目按类别划分若干组，利用同组中的一组数据审查分项工程量的一种方法。这种方法首先将若干分部分项工程按相邻且有一定内在联系的项目进行编组，利用同组分项工程间具有相同或相近计算基数的关系，审查一个分项工程的数量，由此判断同组中其他几个分项工程的准确程度。该方法的特点是审查速度快、工作量小。

④对比审查法。对比审查法是指当工程条件相同时，用已完工程的预算或未完但已经过审查修正的工程预算对比审查拟建工程的同类工程预算的一种方法。

⑤筛选审查法。筛选审查法是能较快发现问题的一种方法。建筑工程虽然面积和高度不同，但其各分部分项工程的单位建筑面积指标变化却不大。将这样的分部分项工程加以汇集、优选，找出其单位建筑面积工程量、单价、用工的基本数值，归纳为工程量、价格和用工三个单方基本指标，并注明各基本指标的适用范围。这些基本指标用来筛分各分部分项工程，对不符合条件的应详细审查。若审查对象的预算标准与基本指标的标准不符，就应对其进行调整。"筛选法"的优点是简单易懂，便于掌握，审查速度快，便于发现问题。但问题出现的原因还需继续审查。该方法适用于审查住宅工程或不具备全面审查条件的工程。

⑥重点审查法。重点审查法就是抓住工程预算中的重点进行审核的方法。审查的重点一般是工程量大或者造价较高的各种工程、补充定额、计取的各项费用(计取基础、取费标准)等。重点审查法的优点是突出重点、审查时间短、效果好。

## 五、建设工程施工阶段的投资控制

### (一)施工阶段投资控制的工作流程

建设工程施工阶段涉及的面很广，涉及的人员很多，与投资控制有关的工作也很多，不能逐一加以说明，只能对实际情况适当加以简化。实施阶段投资控制的工作流程如图 5-8 所示。

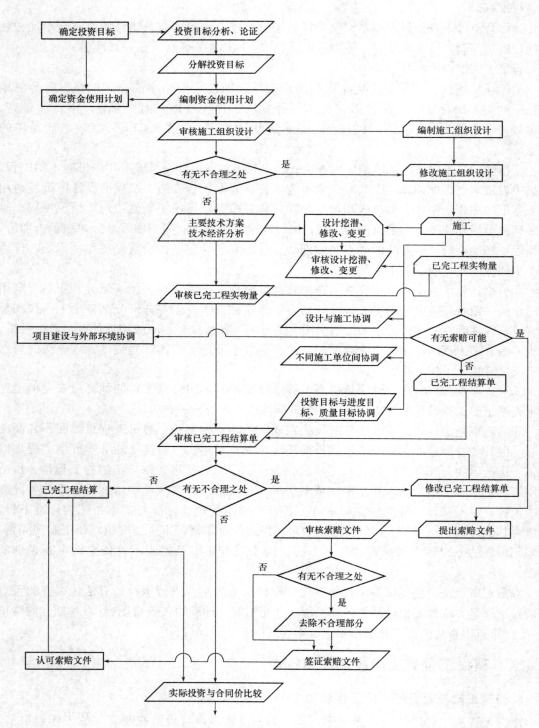

**图 5-8　施工阶段投资控制的工作程序**

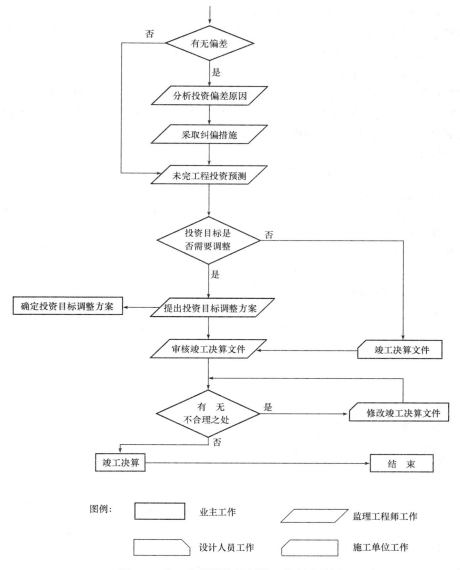

图例：

| 图形 | 说明 | 图形 | 说明 |
|---|---|---|---|
| 业主工作 | | 监理工程师工作 | |
| 设计人员工作 | | 施工单位工作 | |

图 5-8　施工阶段投资控制的工作程序（续）

## (二)施工阶段投资控制的工作内容

### 1. 资金使用计划的编制

施工阶段编制资金使用计划的目的是控制施工阶段投资，合理地确定工程项目投资控制目标值，也就是根据工程概算或预算确定计划投资的总目标值、分目标值、细目标值。

(1)按项目分解编制资金使用计划。根据建设项目的组成，首先将总投资分解到各单项工程，再分解到单位工程，最后分解到分部分项工程。分部分项工程的支出预算既包括材料费、人工费、机械费，也包括承包企业的间接费、利润等，是分部分项工程的综合单价与工程量的乘积。按单价合同签订的招标项目，可根据签订合同时提供的工程量清单所定的单价确定。其他形式的承包合同，可利用招标编制招标控制价时所计算的材料费、人工费、机械费及考虑分摊的间接费、利润等确定综合单价，同时核实工程量。

编制资金使用计划时，既要在项目总的方面考虑总预备费，也要在主要的工程分项中安排适当的不可预见费。当所核实的工程量与招标时的工程量估算值有较大出入时，应予以调整并做"预计超出子项"注明。

(2)按时间进度编制资金使用计划。建设项目的投资总是分阶段、分期支出的，资金应用是否合理与资金的时间安排有密切关系。为了合理地制订资金筹措计划，尽可能减少资金占用和利息支付，编制按时间进度分解的资金使用计划是很有必要的。

通过对施工对象的分析和对施工现场的考察，结合当代施工技术特点，制订科学、合理的施工进度计划，并在此基础上编制按时间进度划分的投资支出预算。其步骤如下：

1)编制施工进度计划。

2)根据单位时间内完成的工程量计算出这一时间内的预算支出，在时标网络图上按时间编制投资支出计划。

3)计算工期内各时点的预算支出累计额，绘制时间—投资累计曲线(S形曲线)，如图 5-9 所示。

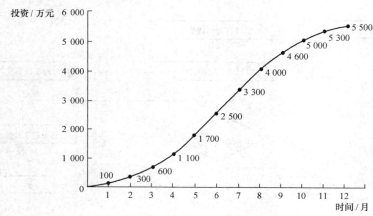

图 5-9　时间—投资累计曲线

绘制时间—投资累计曲线时，根据施工进度计划的最早可能开始时间和最迟必须开始时间来绘制，则可得两条时间投资累计曲线，俗称"香蕉"形曲线(图 5-10)。

一般来说，按最迟必须开始时间安排施工，对建设资金贷款利息节约有利，但同时也降低了项目按期竣工的保证率，故监理工程师必须合理地确定投资支出预算，以达到既节约投资支出又能控制项目工期的目的。

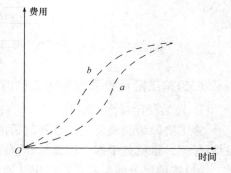

图 5-10　投资计划值的香蕉图

$a$—所有工作按最迟开始时间开始的曲线；
$b$—所有工作按最早开始时间开始的曲线

2. 工程计量

采用单价合同的承包工程，工程量清单中的工程量只是在图纸和规范基础上的估算值，不能作为工程款结算的依据。监理工程师必须对已完工的工程进行计量，只有经过监理工程师计量确定的数量才是向承包商支付工程款的凭证。

监理工程师一般只对如下三个方面的工程项目进行计量：工程量清单中的全部项目，合同文件中规定的项目，工程变更项目。根据 FIDIC 合同条件的规定，一般可按照以下方法进行计量：

(1)均摊法。所谓均摊法，就是对清单中某些项目(这些项目都有一个共同的特点，即每月均有发生)的合同价款，按合同工期平均计量，即采用均摊法进行计量支付。

(2)凭据法。所谓凭据法，就是按照承包商提供的凭据进行计量支付。如提供建筑工程险保险费、提供第三方责任险保险费、提供履约保证金等项目，一般按凭据法进行计量支付。

(3)估价法。所谓估价法，就是按合同文件的规定，根据监理工程师估算的已完成的工程价值支付。如为监理工程师提供办公设施和生活设施，为监理工程师提供用车，为监理工程师提供测量设备、天气记录设备、通信设备等项目。这类清单项目往往要购买几种仪器设备。当承包商对于某一项清单项目中规定购买的仪器设备不能一次购进时，则需采用估价法进行计量支付。

(4)断面法。断面法主要用于取土坑或填筑路堤土方的计量。对于填筑土方工程，一般规定计量的体积为原地面线与设计断面所构成的体积。采用这种方法计量，在开工前承包商需测绘出原地形的断面，并需经监理工程师检查，作为计量的依据。

(5)图纸法。按图纸进行计量的方法，称为图纸法。在工程量清单中，许多项目都按照设计图纸所示的尺寸进行计量，如混凝土构筑物的体积、钻孔桩的桩长等。

(6)分解计量法。所谓分解计量法，就是将一个项目，根据工序或部位分解为若干子项，对完成的各子项进行计量支付。这种计量方法主要是为了解决一些包干项目或较大的工程项目支付时间过长、影响承包商资金流动的问题。

3. **工程变更控制**

工程变更是在工程项目在实施过程中，按照合同约定的程序对部分或全部工程在材料、工艺、功能、构造、尺寸、技术指标、工程数量及施工方法等方面做出的改变。工程建设施工合同签订以后，对合同文件中任何一部分的变更都属于工程变更的范畴。建设单位、设计单位、施工单位和监理单位等都可以提出工程变更的要求。在工程建设的过程中，如果对工程变更处理不当，会对工程的投资、进度计划、工程质量造成影响，甚至引发合同的有关方面的纠纷。因此，对工程变更应予以重视，严加控制并依照法定程序予以解决。

4. **工程结算**

(1)工程价款的主要结算方式。我国现行工程价款结算根据不同情况，可采取多种方式。

1)按月结算。实行旬末或月中预支，月终结算，竣工后清算的方法。跨年度竣工的工程，在年终进行工程盘点，办理年度结算。我国现行建筑安装工程价款结算中，相当一部分工程是实行这种按月结算的方法。

2)竣工后一次结算。建设项目或单项工程全部建筑安装工程建设期在 12 个月以内，或者工程承包合同价值在 100 万元以下的，可以实行工程价款每月月中预支，竣工后一次结算。

3）分段结算。当年开工，但当年不能竣工的单项工程或单位工程按照工程形象进度，划分不同阶段进行结算。分段结算可以按月预支工程款。分段的划分标准由各部门、自治区、直辖市、计划单列市规定。

4）目标结款方式。即在工程合同中，将承包工程的内容分解成不同的控制界面，以业主验收控制界面作为支付工程价款的前提条件。也就是说，将合同中的工程内容分解成不同的验收单元，当承包商完成单元工程内容并经业主（或其委托人）验收后，业主支付构成单元工程内容的工程价款。

5）结算双方约定的其他结算方式。施工企业在采用按月结算工程价款的方式时，要先取得各月实际完成的工程数量，并按照工程预算定额中的工程直接费预算单价、间接费用定额和合同中采用的利税率，计算出已完工程造价。实际完成的工程数量由施工单位根据有关资料计算，并编制"已完工程月报表"，然后按照发包单位编制"已完工程月报表"，将各个发包单位的本月已完工程造价汇总反映。再根据"已完工程月报表"编制"工程价款结算账单"，与"已完工程月报表"一起，分送发包单位和经办银行，据以办理结算。

（2）工程竣工结算的审查。竣工结算要有严格的审查，一般可从以下几个方面入手：

1）核对合同条款。首先，应核对竣工工程内容是否符合合同条件要求，工程是否竣工验收合格，只有按合同要求完成全部工程并验收合格才能竣工结算；其次，应按合同规定的结算方法、计价定额、取费标准、主材价格和优惠条款等，对工程竣工结算进行审核。若发现合同开口或有漏洞，应请建设单位与施工单位认真研究，明确结算要求。

2）检查隐蔽验收记录。所有隐蔽工程均需进行验收，两人以上签证；实行工程监理的项目应经监理工程师签证确认。审核竣工结算时应核对隐蔽工程施工记录和验收签证，只有手续完整、工程量与竣工图一致，方可列入结算。

3）落实设计变更签认。设计修改、变更应有原设计单位出具的设计变更通知单和修改的设计图纸，校审人员签字并加盖公章，经建设单位和监理工程师审查同意、签认；重大设计变更应经原审批部门审批，否则不应列入结算。

4）按图核实工程量。竣工结算的工程量应依据竣工图、设计变更单和现场签认等进行核算，并按国家统一规定的计算规则计算工程量。

5）执行定额单价。结算单价应按合同约定或招标规定的计价定额与计价原则执行。

6）防止各种计算误差。工程竣工结算子目多、篇幅大，往往有计算误差，应认真核算，防止因计算误差多计或少算。

5. 竣工决算

竣工决算是工程项目经济效益的全面反映，是项目法人核定各类新增资产价值、办理其交付使用的依据。通过竣工决算，一方面能够正确反映工程项目的实际造价和投资结果；另一方面可以通过竣工决算与概算、预算的对比分析，考核投资控制的工作成效，总结经验教训，积累技术经济方面的基础资料，提高未来工程建设的投资效益。

竣工决算是工程建设从筹建到竣工投产全过程中发生的所有实际支出，包括设备工器具购置费、建筑安装工程费和其他费用等。竣工决算由竣工财务决算报表、竣工财务决算说明书、竣工工程平面示意图、工程造价比较分析四部分组成。其中，竣工财务决算报表和竣工财务决算说明书属于竣工财务决算的内容。竣工财务决算是竣工决算的组成部分，是正确核定新增资产价值、反映竣工项目建设成果的文件，是办理固定资产交付使用手续的依据。

(1)竣工决算的编制依据包括以下几项：

1)经批准的可行性研究报告及其投资估算。

2)经批准的初步设计或扩大初步设计及其概算或修正概算。

3)经批准的施工图设计及其施工图预算。

4)设计交底或图纸会审纪要。

5)招标投标的招标控制价或标底、承包合同、工程结算资料。

6)施工记录或施工签证单及其他施工中发生的费用记录，如索赔报告与记录、停(交)工报告等。

7)竣工图及各种竣工验收资料。

8)历年基建资料、历年财务决算及批复文件。

9)设备、材料调价文件和调价记录。

10)有关财务核算制度、办法和其他有关资料、文件等。

(2)竣工决算的编制步骤包括以下几项：

1)收集、整理、分析原始资料。从工程建设开始就按编制依据的要求，收集、清点、整理有关资料，主要包括工程项目档案资料，如设计文件、施工记录、上级批文、概(预)算文件、工程结算的归集整理，财务处理、财产物资的盘点核实及债权债务的清偿，做到账账、账证、账实、账表相符。对各种设备、材料、工具、器具等要逐项盘点核实并填列清单，妥善保管，或按照国家有关规定处理，不得任意侵占和挪用。

2)对照、核实工程变动情况，重新核实各单位单项工程造价。将竣工资料与原设计图纸进行查对、核实，必要时可实地测量，确认实际变更情况；根据经审定的施工单位竣工结算等原始资料，按照有关规定对原概(预)算进行增减调整，重新核定工程造价。

3)将审定后的待摊投资、设备工器具投资、建筑安装工程投资、工程建设其他投资严格划分和核定后，分别计入相应的建设成本栏目内。

4)编制竣工财务决算说明书，力求内容全面、简明扼要、文字流畅、说明问题。

5)填报竣工财务决算报表。

6)做好工程造价对比分析。

7)清理、装订好竣工图。

8)按国家规定上报、审批、存档。

## 第三节　建设工程进度控制

进度控制是监理工程师的主要任务之一，进度控制人员必须事先对影响建设工程进度的各种因素进行调查分析，预测它们对建设工程进度的影响程度，确定合理的进度控制目标，编制可行的进度计划，使工程建设工作始终按计划进行。

## 一、建设工程进度控制的概念

建设工程进度控制是指对工程项目建设各阶段的工作内容、工作程序、持续时间和衔接关系根据进度总目标及资源优化配置的原则编制计划并付诸实施，然后在进度计划的实施过程中经常检查实际进度是否按计划要求进行，对出现的偏差情况进行分析，采取补救措施或调整、修改原计划后再付诸实施，如此循环，直到建设工程竣工验收交付使用。建设工程进度控制的最终目的是确保建设项目按预定的时间动用或提前交付使用，建设工程进度控制的总目标是建设工期。

在建设工程实施过程中会有各种干扰因素和风险因素使其发生变化，使人们难以执行原定的进度计划。为此，进度控制人员必须掌握动态控制原理，在计划执行过程中不断检查建设工程实际进展情况，并将实际状况与计划安排进行对比，从中得出偏离计划的信息。

## 二、影响进度的因素分析

由于建设工程具有规模庞大、工程结构与工艺技术复杂、建设周期长及相关单位多等特点，决定了建设工程进度将受到许多因素的影响。要想有效地控制建设工程进度，就必须对影响进度的有利因素和不利因素进行全面、细致的分析及预测。这样，一方面可以促进对有利因素的充分利用和对不利因素的妥善预防；另一方面，也便于事先制定预防措施、事中采取有效对策、事后进行妥善补救，以缩小实际进度与计划进度的偏差，实现对建设工程进度的主动控制和动态控制。

影响建设工程进度的不利因素有很多，如人为因素，技术因素，设备、材料及构配件因素，机具因素，资金因素，水文、地质与气象因素，以及其他自然与社会环境等方面的因素。其中，人为因素是最大的干扰因素。从产生的根源看，有的来源于建设单位及其上级主管部门；有的来源于勘察设计、施工及材料、设备供应单位；有的来源于政府、住房城乡建设主管部门、有关协作单位和社会；有的来源于各种自然条件；也有的来源于建设监理单位本身。在工程建设过程中常见的影响因素如下：

（1）业主因素。如业主使用要求改变而进行设计变更；应提供的施工场地条件不能及时提供或所提供的场地不能满足工程正常需要；不能及时向施工承包单位或材料供应商付款等。

（2）勘察设计因素。如勘察资料不准确，特别是地质资料错误或遗漏；设计内容不完善，规范应用不恰当，设计有缺陷或错误；设计对施工的可能性未考虑或考虑不周；施工图纸供应不及时、不配套，或出现重大差错等。

（3）施工技术因素。如施工工艺错误；不合理的施工方案；施工安全措施不当；不可靠技术的应用等。

（4）自然环境因素。如复杂的工程地质条件；不明的水文气象条件；地下埋藏文物的保护、处理；洪水、地震、台风等不可抗力等。

（5）社会环境因素。如外单位临近工程施工干扰；节假日交通、市容整顿的限制；临时停水、停电、断路；在国外常见的法律及制度变化，经济制裁、战争、骚乱、罢工、企业倒闭等。

(6)组织管理因素。如向有关部门提出各种申请审批手续的延误；合同签订时遗漏条款、表达失当；计划安排不周密，组织协调不力，导致停工待料、相关作业脱节；领导不力，指挥失当，使参加工程建设的各个单位、各个专业、各个施工过程之间交接、配合上发生矛盾等。

(7)材料、设备因素。如材料、构配件、机具、设备供应环节的差错，品种、规格、质量、数量、时间不能满足工程的需要；特殊材料及新材料的不合理使用；施工设备不配套，选型失当，安装失误，有故障等。

(8)资金因素。如有关方拖欠资金，资金不到位，资金短缺；汇率浮动和通货膨胀等。

## 三、建设工程设计阶段的进度控制

监理工程师在设计阶段进度控制的主要任务是出图控制，也就是要采取有效措施促使设计人员如期完成初步设计、技术设计、施工图设计图纸。为此，设计监理要审定设计单位的工作计划和各工种的出图计划，经常检查计划执行情况，并对照实际进度与计划进度及时调整进度计划。如发现出图进度拖后，设计监理要督促设计方增加设计力量，加强相互协调与配合来加快设计进度。

设计进度控制绝非单一的工作，务必与设计质量、各个方案的技术经济评价、优化设计等相结合。对于一般工程，只含方案设计、初步设计与施工图设计三部分。具体实施进度可根据实际情况，更为详尽、细致地进行安排。

## 四、建设工程进度计划实施中的检测与调整

### (一)进度监测与调整的系统过程

1. 进度监测的系统过程

在进度计划的执行过程中，必须采取有效的监测手段进行监控，以便及时发现问题，并运用行之有效的进度调整方法来解决问题。

(1)进度计划执行中的跟踪检查。对进度计划的执行情况进行跟踪检查是计划执行信息的主要来源，是进度控制的关键步骤，也是进度分析和调整的依据。跟踪检查的主要工作是定期收集反映工程实际进度的有关数据，收集的数据应当全面、真实、可靠，不完整或不正确的进度数据将导致判断不准确或决策失误。为了全面、准确地掌握进度计划的执行情况，应做好以下工作。

1)定期收集进度报表资料。进度报表是反映工程实际进度的主要方式之一。进度计划执行单位应按照进度监理制度规定的时间和报表内容，定期填写进度报表。监理工程师通过收集进度报表资料掌握工程实际进展情况。

2)现场实地检查工程进展情况。为加强进度监测工作，应派监理人员常驻现场，随时检查进度计划的实际执行情况，掌握工程实际进度的第一手资料，使获取的数据更加及时、准确。

3)定期召开现场会议。监理工程师与进度计划执行单位的有关人员定期召开现场会议，进行面对面的交谈，这样既可以了解工程实际进度状况，同时也可以协调有关方面的进度关系。进度检查的时间间隔与工程项目的类型、规模、监理对象及有关条件等多方面因素

相关，可视工程的具体情况，每月、每半月或每周进行一次检查。在特殊情况下，甚至需要每日进行一次进度检查。

（2）实际进度数据的加工处理。为了更好地进行实际进度与计划进度的比较，必须对收集到的实际进度数据进行加工处理，形成与计划进度具有可比性的数据。例如，对检查时段实际完成工作量的进度数据进行整理、统计和分析，确定本期累计完成的工作量、本期已完成的工作量占计划总工作量的百分比等。

（3）实际进度与计划进度的对比分析。将实际进度数据与计划进度数据进行对比分析，可以确定建筑工程实际执行状况与计划目标之间的差距。为了直观反映实际进度偏差，通常采用表格或图形进行实际进度与计划进度的对比分析，从而得出实际进度比计划进度超前、滞后还是一致的结论。

### 2. 进度调整的系统过程

在建筑工程实施进度监测过程中，一旦发现实际进度偏离计划进度，即出现进度偏差时，必须认真分析产生偏差的原因及其对后续工作和总工期的影响，必要时采取合理、有效的进度计划调整措施，确保进度总目标的实现。

（1）分析进度偏差产生的原因。通过实际进度与计划进度的比较，发现进度偏差时，为了采取有效措施调整进度计划，必须深入现场进行调查，分析产生进度偏差的原因。

（2）分析进度偏差对后续工作和总工期的影响。当查明进度偏差产生的原因之后，要分析进度偏差对后续工作和总工期的影响程度，以确定是否应采取措施调整进度计划。

（3）确定后续工作和总工期的限制条件。当出现的进度偏差影响到后续工作或总工期而需要采取进度调整措施时，应当首先确定可调整进度的范围（主要指关键节点、后续工作的限制条件及总工期允许变化的范围）。这些限制条件往往与合同条件有关，需要认真分析后确定。

（4）采取措施调整进度计划。采取进度调整措施，应以后续工作和总工期的限制条件为依据，确保要求的进度目标得到实现。

（5）实施调整后的进度计划。进度计划调整后，应采取相应的组织、经济、技术措施执行调整后的进度计划，并继续对其执行情况进行监测。

### （二）实际进度与计划进度的比较方法

项目进度检查比较与计划调整是项目进度控制的主要环节。其中，项目进度比较是调整的基础，常用的检查比较方法有以下几种。

### 1. 横道图比较法

用横道图编制进度计划，指导工程项目的实施，已成为人们常用的方法。它简明、形象、直观，编制方法简单，使用方便。

横道图比较法是指将项目实施过程中检查实际进度收集到的数据，经加工整理后直接用横道线平行绘制于原计划的横道线处，进行实际进度与计划进度比较的方法。采用横道图比较法，可以形象、直观地反映实际进度与计划进度的比较情况。

例如，某工程的计划进度与截止到第 10 天的实际进度情况如图 5-11 所示。其中，粗实线表示计划进度，双线表示实际进度。从图中可以看出，在第 10 天检查时，A 工程按期完成计划；B 工程进度落后 2 天；C 工程因早开工 1 天，实际进度提前了 1 天。

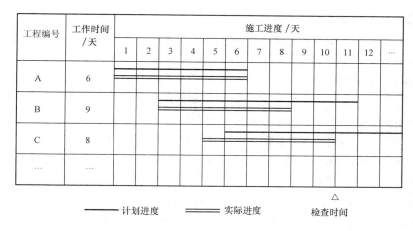

| 工程编号 | 工作时间/天 | 施工进度/天 | | | | | | | | | | | | |
|---|---|---|---|---|---|---|---|---|---|---|---|---|---|---|
| | | 1 | 2 | 3 | 4 | 5 | 6 | 7 | 8 | 9 | 10 | 11 | 12 | … |
| A | 6 | | | | | | | | | | | | | |
| B | 9 | | | | | | | | | | | | | |
| C | 8 | | | | | | | | | | | | | |
| … | | | | | | | | | | | | | | |

—— 计划进度    ══ 实际进度    △ 检查时间

**图 5-11　某工程实际进度与计划进度比较图**

图 5-11 所表达的比较方法仅适用于工程项目中的各项工作都是均匀进展的情况，即每项工作在单位时间内完成任务量都相等的情况。事实上，工程项目中各项工作的进展不一定是匀速的。根据工程项目中各项工作的进展是否匀速，可分别采用以下几种方法进行实际进度与计划进度的比较：

（1）匀速进展横道图比较法。匀速进展是指在工程项目中，每项工作在单位时间内完成的任务量都是相等的，即工作的进展速度是均匀的。此时，每项工作累计完成的任务量与时间呈线性关系，如图 5-12 所示。完成的任务量可以用实物工程量、劳动消耗量或费用支出表示。为了便于比较，通常用上述物理量的百分比表示。

采用匀速进展横道图比较法的步骤如下：

1）编制横道图进度计划。

2）在进度计划上标出检查日期。

3）将检查收集到的实际进度数据经加工整理后，按比例用涂黑的粗线标于计划进度的下方，如图 5-13 所示。

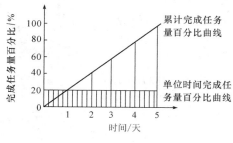

**图 5-12　匀速进展工作时间与完成任务量关系曲线图**

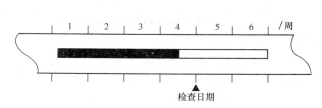

**图 5-13　匀速进展横道图比较**

4）对比分析实际进度与计划进度。

①如果涂黑的粗线右端落在检查日期左侧，表明实际进度拖后。

②如果涂黑的粗线右端落在检查日期右侧，表明实际进度超前。

③如果涂黑的粗线右端与检查日期重合，表明实际进度与计划进度一致。

必须指出，该方法仅适用于工作从开始到结束的整个过程中，其进展速度均为固定不变的情况。如果工作的进展速度是变化的，则不能采用这种方法进行实际进度与计划进度的比较；否则，会得出错误的结论。

（2）双比例单侧横道图比较法。双比例单侧横道图比较法是在工作进度按变速进展的情况下，对实际进度与计划进度进行比较的一种方法。该方法在表示工作实际进度的涂黑粗线的同时，标出其对应时刻完成任务的累计百分比，将该百分比与其同时刻计划完成任务的累计百分比相比较，判断工作的实际进度与计划进度之间的关系。其步骤如下：

1）编制横道图进度计划。

2）在横道线上方标出各主要时间工作的计划完成任务累计百分比。

3）在横道线下方标出相应日期工作的实际完成任务累计百分比。

4）用涂黑粗线标出实际进度线，由开工日标起，同时反映出实际过程中的连续与间断情况。

5）对照横道线上方计划完成任务累计量与同时刻的下方实际完成任务累计量，比较出实际进度与计划进度之偏差，可能有以下三种情况：

①同一时刻上下两个累计百分比相等，表明实际进度与计划进度一致；

②同一时刻上面的累计百分比大于下面的累计百分比，表明该时刻实际进度拖后，拖后的量为两者之差；

③同一时刻上面的累计百分比小于下面的累计百分比，表明该时刻实际进度超前，超前的量为两者之差。

这种比较法适用于进展速度在变化情况下的进度比较；同时，除标出检查日期进度比较情况外，还能提供某一指定时间两者比较的信息。当然，这要求实施部门按规定的时间记录当时的任务完成情况。

【例5-1】 某工程项目中的基槽开挖工作按施工进度计划安排需要7周完成，每周计划完成的任务量百分比如图5-14所示。

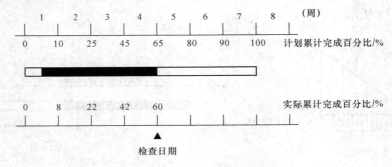

图 5-14 双比例单侧横道图

【解】 ①编制横道图进度计划，如图5-14所示。

②在横道线上方标出基槽开挖工作每周计划累计完成任务量的百分比，分别为10%、25%、45%、65%、80%、90%和100%。

③在横道线下方标出第1周至检查日期（第4周）每周实际累计完成任务量的百分比，

分别为 8％、22％、42％和 60％。

④用涂黑粗线标出实际投入的时间。图 5-11 表明，该工作实际开始时间晚于计划开始时间，在开始后连续工作，没有中断。

⑤比较实际进度与计划进度。从图 5-11 中可以看出，该工作在第一周实际进度比计划进度拖后 2％，以后各周末累计拖后分别为 3％、3％和 5％。

### 2.S 形曲线比较法

S 形曲线比较法是以横坐标表示时间，纵坐标表示累计完成任务量，绘制一条按计划时间累计完成任务量的 S 形曲线。然后，将工程项目实施过程中各检查时间实际累计完成任务量的 S 形曲线也绘制在同一坐标系中，进行实际进度与计划进度比较的一种方法。

从整个工程项目实际进展全过程看，单位时间投入的资源量一般是开始和结束时较少，中间阶段较多。与其相对应，单位时间完成的任务量也呈同样的变化规律，如图 5-15(a)所示；而随工程进展累计完成的任务量则应呈 S 形变化，如图 5-15(b)所示。由于其形似英文字母"S"，S 形曲线因此而得名。

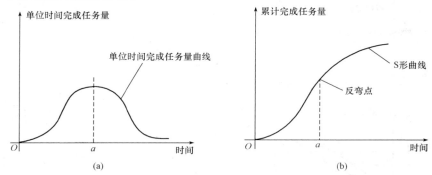

**图 5-15　时间与完成任务量关系曲线**

(a)单位时间完成的任务量；(b)累计完成的任务量

(1)S 形曲线绘制。

1)确定工程进展速度曲线。可以根据每单位时间内完成的实物工程量或投入的劳动力与费用，计算出计划单位时间的量值 $q_j$，则 $q_j$ 为离散型的。

2)累计单位时间完成的工程量(或工作量)可按下式确定：

$$Q_j = \sum_{j=1}^{j} q_j$$

式中　$Q_j$——某时间 $j$ 计划累计完成的任务量；

$q_j$——单位时间 $j$ 计划完成的任务量；

$j$——某规定计划时刻。

3)绘制单位时间完成的工程量曲线和 S 形曲线。

(2)S 形曲线比较方法。利用 S 形曲线比较，同横道图一样，是在图上直观地进行工程项目实际进度与计划进度比较。一般情况下，进度控制人员在计划实施前绘制出计划 S 形曲线。在项目实施过程中，按规定时间将检查的实际完成任务情况与计划 S 形曲线绘制在同一张图上，可得出实际进度 S 形曲线，如图 5-16 所示。比较两条 S 形曲线可以得到如下信息：

1）工程项目实际进展状况。如果工程实际进展点落在计划 S 形曲线左侧，表明此时实际进度比计划进度超前，如图 5-16 中的 $a$ 点；如果工程实际进展点落在计划 S 形曲线右侧，表明此时实际进度拖后，如图 5-16 中的 $b$ 点；如果工程实际进展点正好落在计划 S 形曲线上，则表示此时实际进度与计划进度一致。

2）工程项目实际进度超前或拖后的时间。在 S 形曲线比较图中可以直接读出实际进度比计划进度超前或拖后的时间。如图 5-16 所示，$\Delta T_a$ 表示 $T_a$ 时刻实际进度超前的时间，$\Delta T_b$ 表示 $T_b$ 时刻实际进度拖后的时间。

3）工程项目实际超额或拖欠的任务量。在 S 形曲线比较图中也可直接读出实际进度比计划进度超额或拖欠的任务量。如图 5-16 所示，$\Delta Q_a$ 表示 $T_a$ 时刻超额完成的任务量，$\Delta Q_b$ 表示 $T_b$ 时刻拖欠的任务量。

4）后期工程进度预测。如果后期工程按原计划速度进行，则可作出后期工程计划 S 形曲线，如图 5-16 中的虚线所示，从而可以确定工期拖延预测值 $\Delta T_c$。

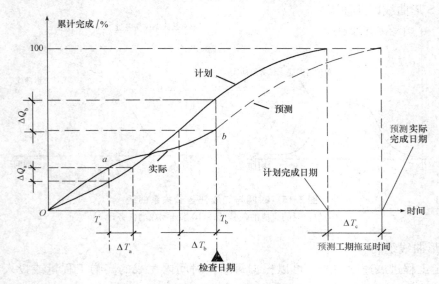

图 5-16　S 形曲线比较图

### 3. 香蕉形曲线比较法

香蕉形曲线是两条 S 形曲线组合成的闭合图形。如前所述，工程项目的计划时间和累计完成任务量之间的关系都可用一条 S 形曲线表示。在工程项目的网络计划中，各项工作一般可分为最早和最迟开始时间。于是，根据各项工作的计划最早开始时间安排进度，就可绘制出一条 S 形曲线，称为 $ES$ 曲线；而根据各项工作的计划最迟开始时间安排进度绘制出的 S 形曲线，称为 $LS$ 曲线。这两条曲线都是起始于计划开始时刻，终止于计划完成之时，图形是闭合的，形似香蕉，因而得名，如图 5-17 所示。一般情况下，$ES$ 曲线上各点均应在 $LS$

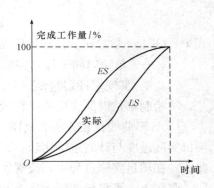

图 5-17　香蕉形曲线比较图

曲线的左侧。香蕉形曲线的绘制方法与 S 形曲线的绘制方法基本相同，不同之处在于香蕉曲线是以工作按最早开始时间安排进度和按最迟开始时间安排进度分别绘制的两条 S 形曲线组合而成的。其绘制步骤如下：

(1)以工程项目的网络计划为基础，计算各项工作的最早开始时间和最迟开始时间。

(2)确定各项工作在各单位时间的计划完成任务量，分别按以下两种情况考虑：

1)根据各项工作按最早开始时间安排的进度计划，确定各项工作在各单位时间的计划完成任务量。

2)根据各项工作按最迟开始时间安排的进度计划，确定各项工作在各单位时间的计划完成任务量。

(3)计算工程项目总任务量，即对所有工作在各单位时间计划完成的任务量累加求和。

(4)分别根据各项工作按最早开始时间、最迟开始时间安排的进度计划，确定工程项目在各单位时间计划完成的任务量，即将各项工作在某一单位时间内计划完成的任务量求和。

(5)分别根据各项工作按最早开始时间、最迟开始时间安排的进度计划，确定不同时间累计完成的任务量或任务量的百分比。

(6)绘制香蕉形曲线。分别根据各项工作按最早开始时间、最迟开始时间安排的进度计划而确定的累计完成任务量或任务量的百分比描绘各点，并连接各点得到 ES 曲线和 LS 曲线，由 ES 曲线和 LS 曲线组成香蕉形曲线。

4. 前锋线比较法

前锋线比较法也是一种简单地进行工程实际进度与计划进度的比较方法。其主要适用于时标网络计划。其主要方法是从检查时刻的时标点出发，首先连接与其相邻的工作箭线的实际进度点，由此再去连接该箭线相邻工作箭线的实际进度点。依次类推，将检查时刻正在进行工作的点都依次连接起来，组成一条一般为折线的前锋线，按前锋线与箭线交点的位置判定工程实际进度与计划进度的偏差。简而言之，前锋线法就是通过工程项目实际进度前锋线，比较工程实际进度与计划进度偏差的方法。

采用前锋线比较法进行实际进度与计划进度的比较，其步骤如下：

(1)绘制时标网络计划图。工程项目实际进度前锋线是在时标网络计划图上标示的，为清楚起见，可在时标网络计划图的上方和下方各设一时间坐标。

(2)绘制实际进度前锋线。一般从时标网络计划图上方时间坐标的检查日期开始绘制，依次连接相邻工作的实际进展位置点，最后与时标网络计划图下方坐标的检查日期相连接。

(3)比较实际进度与计划进度。前锋线明显地反映出检查日有关工作实际进度与计划进度的关系，有以下三种情况：

1)工作实际进度点位置与检查日时间坐标相同，则该工作实际进度与计划进度一致。

2)工作实际进度点位置在检查日时间坐标右侧，则该工作实际进度超前，超前天数为两者之差。

3)工作实际进度点位置在检查日时间坐标左侧，则该工作实际进度拖后，拖后天数为两者之差。

### 5. 列表比较法

当工程进度计划用非时标网络图表示时，可以采用列表比较法进行实际进度与计划进度的比较。这种方法是记录检查日期应该进行的工作名称及其已经作业的时间，然后列表计算有关时间参数，并根据工作总时差进行实际进度与计划进度比较的方法。

采用列表比较法进行实际进度与计划进度的比较，其步骤如下：

(1)对于实际进度检查日期应该进行的工作，根据已经作业的时间，确定其尚需作业时间。

(2)根据原进度计划计算检查日期应该进行的工作从检查日期到原计划最迟完成时尚余时间。

(3)计算工作尚有总时差，其值等于工作从检查日期到原计划最迟完成时间尚余时间与该工作尚需作业时间之差。

(4)比较实际进度与计划进度，可能有以下几种情况：

1)如果工作尚有总时差与原有总时差相等，说明该工作实际进度与计划进度一致。

2)如果工作尚有总时差大于原有总时差，说明该工作实际进度超前，超前的时间为二者之差。

3)如果工作尚有总时差小于原有总时差，且仍为非负值，说明该工作实际进度拖后，拖后的时间为二者之差，但不影响总工期。

4)如果工作尚有总时差小于原有总时差，且为负值，说明该工作实际进度拖后，拖后的时间为二者之差，此时工作实际进度偏差将影响总工期。

### (三)进度计划实施中的调整方法

#### 1. 分析进度偏差对后续工作及总工期的影响

在工程项目实施过程中，当通过实际进度与计划进度的比较，发现有进度偏差时，需要分析该偏差对后续工作及总工期的影响，从而采取相应的调整措施对原进度计划进行调整，以确保工期目标的顺利实现。进度偏差的大小及其所处的位置不同，对后续工作和总工期的影响程度是不同的，分析时需要利用网络计划中工作总时差和自由时差的概念进行判断。分析步骤如下：

(1)分析出现进度偏差的工作是否为关键工作。如果出现进度偏差的工作位于关键线路上，即该工作为关键工作，则无论其偏差有多大，都将对后续工作和总工期产生影响，必须采取相应的调整措施；如果出现偏差的工作是非关键工作，则需要根据进度偏差值与总时差和自由时差的关系做进一步分析。

(2)分析进度偏差是否超过总时差。如果工作的进度偏差大于该工作的总时差，则此进度偏差必将影响其后续工作和总工期，必须采取相应的调整措施；如果工作的进度偏差未超过该工作的总时差，则此进度偏差不影响总工期。至于对后续工作的影响程度，还需要根据偏差值与其自由时差的关系做进一步分析。

(3)分析进度偏差是否超过自由时差。如果工作的进度偏差大于该工作的自由时差，则此进度偏差将对其后续工作产生影响，此时应根据后续工作的限制条件确定调整方法；如果工作的进度偏差未超过该工作的自由时差，则此进度偏差不影响后续工作，因此，原进度计划可以不做调整。通过进度偏差分析，进度控制人员可以根据进度偏差的影响程度，制订相应的纠偏措施进行调整，以获得符合实际进度情况和计划目标的新进度计划。

### 2. 进度计划的调整方法

当实际进度偏差影响到后续工作和总工期而需要调整进度计划时，其调整方法主要有以下几种：

(1)缩短某些工作的持续时间。缩短某些工作持续时间的方法不改变工作之间的逻辑关系，而是缩短某些工作的持续时间，使施工进度加快，并保证实现计划工期的方法。这些被压缩持续时间的工作是位于由于实际施工进度的拖延而引起总工期延长的关键线路和某些非关键线路上的工作。这种方法实际上就是网络计划优化中的工期优化方法和工期与费用优化方法。具体做法如下：

1)研究后续各工作持续时间压缩的可能性及其极限工作持续时间。

2)确定由于计划调整，采取必要措施而引起的各工作的费用变化率。

3)选择直接引起拖期的工作及紧后工作优先压缩，以免拖期影响扩大。

4)选择费用变化率最小的工作优先压缩，以求花费最小代价，满足既定工期要求。

5)综合考虑3)、4)，确定新的调整计划。

(2)改变某些工作之间的逻辑关系。当工程项目实施中产生的进度偏差影响到总工期，且有关工作的逻辑关系允许改变时，可以改变关键线路和超过计划工期的非关键线路上的有关工作之间的逻辑关系，达到缩短工期的目的。例如，将顺序进行的工作改为平行作业、搭接作业以及分段组织流水作业等，都可以有效地缩短工期。对于大型群体工程项目，单位工程间的相互制约相对较小，可调幅度较大；对于单位工程内部，由于施工顺序和逻辑关系约束较大，故可调幅度较小。

(3)调整资源供应。对于因资源供应发生异常而引起进度计划执行问题，应采用资源优化方法对计划进行调整，或采取应急措施，使其对工期的影响最小。

(4)增减施工内容。增减施工内容应做到不打乱原计划的逻辑关系，只对局部逻辑关系进行调整。在增减施工内容以后，应重新计算时间参数，分析对原网络计划的影响。当对工期有影响时，应采取调整措施，保证计划工期不变。

(5)增减工程量。增减工程量主要是指改变施工方案、施工方法，从而导致工程量的增加或减少。

(6)改变起止时间。起止时间的改变应在相应的工作时差范围内进行，如延长或缩短工作的持续时间，或令工作在最早开始时间和最迟完成时间范围内移动。每次调整必须重新计算时间参数，观察该项调整对整个施工计划的影响。

## 五、建设工程施工阶段进度控制

### (一)施工进度控制目标体系

保证工程项目按期建成交付使用，是建设工程施工阶段进度控制的最终目的。为了有效地控制施工进度，首先要将施工进度总目标从不同角度进行层层分解，形成施工进度控制目标体系，从而作为实施进度控制的依据。

建设工程施工进度控制目标体系如图 5-18 所示。

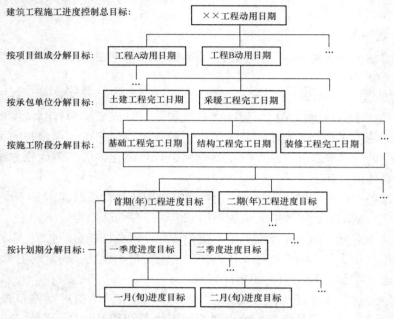

图 5-18　建筑工程施工进度控制目标体系

1. 按项目组成分解，确定各单位工程开工及动用日期

各单位工程的进度目标在工程项目建设总进度计划及建筑工程年度计划中都有体现。在施工阶段应进一步明确各单位工程的开工和交工动用日期，以确保施工总进度目标的实现。

2. 按承包单位分解，明确分工条件和承包责任

在一个单位工程中有多个承包单位参加施工时，应按承包单位将单位工程的进度目标分解，确定出各分包单位的进度目标，列入分包合同，以便落实分包责任，并根据各专业工程交叉施工方案和前后衔接条件，明确不同承包单位工作面交接的条件和时间。

3. 按施工阶段分解，划定进度控制分界点

根据工程项目的特点，应将其施工分成几个阶段，如土建工程可分为基础、结构和内外装修阶段。每一阶段的起止时间都要有明确的标志，特别是不同单位承包的不同施工段之间，更要明确划定时间分界点，以此作为形象进度的控制标志，从而使单位工程动用目标具体化。

4. 按计划期分解，组织综合施工

将工程项目的施工进度控制目标按年度、季度、月（或旬）进行分解，并用实物工程量、货币工作量及形象进度表示，将更有利于监理工程师明确对各承包单位的进度要求。同时，还可以据此监督其实施，检查其完成情况。计划期越短，进度目标越细，进度跟踪就越及时，发生进度偏差时也就越能有效地采取措施予以纠正。这样，就形成一个有计划、有步骤的协调施工，长期目标对短期目标自上而下逐级控制，短期目标对长期目标自下而上逐级保证，逐步趋近进度总目标的局面，最终达到工程项目按期竣工并交付使用的目的。

（二）施工进度控制目标的确定

为了提高进度计划的预见性和进度控制的主动性，在确定施工进度控制目标时，必须

全面、细致地分析与建设工程进度有关的各种有利因素和不利因素，只有这样才能订出一个科学、合理的进度控制目标。确定施工进度控制目标的主要依据有建设工程总进度目标对施工工期的要求；工期定额、类似工程项目的实际进度；工程难易程度和工程条件的落实情况等。

在确定施工进度分解目标时，还要考虑以下几个方面：

(1)对于大型建设工程项目，应根据尽早提供可动用单元的原则，集中力量分期分批建设，以便尽早投入使用，尽快发挥投资效益。这时，为保证每一动用单元能形成完整的生产能力，就要考虑这些动用单元交付使用时所必需的全部配套项目。因此，要处理好前期动用和后期建设的关系、每期工程中主体工程与辅助及附属工程之间的关系等。

(2)合理安排土建与设备的综合施工。要按照它们各自的特点，合理安排土建施工与设备基础、设备安装的先后顺序及搭接、交叉或平行作业，明确设备工程对土建工程的要求和土建工程为设备工程提供施工条件的内容及时间。

(3)结合本工程的特点，参考同类建设工程的经验来确定施工进度目标，避免只按主观愿望盲目确定进度目标，从而在实施过程中造成进度失控。

(4)做好资金供应能力、施工力量配备、物资(材料、构配件、设备)供应能力与施工进度的平衡工作，确保工程进度目标的要求而不使其落空。

(5)考虑外部协作条件的配合情况，包括施工过程中及项目竣工动用所需的水、电、气、通信、道路及其他社会服务项目的满足程序和满足时间，它们必须与有关项目的进度目标相协调。

(6)考虑工程项目所在地区地形、地质、水文、气象等方面的限制条件。

总之，要想对工程项目的施工进度实施控制，就必须有明确、合理的进度目标(进度总目标和进度分目标)，否则控制便失去了意义。

**(三)建设工程施工进度控制工作流程**

建设施工阶段进度控制的程序如图 5-19 所示。

**(四)施工阶段进度控制工作的内容**

监理工程师对工程项目的施工进度控制从审核承包单位提交的施工进度计划开始，直至工程项目保修期满为止。施工阶段进度控制的主要内容包括施工前的进度控制、施工过程中的进度控制和施工完成后的进度控制。

1. 施工前的进度控制

(1)编制施工阶段进度控制方案。施工阶段进度控制方案是监理工作计划在内容上的进一步深化和补充，它是针对具体的施工项目编制的，是施工阶段监理人员实施进度控制的更详细的指导性技术文件，是以监理工作计划中有关进度控制的总部署为基础而编制的，应包括以下内容：

1)施工阶段进度控制目标分解图。

2)施工阶段进度控制的主要工作内容和深度。

3)监理人员对进度控制的职责分工。

4)进度控制工作流程。

5)有关各项工作的时间安排。

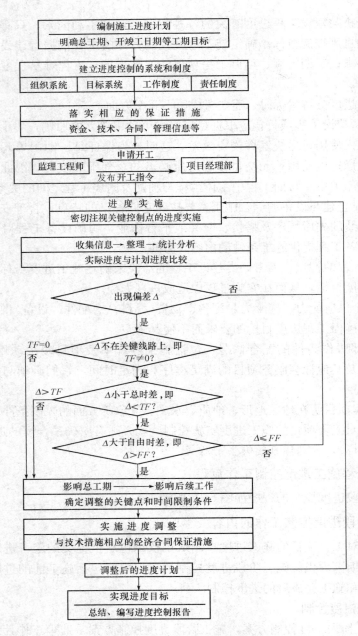

**图 5-19  施工阶段进度控制的程序**

6)进度控制的方法(包括进度检查周期、数据收集方式、进度报表格式、统计分析方法等)。

7)实现施工进度控制目标的风险分析。

8)进度控制的具体措施(包括组织措施、技术措施、经济措施及合同措施等)。

9)尚待解决的有关问题等。

(2)编制或审核施工进度计划。对于大型工程项目,由于单项工程较多、施工工期长,且采取分期分批发包又没有一个负责全部工程的总承包单位时,监理工程师就要负责编制施工总进度计划；或者当工程项目由若干个承包单位平行承包时，监理工程师也有必要编制施工总进度计划。施工总进度计划应确定分期分批的项目组成，各批工程项目的开工、竣工顺序及时间安排，全场性准备工程，特别是首批准备工程的内容与进度安排等。

当工程项目有总承包单位时，监理工程师只需对总承包单位提交的施工总进度计划进行审核即可；而对于单位工程施工进度计划，监理工程师只负责审核而不管编制。

施工进度计划审核的主要内容如下：

1)进度安排是否满足合同工期的要求和规定的开工、竣工日期。

2)项目的划分是否合理，有无重项或漏项。

3)项目总进度计划是否与施工进度分目标的要求一致，该进度计划是否与其他施工进度计划协调。

4)施工顺序的安排是否符合逻辑，是否满足分期投产使用的要求，是否符合施工程序的要求。

5)是否考虑了气候对进度计划的影响。

6)材料物资供应是否满足均衡性和连续性的要求。

7)劳动力、机具设备的计划是否能确保施工进度分目标和总进度计划的实现。

8)施工组织设计的合理性、全面性和可行性如何；应防止施工单位利用进度计划的安排造成建设单位的违约、索赔事件的发生。

9)建设单位提供资金的能力是否与进度安排一致。

10)施工工艺是否符合施工规范和质量标准的要求。

11)进度计划应留有适当的余地，如应留有质量检查、整改、验收的时间；应当在工序与工序之间留有适当空隙、机械设备试运转和检修的时间等。

监理工程师在审查过程中发现问题应及时向施工单位提出，并协助施工单位修改进度计划；对一些不影响合同规定的关键控制工作的进度目标，允许有较灵活的安排。需进一步说明的是，施工进度计划的编制和实施，是施工单位的基本义务。将进度计划提交监理工程师审核、批准，并不解除施工单位对进度计划在合同中所承担的任何责任和义务。

同样，监理工程师审查进度计划时，也不应过多地干预施工单位的安排，或支配施工中所需的材料、机械设备和劳动力等。

(3)按年、季、月编制工程综合计划。在按计划期编制的进度计划中，监理工程师应着重解决各承包单位施工进度计划之间、施工进度计划与资源保障计划之间及外部协作条件的延伸性计划之间的综合平衡与相互衔接问题，并根据上期计划的完成情况对本期计划做必要的调整，以作为承包单位近期执行的指令性计划。

(4)下达工程开工令。在 FIDIC 合同的条件下，监理工程师应根据承包单位和业主双方关于工程开工的准备情况，选择合适的时机发布工程开工令。工程开工令的发布，要尽可能及时，因为发布工程开工令之日加上合同工期后为工程竣工日期，如果开工令发布拖延，就等于推迟了竣工时间，甚至可能引起承包单位的索赔。

为了检查双方的准备情况，一般情况下应由监理工程师组织召开有业主和承包单位参加的第一次工地会议。业主应按照合同规定，做好征地拆迁工作，及时提供施工用地；同时，还应当完成法律及财务方面的手续，以便能及时向承包单位支付工程预付款。承包单位应当将开工所需要的人力、材料及设备准备好，同时还要按合同规定为监理工程师提供各种条件。

2. 施工过程中的进度控制

监理工程师监督进度计划的实施,是一项经常性的工作。以被确认的进度计划为依据,在项目施工过程中进行进度控制,是施工进度计划能够付诸实现的关键过程。一旦发现实际进度与目标偏离,应立即采取措施,纠正这种偏差。

施工过程中进度控制的具体内容包括:

(1)经常深入现场了解情况,协调有关方面的关系,解决工程中的各种冲突和矛盾,以保证进度计划的顺利实施。

(2)协助施工单位实施进度计划,随时注意进度计划的关键控制点,了解进度计划实施的动态。监理工程师要随时了解施工进度计划执行过程中所存在的问题,并帮助承包单位予以解决,特别是承包单位无力解决的内外关系协调问题。

(3)及时检查和审核施工单位提交的月度进度统计分析资料和报表。

(4)严格进行进度检查。要了解施工进度的实际状况,避免施工单位谎报工作量的情况,为进度分析提供可靠的数据资料。这是工程项目施工阶段进度控制的经常性工作。监理工程师不仅要及时检查承包单位报送的施工进度报表和分析资料,同时还要进行必要的现场实地检查,核实所报送的已完项目时间及工程量,杜绝虚报现象。

(5)做好监理进度记录。

(6)对收集的有关进度数据进行整理和统计,并将计划与实际进行比较,跟踪监理,从中发现进度是否出现或可能出现偏差。

(7)分析进度偏差给总进度带来的影响,并进行工程进度的预测,从而提出可行的修正措施。

(8)当计划严重拖后时,应要求施工单位及时修改原计划,并重新提交监理工程师确认。计划的重新确认,并不意味着工程延期的批准,而仅仅是要求施工单位在合理的状态下安排施工。监理工程师应监督其按调整的计划实施。

(9)通过周报或月报,向建设单位汇报工程实际进展情况并提供进度报告。

(10)定期开会。监理工程师应每月、每周定期组织召开不同层级的现场协调会议,以解决工程施工过程中的相互协调配合问题。在平行、交叉施工单位多,工序交接频繁且工期紧迫的情况下,现场协调会甚至需要每日召开。在会上通报和检查当天的工程进度,确定薄弱环节,部署当天的赶工任务,以便为次日正常施工创造条件。

(11)监理工程师应对承包单位申报的已完分项工程量进行核实,在其质量通过检查验收后,签发工程进度款支付凭证。

3. 施工完成后的进度控制

(1)及时组织工程的初验和验收工作。

(2)按时处理工程索赔。

(3)及时整理工程进度资料,为建设单位提供信息,处理合同纠纷,积累原始资料。

(4)工程进度资料应归类、编目、存档,以便在工程竣工后归入竣工档案备查。

(5)根据实际施工进度,及时修改和调整验收阶段进度计划和监理工作计划,以保证下一阶段工作的顺利开展。

# 第四节　建设工程质量控制

## 一、工程质量

### 1. 工程质量控制的概念及特性

质量是指一组固有特性满足要求的程度。"固有特性"包括明示的和隐含的特性，明示的特性一般以书面阐明或明确向顾客指出，隐含的特性是指惯例或一般做法。"满足要求"是指满足顾客和相关方的要求，包括法律、法规及标准、规范的要求。

建设工程质量简称工程质量，是指建设工程满足相关标准规定和合同约定要求的程度，包括其在安全、使用功能及其在耐久性能、节能与环境保护等方面所有明示和隐含的固有特性。

建设工程作为一种特殊的产品，除具有一般产品共有的质量特性外，还具有特定的内涵。建设工程质量的特性主要表现在以下七个方面：

(1)适用性，即功能，是指工程满足使用目的的各种性能。

(2)耐久性，即寿命，是指工程在规定的条件下，满足规定功能要求使用的年限，也就是工程竣工后的合理使用寿命期。

(3)安全性，是指工程建成后在使用过程中保证结构安全、保证人身和环境免受危害的程度。

(4)可靠性，是指工程在规定的时间和规定的条件下完成规定功能的能力。

(5)经济学，是指工程从规划、勘察、设计、施工到整个产品使用寿命周期内的成本和消耗的费用。

(6)节能性，是指工程在设计与建造过程及使用过程中满足节能减排、降低能耗的标志和有关要求的程度。

(7)与环境的协调性，是指工程与其周围生态环境协调，与所在地区经济环境协调以及与周围已建工程相协调，以适应可持续发展的要求。

上述七个方面的质量特性彼此之间是相互依存的。总体而言，适用、耐久、安全、可靠、经济、节能与环境适应性，都是必须达到的基本要求，缺一不可。但是，对于不同门类、不同专业的工程，如工业建筑、民用建筑、公共建筑、住宅建筑、道路建筑，可根据其所处的特定地域环境条件、技术经济条件的差异，有不同的侧重面。

### 2. 影响工程质量的因素

影响工程的因素很多，但归纳起来主要有五个方面，即人(Man)、材料(Material)、机械(Machine)、方法(Method)和环境(Environment)，简称4M1E。

(1)人员素质。人是生产经营活动的主体，也是工程项目建设的决策者、管理者、操作者，工程建设的规划、决策、勘察、设计、施工与竣工验收等全过程，都是通过人的工作来完成的。人员的素质，即人的文化水平、技术水平、决策能力、管理能力、组织能力、作业能力、控制能力、身体素质及职业道德等，都将直接和间接地对规划、决策、勘察、设计和施工的质量产生影响，而规划是否合理、决策是否正确、设计是否符合所需要的质量功能、施工能否满足合同、规范、技术标准的需要等，都将对工程质量产生不同程度的影响。人员素质是影响工程质量的一个重要因素。因此，建筑行业实行资质管理和各类专业从业人员持证上岗制度是保证人员素质的重要管理措施。

（2）工程材料。工程材料是指构成工程实体的各类建筑材料、构配件、半成品等。其是工程建设的物质条件，是工程质量的基础。工程材料选用是否合理、产品是否合格、材质是否经过检验、保管使用是否得当等，都将直接影响建设工程的结构刚度和强度，影响工程外表及观感，影响工程的使用功能，影响工程的使用安全。

（3）机械设备。机械设备可分为两类：一类是指组成工程实体及配套的工艺设备和各类机具，如电梯、泵机、通风设备等，它们构成了建筑设备安装工程或工业设备安装工程，形成完整的使用功能；另一类是指施工过程中使用的各类机具设备，包括大型垂直与横向运输设备、各类操作工具、各种施工安全设施、各类测量仪器和计量器具等，简称施工机具设备，它们是施工生产的手段。施工机具设备对工程质量也有重要的影响。工程所用机具设备，其产品质量优劣直接影响着工程使用功能质量。施工机具设备的类型是否符合工程施工特点、性能是否先进稳定、操作是否方便安全等，都将会影响工程项目的质量。

## 二、工程质量控制

### 1. 工程质量控制的概念

工程质量控制就是为了保证工程质量及满足工程合同与规范标准所采取的一系列措施、方法和手段。工程质量要求主要表现为工程合同、设计文件、技术规范标准规定的质量标准。

工程质量控制按其实施主体不同，可分为自控主体和监控主体。前者是指直接从事质量职能的活动者；后者是指对他人质量能力和效果的监控者。主要包括以下几个方面：

（1）政府的工程质量控制。政府属于监控主体，它主要是以法律、法规为依据，通过抓工程报建、施工图设计文件审查、施工许可、材料和设备准用、工程质量监督、重大工程竣工验收备案等主要环节进行的。

（2）建设单位的质量控制。建设单位属于监控主体，它主要是协调设计、监理和施工单位的关系，通过控制项目规划、设计质量、招标投标、审定重大技术方案、施工阶段的质量控制、信息反馈等各个环节，来控制工程质量。

（3）工程监理单位的质量控制。工程监理单位属于监控主体，它主要是受建设单位的委托，代表建设单位对工程实施全过程的质量进行监督和控制，包括勘察设计阶段质量控制、施工阶段质量控制，以满足建设单位对工程质量的要求。

（4）勘察设计单位的质量控制。勘察设计单位属于自控主体，它是以法律、法规及合同为依据，对勘察设计的整个过程进行控制，包括工作程序、工作进度、费用及成果文件所包含的功能和使用价值，以满足建设单位对勘察设计质量的要求。

（5）施工单位的质量控制。施工单位属于自控主体，它是以工程合同、设计图纸和技术规范为依据，对施工准备阶段、施工阶段、竣工验收交付阶段等施工全过程的工作质量和工程质量进行控制，以达到合同文件规定的质量要求。

2. 工程质量控制的原则

质量控制即采取一系列检测、试验、监控措施、手段和方法，按照质量策划和质量改进的要求，确保合同、规范所规定的质量标准的实现。

根据工程施工的特点，在控制过程中应遵循以下几条基本原则：

(1)坚持"质量第一，用户至上"的原则。

(2)充分发挥人的作用的原则。

(3)坚持"以预防为主"的原则。

(4)坚持质量标准、严格检查，一切用数据说话的原则。

(5)坚持贯彻科学、公正、守法的职业规范。

3. 工程质量控制的目的

监理工程师控制质量的目的，概括起来有以下几个方面：

(1)维护项目法人的建设意图，保证投资效益即社会效益和经济效益。

(2)防止质量事故的发生，特别是事后质量问题的发生。

(3)防止承包单位做出有损工程质量的不良行为。

4. 工程质量控制的方法

质量控制的方法主要指审核有关技术文件、报告或报表和直接进行现场检查或必要的试验等。

(1)审核有关技术文件、报告或报表。对技术文件、报告、报表的审核，是项目经理对工程质量进行全面控制的重要手段，具体内容包括以下几项：

1)审核有关技术资质证明文件。

2)审核开工报告，并经现场核实。

3)审核施工方案、施工组织设计和技术措施。

4)审核有关材料、半成品的质量检验报告。

5)审核反映工序质量动态的统计资料或控制图表。

6)审核设计变更、修改图纸和技术核定书。

7)审核有关质量问题的处理报告。

8)审核有关应用新工艺、新材料、新技术、新结构的技术核定书。

9)审核有关工序交接检查，分项、分部工程质量检查报告。

10)审核并签署现场有关技术签证、文件等。

(2)质量监督与检查。

1)开工前检查。其目的是检查是否具备开工条件，开工后能否连续正常施工，能否保证工程质量。

2)工序交接检查。对于重要的工序或对工程质量有重大影响的工序，在自检、互检的基础上，还要组织专职人员进行工序交接检查。

3)隐蔽工程检查。凡是隐蔽工程均应检查认证后再掩盖。

4)停工后复工前的检查。因处理质量问题或某种原因停工后需复工时，也应经检查认可后方能复工。

5)分项、分部工程完工后，应经检查认可，签署验收记录后才能进行下一工程项目的施工。

6)成品保护检查。检查成品有无保护措施，或保护措施是否可靠。

另外，还应经常深入现场，对施工操作质量进行巡视检查；必要时，还应进行跟班或追踪检查。

## 三、建设工程设计阶段的质量控制

(1)设计准备阶段质量控制的工作内容。

1)组建项目监理机构，明确监理任务、内容和职责，编制监理规划和设计准备阶段投资进度计划并进行控制。

2)组织设计招标或设计方案竞赛。协助建设单位编制设计招标文件，会同建设单位对投标单位进行资质审查。组织评标或设计竞赛方案评选。

3)编制设计大纲(设计纲要或设计任务书)，确定设计质量要求和标准。

4)优选设计单位，协助建设单位签订设计合同。

(2)初步设计阶段质量控制的工作内容。初步设计阶段质量控制的工作内容包括：设计方案的优化，将设计准备阶段的优选方案进行充实和完善；组织初步设计审查；初步审定后，提交各有关部门审查并征集意见，根据要求进行修改、补充、加深，经批准作为施工图设计的依据。

(3)施工图设计阶段质量控制的工作内容。施工图是设计工作的最后成果，是设计质量的重要形成阶段，监理工程师要分专业不断地进行中间检查和监督，逐张审查图纸并签字认可。

施工图设计阶段质量控制的主要内容有：所有设计资料、规范、标准的准确性；总说明及分项说明是否具体、明确；计算书是否交代清楚；套用图纸时是否已按具体情况做了必要的核算，并加以说明；图纸与计算书结果是否一致；图形、符号是否符合统一规定；图纸中各部尺寸、节点详图，各图之间有无矛盾、漏注；图纸设计深度是否符合要求；套用的标准图集是否陈旧或有无必要的说明；图纸目录与图纸本身是否一致；图纸设计有无与施工相矛盾的内容等。

另外，监理工程师应对设计合同的转包分包进行控制。承担设计的单位应完成设计的主要部分；分包出去的部分应得到建设单位和监理工程师的批准。监理工程师在批准分包前，应对分包单位的资质进行审查并评价，决定是否胜任设计的任务。

(4)设计质量的审核。设计图纸是设计工作的最终成果，体现了设计质量的形成。因此，对设计质量的审核也就是对设计成果的验收阶段，是对设计图纸的审核。

监理工程师代表建设单位对设计图纸的审核是分阶段进行的。在初步设计阶段，应审核工程所采用的技术方案是否符合总体方案的要求及是否达到项目决策阶段确定的质量标准；在技术设计阶段，应审核专业设计是否符合预定的质量标准和要求；在施工图设计阶段，应注重其使用功能及质量要求是否得到满足。

## 四、建设工程施工阶段的质量控制

工程施工是使工程设计意图最终实现并形成工程实体的阶段，也是最终形成工程产品质量和工程项目使用价值的重要阶段。因此，施工阶段的质量控制不但是施工监理重要的工作内容，也是工程项目质量控制的重点。监理工程师对工程施工的质量控制，就是按合同赋予的权利，围绕影响工程质量的各种因素，对工程项目的施工进行有效的监督和管理。

**(一)施工阶段质量控制的依据**

施工阶段监理工程师进行质量控制的依据，根据其适用的范围及性质，大致可以分为共同性依据和专门技术法规性依据两类。

1. **质量控制的共同性依据**

共同性依据主要是指适用于工程项目施工阶段与质量控制有关的、通用的、具有普遍指导意义和必须遵守的基本文件，其内容包括以下几个方面：

(1)工程承包合同。工程施工承包合同中包含了参与建设的各方在质量控制方面的权利和义务的条款，监理工程师要熟悉这些条款，据此进行质量监督和控制，并在发生质量纠纷时及时采取措施予以解决。

(2)设计文件。"按图施工"是施工阶段质量控制的一项重要原则，经过批准的设计图纸和技术说明书等设计文件，是质量控制的重要依据。监理工程师要组织好设计交底和图纸会审工作，以便能充分了解设计意图和质量要求。

(3)国家及政府有关部门颁布的有关质量管理方面的法律、法规性文件。

2. **质量控制的专门技术法规性依据**

专门技术法规性依据主要指针对不同的行业、不同的质量控制对象而制定的技术法规性文件，包括各种有关的标准、规范、规程或规定，具体包括以下几类：

(1)工程施工质量验收标准。

(2)有关工程材料、半成品和构配件质量控制方面的专门技术法规。

(3)控制施工过程质量的技术法规。

(4)采用新工艺、新技术、新方法的工程及事先制定的有关质量标准和施工工艺规程。

**(二)施工阶段质量控制的程序**

在施工阶段全过程中，监理工程师要进行全过程、全方位的监督、检查与控制，不仅涉及最终产品的检查、验收，而且涉及施工过程的各个环节及中间产品的监督、检查与验收。这种全过程、全方位的质量监理一般程序如图 5-20 所示。

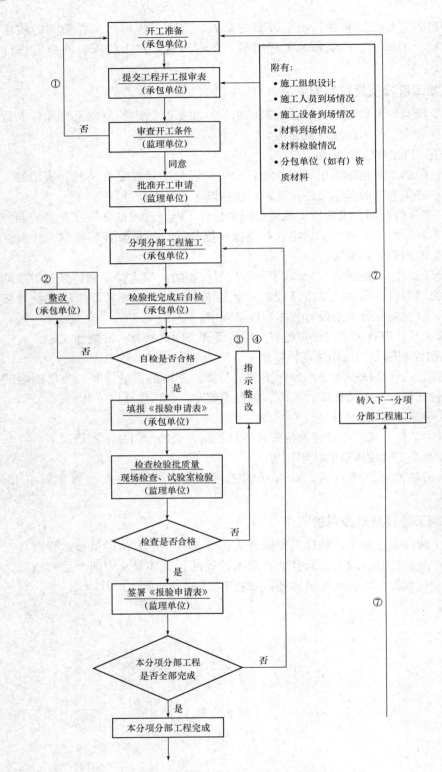

**图 5-20  施工阶段工程质量控制工作流程图**

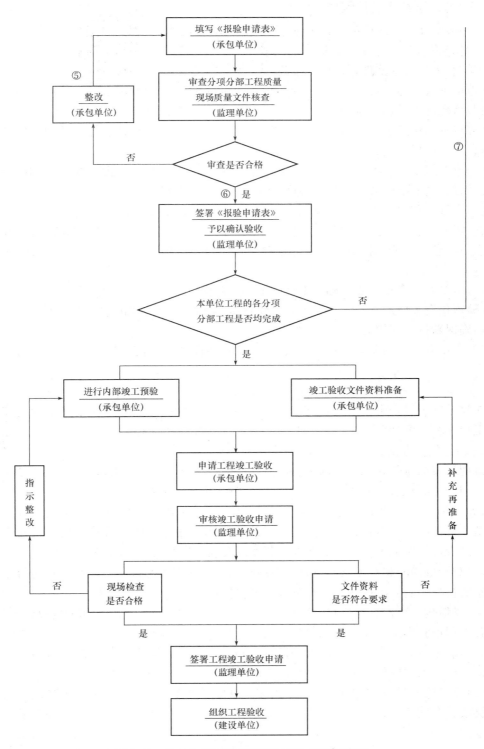

图 5-20  施工阶段工程质量控制工作流程图(续)

**(三)施工阶段质量控制的方法**

监理人员在施工阶段的质量控制中，应履行自己的职责，主要的方法如下。

1. 审核有关的技术文件、报告或报表

审核有关的技术文件、报告或报表，具体内容包括以下几项：

(1)审查进入施工现场的分包单位的资质证明文件，控制分包单位的质量。

(2)审批施工承包单位的开工申请书，检查、核实与控制其施工准备工作质量。

(3)审批承包单位提交的施工方案、质量计划、施工组织设计或施工计划，控制工程施工质量，并有可靠的技术措施保障。

(4)审批施工承包单位提交的有关材料、半成品和构配件质量证明文件(出厂合格证、质量检验或试验报告等)，确保工程质量有可靠的物质基础。

(5)审核承包单位提交的反映工序施工质量的动态统计资料或管理图表。

(6)审核承包单位提交的有关工序产品质量的证明文件(检验记录及试验报告)及工序交接检查(自检)、隐蔽工程检查、分部分项工程质量检查报告等文件、资料，以确保和控制施工过程的质量。

(7)审批有关工程变更、修改设计图纸等，确保设计及施工图纸的质量。

(8)审核有关应用新技术、新工艺、新材料、新结构等的技术鉴定书，审批其应用申请报告，确保新技术应用的质量。

(9)审批有关工程质量事故或质量问题的处理报告，确保质量事故或质量问题处理的质量。

(10)审核与签署现场有关质量技术签证、文件等。

在整个施工过程中，监理人员应按照监理工作计划书和监理工作实施细则的安排，以及施工顺序和进度计划的要求，对上述文件及时进行审核和签署。

2. 进行质量监督、检查与验收

监理组成员应常驻现场，进行质量监督、检查与验收，主要工作内容有以下几点：

(1)开工前的检查。主要是检查开工前准备工作的质量，能否保证正常施工及工程施工质量。

(2)工序施工中的跟踪监督、检查与控制。主要是监督、检查在工序施工过程中，人员、施工机械设备、材料、施工方法与工艺或操作以及施工环境条件等是否均处于良好的状态，是否符合保证工程质量的要求，若发现有问题应及时纠正和加以控制。

(3)对于重要的和对工程质量有重大影响的工序和工程部位，还应在现场进行施工过程的旁站监督与控制，确保使用材料及工艺过程质量。

(4)对隐蔽工程检查与验收是监理人员的正常工作之一；监理人员应根据承包单位报送的隐蔽工程报验申请表和自检结果进行现场检查，应经监理人员检查、验收、签证后才能隐蔽，才能进行下一道工序；对未经监理人员验收或验收不合格的工序，监理人员应拒绝签认，并要求承包单位严禁进行下一道工序的施工。

(5)停工整顿后、复工前的检查。当施工单位严重违反有关规定时，监理人员可行使质量否决权，令其停工；当因其他原因停工后需复工时，均需检查复工条件符合要求后方可下达复工令。

(6)分项工程、分部工程完成及单位工程竣工后，需经监理人员检查认可。专业监理工程师应对承包单位报送的分项工程质量验评资料进行审核，符合要求后予以签认；总监理工程师应组织监理人员对承包单位报送的分部工程和单位工程质量验评资料进行审核和现场检查，符合要求后予以签认。

### (四)施工阶段质量控制的手段

目前，监理人员进行工程施工过程质量控制的手段主要有以下几种。

#### 1. 见证、旁站、巡视和平行检验

见证、旁站、巡视和平行检验是监理人员现场监控的几种主要形式。见证是由监理人员现场监督某工序全过程完成情况的活动；旁站是在关键部位或关键工序施工过程中，由监理人员在现场进行的监督活动；巡视是监理人员对正在施工的部位或工序在现场进行的定期或不定期的监督活动；平行检验是项目监理机构利用一定的检查或检测手段，在承包单位自检的基础上，按照一定的比例独立进行检查或检测的活动。

#### 2. 指令文件和一般管理文书

指令文件是监理工程师运用指令控制权的具体形式。所谓指令文件，是表达监理工程师对施工承包单位提出指示或命令的书面文件，属于要求强制性执行的文件。一般情况下是监理工程师从全局利益和目标出发，在对某项施工作业或管理问题，经过充分调研、沟通和决策之后，必须要求承包人严格按监理工程师的意图和主张实施的工作。对此承包人负有全面正确执行指令的责任，监理工程师负有监督指令实施效果的责任。因此，它是一种非常慎用而严肃的管理手段。监理工程师的各项指令都应是书面的或有文件记载方为有效，并作为技术文件资料存档。如因时间紧迫，来不及作出正式的书面指令，也可以用口头指令的方式下达给承包单位，但随即应按合同规定，及时补充书面文件，对口头指令予以确认。指令文件一般均以监理工程师通知的方式下达，在监理指令中，也包括《工程开工指令》《工程暂停指令》及《工程复工指令》等。

一般管理文书，如监理工程师函、备忘录、会议纪要、发布有关信息、通报等，主要是对承包商工作状态和行为提出建议、希望和劝阻等，不属于强制性要求执行，仅供承包人自主决策参考。

#### 3. 严格执行监理程序

在质量监理的过程中严格执行监理程序，也是强化施工单位的质量管理意识、保证工程质量的有效手段。当规定施工单位没有对工程项目的质量进行自检时，监理人员可以拒绝对工程进行检查和验收，以便强化施工单位自身质量控制的机能；规定没有监理人员签发的中间交工证书时，施工单位就不能进行下道工序的施工，这样做可以促进施工单位坚持按施工规范施工，从而能保证工作的正常进行。

#### 4. 工地例会、专题会议

监理工程师可通过工地例会检查分析工程项目质量状况，针对存在的质量问题提出改进措施。对于复杂的技术问题或质量问题，还可以及时召开专题会议解决。

#### 5. 测量复核

在工程建设中，测量复核工作贯穿于施工监理的全过程。工程开工前，监理人员应对控制点和放线进行核查；在施工过程中，不仅要对承包单位报送的施工测量放线成果进行复验和确认，还要对工程的标高、轴线、垂直度等进行复核；工程完成后，应采取测量的手段，对工程的几何尺寸、轴线、高程、垂直度等进行验收。

## 6. 工程计量与支付工程款

工程计量是根据设计文件及承包合同中关于工程量计算的规定，项目监理机构对承包单位申报的已完成工程的工程量进行的核验。

对合同管理的重要手段是经济手段。对施工承包单位支付任何工程款项，均需要由总监理工程师审核签认支付证明书，没有总监理工程师签署的支付证书，建设单位不得向承包单位支付工程款。工程款支付的条件之一就是工程质量要达到规定的要求和标准。如果承包单位的工程质量达不到要求的标准，监理工程师有权采取拒绝签署支付证书的手段，停止对承包单位支付部分或全部工程款，由此造成的损失由承包单位负责。显然，这是十分有效的控制手段和约束手段。

## 本章小结

本章主要介绍了建设工程目标控制的基本概念，工程建设目标的确定、分解、任务、措施、管理，工程建设三大目标之间的关系，工程投资控制、进度控制、质量控制的目标与内容。通过本章的学习，应对目标控制有基本的认识，对工程投资控制、进度控制、质量控制有较深的理解，为日后的工作打下基础。

## 思考与练习

### 一、填空题

1. 建设工程监理的核心是_____、_____和_____。

2. 工程建设目标的措施有_____、_____、_____、_____。

3. 投资控制目标的设置应是随着工程建设实践的不断深入而_____设置。

4. 施工阶段编制资金使用计划的目的是控制施工阶段投资，合理地确定工程项目投资控制目标值，也就是根据工程概算或预算确定计划投资的_____、_____、_____。

5. 建设工程进度控制的最终目的是确保建设项目_____或_____，建设工程进度控制的总目标是_____。

6. 影响工程的因素很多，但归纳起来主要有五个方面，即_____、_____、_____、_____和_____，简称4M1E。

### 二、选择题

1. 在建设工程目标管理中，控制流程的每一个循环都始于（　　）。

A. 计划　　　　　　B. 转换　　　　　　C. 投入　　　　　　D. 输出

2. 工程建设项目的三大目标控制不包括（　　）。

A. 投资控制　　　　B. 进度控制　　　　C. 安全控制　　　　D. 质量控制

3. 由建设工程造价、进度、质量三大目标之间存在对立关系可知，建设工程三大目标应（　　）。

A. 同时达到最优　　　　　　　　　B. 分别进行分析与论证

C. 作为一个系统统筹考虑　　　　　D. 尽可能进行定量的分析

4. 关于目标分解结构与组织分解结构的说法，下列表述正确的是(　　)。

A. 目标分解结构较细、层次较少，而组织分解结构较粗、层次较多

B. 目标分解结构较粗、层次较少，而组织分解结构较细、层次较多

C. 目标分解结构较粗、层次较多，而组织分解结构较细、层次较少

D. 目标分解结构较细、层次较多，而组织分解结构较粗、层次较少

5. 在工程建设过程中，影响建设工程进度的常见因素不包括(　　)。

A. 业主因素

B. 勘察设计因素

C. 自然环境因素

D. 国家及政府有关部门颁布的有关质量管理方面的法律、法规性文件

## 三、简答题

1. 简述监理控制的类型。

2. 项目监理机构在制定监理工作目标时应注意哪些事项？

3. 工程建设目标分解应遵循哪几个原则？

4. 工程建设目标的任务有哪些？

5. 简述工程建设三大目标之间的对立关系。

6. 简述建设工程进度调整的系统过程。

7. 简述建设工程进度计划的调整方法。

8. 建设工程质量的特效主要表现在哪几个方面？

9. 施工阶段质量控制的依据有哪些？

# 第六章 建设工程合同管理

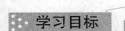

**学习目标**

了解监理合同的作用、特点、形式，施工合同的概念、特点、作用；掌握《建设工程监理合同（示范文本）》（GF—2012—0202）、《建设工程施工合同（示范文本）》（GF—2017—0201），建设工程施工合同的订立与履行，施工合同争议的处理，合同的解除与索赔。

**能力目标**

具备签订一般施工合同的能力；初步具备施工合同管理的能力。

## 第一节 建设工程监理合同

建设工程监理合同是指委托人（建设单位）与监理人（工程监理单位）就委托的建设工程监理与相关服务内容签订的明确双方义务和责任的协议。其中，委托人是指委托工程监理与相关服务的一方及其合法的继承人或受让人；监理人提供监理与相关服务的一方及其合法的继承人。

### 一、监理合同的作用与特点

#### 1. 监理合同的作用

建设工程监理制是我国建筑业在市场经济条件下保证工程质量、规范市场主体行为、提高管理水平的一项重要措施。工程监理与发包人和承包商共同构成了建筑市场的主体，为了使建筑市场的管理规范化、法制化，大型工程建设项目不仅要实行建设监理制，而且要求发包人必须以合同形式委托监理任务。监理工作的委托与被委托实质上是一种商业行为，所以，必须以书面合同形式来明确工程服务的内容，以便为发包人和监理单位的共同利益服务。监理合同不仅明确了双方的责任和合同履行期间应遵守的各项约定，成为当事人的行为准则，而且可以作为保护任何一方合法权益的依据。

作为合同当事人一方的建设工程监理公司应具备相应的资格，不仅要求其是依法成立并已注册的法人组织，而且要求它所承担的监理任务应与其资质等级和营业执照中批准的业务范围相一致，既不允许低资质的监理公司承接高等级工程的监理业务，也不允许承接虽与资质级别相适应，但工作内容超越其监理能力范围的工作，以保证所监理工程的目标顺利、圆满实现。

2. 监理合同的特点

监理合同是委托合同的一种，除具有委托合同的共同特点外，还具有以下特点：

（1）监理合同的当事人双方应当是具有民事权力能力和民事行为能力、取得法人资格的企事业单位、其他社会组织，个人在法律允许的范围内也可以成为合同当事人。委托人必须是具有国家批准的建设项目，落实投资计划的企事业单位、其他社会组织及个人，作为受托人必须是依法成立具有法人资格的监理企业，并且所承担的工程监理业务应与企业资质等级和业务范围相符合。

（2）监理合同委托的工作内容必须符合工程项目建设程序，遵守有关法律、行政法规。监理合同以对建设工程项目实施控制和管理为主要内容，因此，监理合同必须符合建设工程项目的程序，符合国家和住房城乡建设主管部门颁发的有关建设工程的法律、行政法规、部门规章和各种标准、规范要求。

（3）委托监理合同的标的是服务，建设工程实施阶段所签订的其他合同，如勘察设计合同、施工承包合同、物资采购合同、加工承揽合同的标的物是产生新的物质成果或信息成果，而监理合同的标的是服务，即监理工程师凭借自己的知识、经验、技能受发包人委托为其所签订其他合同的履行实施监督和管理。

## 二、监理合同的形式

为了明确监理合同当事人双方的权利和义务关系，应当以书面形式签订监理合同，而不能采用口头形式。由于发包人委托监理任务有繁有简，具体工程监理工作的特点各异，因此监理合同的内容和形式也不尽相同。经常采用的合同形式有以下几种：

（1）双方协商签订的合同。这种监理合同以法律和法规的要求为基础，双方根据委托监理工作的内容和特点，通过友好协商订立有关条款，达成一致后签字盖章生效。合同的格式和内容不受任何限制，双方就权利和义务所关注的问题以条款形式具体约定即可。

（2）信件式合同。通常由监理单位编制有关内容，由发包人签署批准意见，并留一份备案后退给监理单位执行。这种合同形式适用于监理任务较小或简单的小型工程。也可能是在正规合同的履行过程中，依据实际工作进展情况，监理单位认为需要增加某些监理工作任务时，以信件的形式请示发包人，经发包人批准后作为正规合同的补充合同文件。

（3）委托通知单。正规合同在履行过程中，发包人以通知单形式将监理单位在订立委托合同时建议增加而当时未接受的工作内容进一步委托给监理方。这种委托只是在原定工作范围之外增加少量工作任务，一般情况下，原订合同中的权利和义务不变。如果监理单位不表示异议，委托通知单就成为监理单位所接受的协议。

（4）标准化合同。为了使委托监理行为规范化，减少合同履行过程中的争议或纠纷，政府部门或行业组织制定出标准化的合同示范文本，供委托监理任务时作为合同文件采用。标准化合同通用性强，采用规范的合同格式，条款内容覆盖面广，双方只要就达成一致的内容写入相应的具体条款中即可。标准合同由于将履行过程中涉及的法律、技术、经济等各方面问题都做出了相应的规定，合理地分担双方当事人的风险并约定了各种情况下的执行程序，不仅有利于双方在签约时讨论、交流和统一认识，而且有助于监理工作的规范化实施。

### 三、《建设工程监理合同（示范文本）》（GF—2012—0202）的结构

建设工程监理合同的订立，意味着委托关系的形成，委托人与监理人之间的关系将受到合同约束。为了规范建设工程监理合同，住房和城乡建设部与原国家工商行政管理总局[①]于2012年3月发布了《建设工程监理合同（示范文本）》（GF—2012—0202），该合同示范文本由"协议书""通用条件""专用条件"、附录A和附录B组成。

1. 协议书

协议书不仅明确了委托人和监理人，而且明确了双方约定的委托建设工程监理与相关服务的工程概况（工程名称、工程地点、工程规模、工程概算投资额或建筑安装工程费）；总监理工程师（姓名、身份证号、注册号）；签约酬金（监理酬金、相关服务酬金）；服务期限（监理期限、相关服务期限）；双方对履行合同的承诺及合同订立的时间、地点、份数等。

协议书还明确了建设工程监理合同的组成文件：

（1）协议书。

（2）中标通知书（适用于招标工程）或委托书（适用于非招标工程）。

（3）投标文件（适用于招标工程）或监理与相关服务建议书（适用于非招标工程）。

建设工程监理合同
（示范文本）

（4）专用条件。

（5）通用条件。

（6）附录，即：

1）附录A 相关服务的范围和内容。

2）附录B 委托人派遣的人员和提供的房屋、资料、设备。

建设工程监理合同签订后，双方依法签订的补充协议也是建设工程监理合同文件的组成部分。

协议书是一份标准的格式文件，经当事人双方在空格处填写具体规定的内容并签字盖章后，即发生法律效力。

2. 通用条件

通用条件涵盖了建设工程监理合同中所用的词语定义与解释，监理人的义务，委托人的义务，签约双方的违约责任，酬金支付，合同的生效、变更、暂停、解除与终止，争议解决及其他诸如外出考察费用、检测费用、咨询费用、奖励、守法诚信、保密、通知、著作权等方面的约定。通用文件适用于各类建设工程监理，各委托人、监理人都应遵守通用条件中的规定。

3. 专用条件

由于通用条件适用于各行业、各专业建设工程监理，因此，其中的某些条款规定得比较笼统，需要在签订具体建设工程监理合同时，结合地域特点、专业特点和委托监理的工

---

①今为国家市场监督管理总局。

程特点，对通用条件中的某些条款进行补充、修改。

所谓"补充"，是指通用条件中的条款明确规定，在该条款确定的原则下，专用条件中的条款需要进一步明确具体内容，使通用条件、专用条件中相同序号的条款共同组成一条内容完备的条款。如通用条件 2.2.1 规定，监理依据包括以下几项：

(1)适用的法律、行政法规及部门规章。

(2)与工程有关的标准。

(3)工程设计及有关文件。

(4)本合同及委托人与第三方签订的与实施工程有关的其他合同。

双方根据建设工程的行业和地域特点，在专用条件中具体约定监理依据。

就具体建设工程监理而言，委托人与监理人就需要根据工程的行业和地域特点，在专用条件中相同序号(2.2.1)条款中明确具体的监理依据。

所谓"修改"，是指通用条件中规定的程序方面的内容，如果双方认为不合适，可以协议修改。如通用条件 3.4 中规定，"委托人应授权一名熟悉工程情况的代表，负责与监理人联系。委托人应在双方签订本合同后 7 天内，将委托人代表的姓名和职责书面告知监理人。当委托人更换委托人代表时，应提前 7 天通知监理人。"如果委托人或监理人认为 7 天的时间太短，则经双方协商达成一致意见后，可在专用条件相同序号条款中写明具体的延长时间，如改为 14 天等。

4. 附录

附录包括两部分，即附录 A 和附录 B。

(1)附录 A。如果委托人委托监理人完成相关服务时，应在附录 A 中明确约定委托的工作内容和范围。委托人根据工程建设管理需要，可以自主委托全部内容，也可以委托某个阶段的工作或部分服务内容。如果委托人仅委托建设工程监理，则不需要填写附录 A。

(2)附录 B。委托人为监理人开展正常监理工作派遣的人员和无偿提供的房屋、资料、设备，应在附录 B 中明确约定派遣或提供的对象、数量和时间。

## 四、监理合同的履行

### (一)监理人的义务

1. 监理的范围和工作内容

(1)监理的范围。建设工程监理范围可能是整个建设工程，也可能是建设工程中一个或若干个施工标段，还可能是一个或若干施工标段的部分工程(如土建工程、机电设备安装工程、玻璃幕墙工程、桩基工程等)。合同双方需要在专用条件中明确建设工程监理的具体范围。

(2)监理的工作内容。监理人需要完成的基本工作如下：

1)收到工程设计文件后编制监理规划，并在第一次工地会议 7 天前报委托人。根据有关规定和监理工作需要，编制监理实施细则。

2)熟悉工程设计文件，并参加由委托人主持的图纸会审和设计交底会议。

3)参加由委托人主持的第一次工地会议；主持监理例会并根据工程需要主持或参加专题会议。

4)审查施工承包人提交的施工组织设计，重点审查其中的质量安全技术措施、专项施工方案与工程建设强制性标准的符合性。

5)检查施工承包人工程质量、安全生产管理制度及组织机构和人员资格。

6)检查施工承包人专职安全生产管理人员的配备情况。

7)审查施工承包人提交的施工进度计划，核查承包人对施工进度计划的调整。

8)检查施工承包人的试验室。

9)审核施工分包人资质条件。

10)查验施工承包人的施工测量放线成果。

11)审查工程开工条件，对条件具备的签发开工令。

12)审查施工承包人报送的工程材料、构配件、设备质量证明文件的有效性和符合性，并按规定对用于工程的材料采取平行检验或见证取样方式进行抽检。

13)审核施工承包人提交的工程款支付申请，签发或出具工程款支付证书，并报委托人审核、批准。

14)在巡视、旁站和检验过程中，发现工程质量、施工安全存在事故隐患的，要求施工承包人整改并报委托人。

15)经委托人同意，签发工程暂停令和复工令。

16)审查施工承包人提交的采用新材料、新工艺、新技术、新设备的论证材料及相关验收标准。

17)验收隐蔽工程、分部分项工程。

18)审查施工承包人提交的工程变更申请，协调处理施工进度调整、费用索赔、合同争议等事项。

19)审查施工承包人提交的竣工验收申请，编写工程质量评估报告。

20)参加工程竣工验收，签署竣工验收意见。

21)审查施工承包人提交的竣工结算申请并报委托人。

22)编制、整理工程监理归档文件并报委托人。

(3)相关服务的范围和内容。委托人需要监理人提供相关服务(如勘察阶段、设计阶段、保修阶段服务及相关专业技术咨询、外部协调工作等)的，其范围和内容应在附录A中约定。

2. 监理机构和人员

(1)人员应具有相应的资格条件。

(2)在建设工程监理合同履行过程中，总监理工程师及重要岗位监理人员应保持相对稳定，以保证监理工作正常进行。

(3)监理人可根据工程进展和工作需要调整项目监理机构人员。监理人更换总监理工程师时，应提前7天向委托人书面报告，经委托人同意后方可更换；监理人更换项目监理机构其他监理人员，应以相当资格与能力的人员替换，并通知委托人。

(4)监理人应及时更换有下列情形之一的监理人员：

1)严重过失行为的。

2)有违法行为不能履行职责的。

3)涉嫌犯罪的。

4)不能胜任岗位职责的。

5)严重违反职业道德的。

6)专用条件约定的其他情形。

(5)委托人可要求监理人更换不能胜任本职工作的项目监理机构人员。

3. 履行职责

监理人应遵循职业道德准则和行为规范,严格按照法律法规、工程建设有关标准及本合同履行职责。

(1)在监理与相关服务范围内,委托人和承包人提出的意见和要求,监理人应及时提出处置意见。当委托人与承包人之间发生合同争议时,监理人应协助委托人、承包人协商解决。

(2)当委托人与承包人之间的合同争议提交仲裁机构仲裁或人民法院审理时,监理人应提供必要的证明资料。

(3)监理人应在专用条件约定的授权范围内,处理委托人与承包人所签订合同的变更事宜。如果变更超过授权范围,则应以书面形式报委托人批准。

在紧急情况下,为了保护财产和人身安全,监理人所发出的指令未能事先报委托人批准时,应在发出指令后的 24 小时内以书面形式报委托人。

(4)施工承包人及其他合同段当事人的人员不称职,会影响假设工程的顺利实施。为此,项目监理机构有权要求施工承包人及其他合同当事人调换其不能胜任本职工作的人员。

与此同时,为限制项目监理机构在此方面有过大的权力,委托人与监理人可在专用条件中约定项目监理机构指令施工承包人及其他合同的当事人调换其人员的限制条件。

4. 其他义务

(1)提交报告。项目监理机构应按专用条件约定的种类、时间和份数向委托人提交监理与相关服务的报告,包括监理规划、监理月报,还可根据需要提交专项报告等。

(2)文件资料。在监理合同履行期内,项目监理机构应在现场保留工作所用的图纸、报告及记录监理工作的相关文件。工程竣工后,应当按照档案管理规定将监理有关文件归档。

建设工程监理工作中所用的图纸、报告是建设工程监理工作的重要依据,记录建设工程监理工作的相关文件是建设工程监理工作的重要证据,也是衡量建设工程监理效果的主要依据之一。发生工程质量、生产安全事故时,其也是判别建设工程监理责任的重要依据。项目监理机构应设专人负责建设工程监理文件资料管理工作。

(3)使用委托人的财产。在建设工程监理与相关服务过程中,委托人派遣的人员以及提供给项目监理机构无偿使用的房屋、资料、设备应在附录 B 中予以明确。监理人应妥善使用和保管,并在合同终止时将这些房屋、设备按专用条件约定的时间和方式移交委托人。

**(二)委托人的义务**

1. 告知

委托人应在其与施工承包人及其他合同当事人签订的合同中明确监理人、总监理工程师和授予项目监理机构的权限。

如果监理人、总监理工程师及委托人授予项目监理机构的权限有变更,委托人也应以书面形式及时通知施工承包人及其他合同当事人。

2. 提供资料

委托人应按照附录 B 约定,无偿、及时向监理人提供工程有关资料。在建设工程监理合同履行过程中，委托人应及时向监理人提供最新的与工程有关的资料。

3. 提供工作条件

委托人应为监理人实施监理与相关服务提供必要的工作条件。

(1)派遣人员并提供房屋、设备。委托人应按照附录B约定，派遣相应的人员，如果所派遣的人员不能胜任所安排的工作，监理人可要求委托人调换。

委托人还应按照附录B约定，提供房屋、设备，供监理人无偿使用。如果在使用过程中所发生的水、电、煤、油及通信费用等需要监理人支付的，应在专用条件中约定。

(2)协调外部关系。委托人应负责协调工程建设中所有外部关系，为监理人履行合同提供必要的外部条件。这里的外部关系是指与工程有关的各级政府住房城乡建设主管部门、建设工程安全质量监督机构，以及城市规划、卫生防疫、人防、技术监督、交警、乡镇街道等管理部门之间的关系，还有与工程有关的各管线单位等之间的关系。如果委托人将工程建设中所有或部分外部关系的协调工作委托监理人完成的，则应与监理人协商，并在专用条件中约定或签订补充协议，支付相关费用。

4. 授权委托人代表

委托人应授权一名熟悉工程情况的代表，负责与监理人联系。委托人应在双方签订合同后7d内，将其代表的姓名和职责书面告知监理人。当委托人更换其代表时，也应提前7天通知监理人。

5. 委托人意见或要求

在建设工程监理合同约定的监理与相关服务工作范围内，委托人对承包人的任何意见或要求应通知监理人，由监理人向承包人发出相应指令。

这样，有利于明确委托人与承包单位之间的合同责任，保证监理人独立、公平地实施监理工作与相关服务，避免出现不必要的合同纠纷。

6. 答复

对于监理人以书面形式提交委托人并要求做出决定的事宜，委托人应在专用条件约定的时间内给予书面答复。逾期未答复的，视为委托人认可。

7. 支付

委托人应按合同(包括补充协议)约定的额度、时间和方式向监理人支付酬金。

## (三)违约责任

1. 监理人的违约责任

监理人未履行监理合同义务的，应承担相应的责任。

(1)因监理人违反监理合同约定给委托人造成损失的，监理人应当赔偿委托人损失。赔偿金额的确定方法在专用条件中约定。监理人承担部分赔偿责任的，其承担赔偿金额由双方协商确定。

(2)监理人向委托人的索赔不成立时，监理人应赔偿委托人由此发生的费用。

2. 委托人的违约责任

委托人未履行监理合同义务的，应承担相应的责任。

(1)委托人违反监理合同约定造成监理人损失的，委托人应予以赔偿。

(2)委托人向监理人的索赔不成立时，应赔偿监理人由此引起的费用。

(3)委托人未能按期支付酬金超过28天，应按专用条件约定支付逾期付款利息。

因非监理人的原因，且监理人无过错，发生工程质量事故、安全事故、工期延误等造成的损失，监理人不承担赔偿责任。这是由于监理人不承包工程的实施，因此，在监理人无过错的前提下，由于第三方原因使建设工程遭受损失的，监理人不承担赔偿责任。

因不可抗力导致监理合同全部或部分不能履行时，双方各自承担其因此而造成的损失、损害。不可抗力是指合同双方当事人均不能预见、不能避免、不能克服的客观原因引起的事件，根据《合同法》第一百一十七条"因不可抗力不能履行合同的，根据不可抗力的影响，部分或者全部免除责任"的规定，按照公平、合理原则，合同双方当事人应各自承担其因不可抗力而造成的损失、损害。

因不可抗力导致监理人现场的物质损失和人员伤害，由监理人自行负责。如果委托人投保的"建筑工程一切险"或"安装工程一切险"的被保险人中包括监理人，则监理人的物质损害也可从保险公司获得相应的赔偿。

监理人应自行投保现场监理人员的意外伤害保险。

### (四)合同的生效、变更与终止

1. 生效

除法律另有规定或者专用条件另有约定外，委托人和监理人的法定代表人或其授权代理人在协议书上签字并盖单位章后本合同生效。

2. 变更

(1)任何一方提出变更请求时，双方经协商一致后可进行变更。

(2)除不可抗力外，因非监理人原因导致监理人履行合同期限延长、内容增加时，监理人应当将此情况与可能产生的影响及时通知委托人。增加的监理工作时间、工作内容应视为附加工作。附加工作酬金的确定方法在专用条件中约定。

(3)合同生效后，如果实际情况发生变化使得监理人不能完成全部或部分工作，监理人应立即通知委托人。除不可抗力外，其善后工作及恢复服务的准备工作应为附加工作，附加工作酬金的确定方法在专用条件中约定。监理人用于恢复服务的准备时间不应超过28天。

(4)合同签订后，遇有与工程相关的法律法规、标准颁布或修订的，双方应遵照执行。由此引起监理与相关服务的范围、时间、酬金变化的，双方应通过协商进行相应调整。

(5)因非监理人原因造成工程概算投资额或建筑安装工程费增加时，正常工作酬金应作相应调整。调整方法在专用条件中约定。

(6)因工程规模、监理范围的变化导致监理人的正常工作量减少时，正常工作酬金应作相应调整。调整方法在专用条件中约定。

3. 暂停与解除

除双方协商一致可以解除合同外，当一方无正当理由未履行合同约定的义务时，另一方可以根据合同约定暂停履行合同直至解除合同。

(1)在合同有效期内，由于双方无法预见和控制的原因导致合同全部或部分无法继续履行或继续履行已无意义，经双方协商一致，可以解除合同或监理人的部分义务。在解除之前，监理人应按诚信原则做出合理安排，将解除合同导致的工程损失减至最小。

除不可抗力等原因依法可以免除责任外，因委托人原因致使正在实施的工程取消或暂停等，监理人有权获得因合同解除导致损失的补偿。补偿金额由双方协商确定。

解除合同的协议必须采取书面形式，协议未达成之前，监理合同仍然有效，双方当事人应继续履行合同约定的义务。

（2）委托人因不可抗力影响、筹措建设资金遇到困难、与施工承包人解除合同、办理相关审批手续、征地拆迁遇到困难等导致工程施工全部或部分暂停时，应书面通知监理人暂停全部或部分工作。监理人应立即安排停止工作，并将开支减至最少。除不可抗力外，由此导致监理人遭受的损失应由委托人予以补偿。

暂停全部或部分监理或相关服务的时间超过 182 天，监理人可自主选择继续等待委托人恢复服务的通知，也可向委托人发出解除全部或部分义务的通知。若暂停服务仅涉及合同约定的部分工作内容，则视为委托人已将此部分约定的工作从委托任务中删除，监理人不需要再履行相应义务；如果暂停全部服务工作，按委托人违约对待，监理人可单方解除合同。监理人可发出解除合同的通知，合同自通知到达委托人时解除。委托人应将监理与相关服务的酬金支付至合同解除日。

委托人因违约行为给监理人造成损失的，应承担违约赔偿责任。

（3）当监理人无正当理由未履行合同约定的义务时，委托人应通知监理人限期改正。委托人在发出通知后 7 天内没有收到监理人书面形式的合理解释，即监理人没有采取实质性改正违约行为的措施，则可进一步发出解除合同的通知，自通知到达监理人时合同解除。委托人应将监理与相关服务的酬金支付至限期改正通知到达监理人之日。

监理人因违约行为给委托人造成损失的，应承担违约赔偿责任。

（4）委托人按期支付酬金是其基本义务。监理人在专用条件约定的支付日的 28 天后未收到应支付的款项，可发出酬金催付通知。

委托人接到通知 14 天后仍未支付或未提出监理人可以接受的延期支付安排，监理人可向委托人发出暂停工作的通知并可自行暂停全部或部分工作。暂停工作后 14 天内监理人仍未获得委托人应付酬金或委托人的合理答复，监理人可向委托人发出解除合同的通知，自通知到达委托人时合同解除。

委托人应对支付酬金的违约行为承担违约赔偿责任。

（5）因不可抗力致使合同部分或全部不能履行时，一方应立即通知另一方，可暂停或解除合同。根据《合同法》，双方受到的损失、损害各负其责。

（6）无论是协商解除合同还是委托人或监理人单方解除合同，合同解除生效后，合同约定的有关结算、清理条款仍然有效。单方解除合同的解除通知到达对方时生效，任何一方对对方解除合同的行为有异议，仍可按照约定的合同争议条款采用调解、仲裁或诉讼的程序保护自己的合法权益。

4. 终止

以下条件全部成就时，监理合同即告终止：

（1）监理人完成合同约定的全部工作。

（2）委托人与监理人结清并支付全部酬金。

工程竣工并移交并且满足监理合同终止的全部条件。上述条件全部成立时，监理合同有效期终止。

# 第二节  建设工程施工合同概述

## 一、建设工程施工合同的概念

建设工程施工合同是发包人与承包人就完成具体工程项目的建筑施工、设备安装、设备调试、工程保修等工作内容，确定双方权利和义务的协议。施工合同是建设工程合同的一种，它与其他建设工程合同一样是双务有偿合同，在订立时应遵守自愿、公平、诚实信用等原则。

建设工程施工合同是建设工程的主要合同之一，其标的是将设计图纸变为满足功能、质量、进度、造价等发包人投资预期目的的建筑产品。

作为施工合同的当事人，业主和承包商必须具备签订合同的资格和履行合同的能力。对业主而言，必须具备相应的组织协调能力，实施对合同范围内的工程项目建设的管理；对承包商而言，必须具备有关部门核定的资质等级，并持有营业执照等证明文件。

## 二、建设工程施工合同的特点

### 1. 合同标的的特殊性

施工合同的标的是各类建筑产品，建筑产品是不动产，建造过程中往往受到各种因素的影响。这就决定了每个施工合同的标的物不同于工厂批量生产的产品，具有单件性的特点。所谓"单件性"，是指不同地点建造的相同类型和级别的建筑，施工过程中所遇到的情况不尽相同，在甲工程施工中遇到的困难在乙工程不一定发生，而在乙工程施工中可能出现甲工程没有发生过的问题。这就决定了每个施工合同的标的都是特殊的，相互之间具有不可替代性。

### 2. 合同履行期限的长期性

由于建筑产品体积庞大、结构复杂、施工周期都较长，施工工期少则几个月，一般都是几年甚至十几年，在合同实施过程中不确定影响因素多，受外界自然条件影响大，合同双方承担的风险高，当主观和客观情况变化时，就有可能造成施工合同的变化，因此，施工合同的变更较频繁，施工合同争议和纠纷也比较多。

### 3. 合同内容的多样性和复杂性

与大多数合同相比较，施工合同的履行期限长、标的额大，涉及的法律关系则包括了劳动关系、保险关系、运输关系、购销关系等，具有多样性和复杂性。这就要求施工合同的条款应当尽量详尽。

### 4. 合同管理的严格性

合同管理的严格性主要体现在：对合同签订管理的严格性；对合同履行管理的严格性；对合同主体管理的严格性。

施工合同的这些特点，使得施工合同无论是在合同文本结构，还是在合同内容上，都要反映适应其特点，符合工程项目建设客观规律的内在要求，以保护施工合同当事人的合法权益，促使当事人严格履行自己的义务和职责，提高工程项目的综合社会、经济、效益。

### 三、建设工程施工合同的作用

(1)明确建设单位与施工企业在施工中的权利和义务。施工合同一经签订，即具有法律效力，是合同双方在履行合同中的行为准则，双方都应以施工合同作为行为的依据。

(2)有利于对工程施工的管理。合同当事人对工程施工的管理应以合同为依据。有关的国家机关、金融机构对施工的监督和管理，也是以施工合同为其重要依据的。

(3)有利于建筑市场的培育和发展。随着社会主义市场经济新体制的建立，建设单位和施工单位将逐渐成为建筑市场的合格主体，建设项目实行真正的业主负责制，施工企业参与市场公平竞争。在建筑商品交换过程中，双方都要利用合同这一法律形式，明确规定各自的权利和义务，以最大限度地实现自己的经济目的和经济效益。施工合同作为建筑商品交换的基本法律形式，贯穿于建筑交易的全过程。无数建设工程合同的依法签订和全面履行是建立一个完善的建筑市场的最基本条件。

(4)是进行监理的依据和推行监理制的需要。在监理制度中，行政干预的作用被淡化了，建设单位(业主)、施工企业(承包商)、监理单位三者的关系是通过建设工程监理合同和施工合同来确立的。国内外实践经验表明，建设工程监理的主要依据是合同。监理工程师在工程监理过程中要做到坚持按合同办事、按规范办事、按程序办事。监理工程师必须根据合同秉公办事，监督业主和承包商履行各自的合同义务，因此，承发包双方签订一个内容合法，条款公平、完备，适应建设监理要求的施工合同是监理工程师实施公正监理的根本前提条件，也是推行建设监理制的内在要求。

### 四、《建设工程施工合同(示范文本)》(GF—2017—0201)的结构

《建设工程施工合同(示范文本)》(GF—2017—0201)合同示范文本由"合同协议书""通用合同条款""专用合同条款"组成。

**(一)合同协议书**

建设工程施工合同
(示范文本)

(1)工程概况。

(2)合同工期。

(3)质量标准。

(4)签约合同价与合同价格形式。

(5)项目经理。

(6)合同文件构成。本协议书与下列文件一起构成合同文件：

1)中标通知书(如果有)；

2)投标函及其附录(如果有)；

3)专用合同条款及其附件；

4)通用合同条款；

5)技术标准和要求；

6)图纸；

7)已标价工程量清单或预算书；

8)其他合同文件。

在合同订立及履行过程中形成的与合同有关的文件均构成合同文件组成部分。

上述各项合同文件包括合同当事人就该项合同文件所做出的补充和修改，属于同一类内容的文件，应以最新签署的为准。专用合同条款及其附件须经合同当事人签字或盖章。

（7）承诺。

1）发包人承诺按照法律规定履行项目审批手续、筹集工程建设资金并按照合同约定的期限和方式支付合同价款。

2）承包人承诺按照法律规定及合同约定组织完成工程施工，确保工程质量和安全，不进行转包及违法分包，并在缺陷责任期及保修期内承担相应的工程维修责任。

3）发包人和承包人通过招投标形式签订合同的，双方理解并承诺不再就同一工程另行签订与合同实质性内容相背离的协议。

（8）词语含义。

（9）签订时间。

（10）签订地点。

（11）补充协议。合同未尽事宜，合同当事人另行签订补充协议，补充协议是合同的组成部分。

（12）合同生效。

（13）合同份数。

## （二）通用合同条款

通用合同条款包括20条，标题分别为：一般约定；发包人；承包人；监理人；工程质量；安全文明施工与环境保护；工期和进度；材料与设备；试验与检验；变更；价格调整；合同价格、计量与支付；验收和工程试车；竣工结算；缺陷责任与保修；违约；不可抗力；保险；索赔；争议解决。

## （三）专用合同条款

专用合同条款包括20条，标题分别与"通用合同条款"相同。


# 第三节　施工合同管理的主要内容


## 一、施工合同的订立

合同签订的过程，是当事人双方互相协商并最后就各方的权利、义务达成一致意见的过程。签约是双方意志统一的表现。

签订工程施工合同的时间很长，实际上它是从准备招标文件开始，继而招标、投标、评标、中标，直至合同谈判结束为止的一整段时间。

### 1. 施工合同签订的原则

施工合同签订的原则是指贯穿于订立施工合同的整个过程，对承发包双方签订合同起指导和规范作用，双方均应遵守的准则。其主要有依法签订原则、平等互利协商一致原则、等价有偿原则、严密完备原则和履行法律程序原则等。具体内容见表6-1。

表 6-1　施工合同签订的原则

| 原　则 | 说　明 |
|---|---|
| 依法签订的原则 | (1)必须依据《中华人民共和国经济合同法》《建筑安装工程承包合同条例》《建设工程合同管理办法》等有关法律、法规。<br>(2)合同的内容、形式、签订的程序均不得违法。<br>(3)当事人应当遵守法律、行政法规和社会公德，不得扰乱社会经济秩序，不得损害社会公共利益。<br>(4)根据招标文件的要求，结合合同实施中可能发生的各种情况进行周密、充分的准备，按照"缔约过失责任原则"保护企业的合法权益 |
| 平等互利协商一致的原则 | (1)发包方、承包方作为合同的当事人，双方均平等地享有经济权利平等地承担经济义务，其经济法律地位是平等的，没有主从关系。<br>(2)合同的主要内容，须经双方经过协商、达成一致，不允许一方将自己的意志强加于对方、一方以行政手段干预对方并压服对方等现象发生 |
| 等价有偿的原则 | (1)签约双方的经济关系要合理，当事人的权利义务是对等的。<br>(2)合同条款中也应充分体现等价有偿原则，即<br>1)一方给付，另一方必须按价值相等原则做相应给付；<br>2)不允许发生无偿占有、使用另一方财产现象；<br>3)对工期提前、质量全优要予以奖励；<br>4)延误工期、质量低劣应罚款；<br>5)提前竣工的收益由双方分享 |
| 严密完备的原则 | (1)充分考虑施工期内各个阶段，施工合同主体之间可能发生的各种情况和一切容易引起争端的焦点问题，并预先约定解决问题的原则和方法。<br>(2)条款内容力求完备，避免疏漏，措辞力求严谨、准确、规范。<br>(3)对合同变更、纠纷协调、索赔处理等方面应有严格的合同条款作保证，以减少双方矛盾 |
| 履行法律程序的原则 | (1)签约双方都必须具备签约资格，手续健全齐备。<br>(2)代理人超越代理人权限签订的工程合同无效。<br>(3)签约的程序符合法律规定。<br>(4)签订的合同必须经过合同管理的授权机关签证、公证和登记等手续，对合同的真实性、可靠性、合法性进行审查，并予以确认，方能生效 |

### 2. 施工合同签订时需要明确的内容

针对具体施工项目或标段的合同需要明确约定的内容较多，有些招标时已在招标文件的专用条款中做出了规定，另有一些还需要在签订合同时具体细化相应内容。

(1)施工现场范围和施工临时占地。发包人应明确说明施工现场永久工程的占地范围并提供征地图纸，以及属于发包人施工前期配合义务的有关事项，如从现场外部接至现场的施工用水、用电、用气的位置等，以便承包人进行合理的施工组织。

项目施工如果需要临时用地(招标文件中已说明或承包人投标书内提出要求)，也需明确占地范围和临时用地移交承包人的时间。

(2)发包人提供图纸的期限和数量。标准施工合同适用于发包人提供设计图纸，承包人负责施工的建设项目。由于初步设计完成后即可进行招标，因此订立合同时必须明确约定发包人陆续提供施工图纸的期限和数量。

如果承包人有专利技术且有相应的设计资质，可能约定由承包人完成部分施工图设计。此时也应明确承包人的设计范围、提交设计文件的期限、数量，以及监理人签发图纸修改的期限等。

（3）发包人提供的材料和工程设备。对于包工部分包料的施工承包方式，往往设备和主要建筑材料由发包人负责提供，需明确约定发包人提供的材料和设备分批交货的种类、规格、数量、交货期限和地点等，以便明确合同责任。

（4）异常恶劣的气候条件范围。在施工过程中遇到不利于施工的气候条件直接影响施工效率，甚至被迫停工。气候条件对施工的影响是合同管理中一个比较复杂的问题，"异常恶劣的气候条件"属于发包人的责任，"不利气候条件"对施工的影响则属于承包人应承担的风险，因此，应当根据项目所在地的气候特点，在专用条款中明确界定不利于施工的气候和异常恶劣的气候条件之间的界限。如多少毫米以上的降水、多少级以上的大风、多少温度以上的超高温或超低温天气等，以明确合同双方对气候变化影响施工的风险责任。

（5）物价浮动的合同价格调整。具体可参见下述"二、建设工程施工合同的履行"中的相关内容。

3. 施工合同签订的形式和程序

（1）施工合同签订的形式。《合同法》第十条规定："当事人订立合同，有书面形式、口头形式和其他形式。法律、行政法规规定采用书面形式的，应当采用书面形式。当事人约定采用书面形式的，应当采用书面形式。"书面形式是指合同书、信件和数据电文（包括电报、电传、传真、电子数据交换和电子邮件）等可以有形地表现所载内容的形式。

《合同法》第二百七十条规定："建设工程合同应当采用书面形式。"主要是由于施工合同由于涉及面广、内容复杂、建设周期长、标的金额大。

（2）施工合同签订的程序。作为承包商的建筑施工企业在签订施工合同工作中，主要的工作程序见表6-2。

表6-2　签订施工合同的程序

| 程　　序 | 内　　　　　容 |
| --- | --- |
| 市场调查建立联系 | （1）施工企业对建筑市场进行调查研究。<br>（2）追踪获取拟建项目的情况和信息，以及发包人情况。<br>（3）当对某项工程有承包意向时，可进一步详细调查，并与发包人取得联系 |
| 表明合作意愿投标报价 | （1）接到招标单位邀请或公开招标通告后，企业领导做出投标决策。<br>（2）向招标单位提出投标申请书，表明投标意向。<br>（3）研究招标文件，着手具体投标报价工作 |
| 协商谈判 | （1）接受中标通知书后，组成包括项目经理的谈判小组，依据招标文件和中标书草拟合同专用条款。<br>（2）与发包人就工程项目具体问题进行实质性谈判。<br>（3）通过协商、达成一致，确立双方具体权利与义务，形成合同条款。<br>（4）参照施工合同示范文本和发包人拟订的合同条件与发包人订立施工合同 |

| 程 序 | 内 容 |
|---|---|
| 签署书面合同 | (1)施工合同应采用书面形式的合同文本。<br>(2)合同使用的文字要经双方确定,用两种以上语言的合同文本,须注明几种文本是否具有同等法律效力。<br>(3)合同内容要详尽具体,责任义务要明确,条款应严密完整,文字表达应准确规范。<br>(4)确认甲方,即发包人或委托代理人的法人资格或代理权限。<br>(5)施工企业经理或委托代理人代表承包方与甲方共同签署施工合同 |
| 签证与公证 | (1)合同签署后,必须在合同规定的时限内完成履约保函、预付款保函、有关保险等保证手续。<br>(2)送交工商行政管理部门对合同进行签证并缴纳印花税。<br>(3)送交公证处对合同进行公证。<br>(4)经过签证、公证,确认了合同真实性、可靠性、合法性后,合同发生法律效力,并受法律保护 |

#### 4. 施工合同的审查

在工程实施过程中,常会出现以下合同问题:

(1)合同签订后才发现,合同中缺少某些重要的、必不可少的条款,但双方已签字盖章,难以或不可能再做修改或补充。

(2)在合同实施中发现,合同规定含混,难以分清双方的责任和权益;合同条款之间,不同的合同文件之间规定和要求不一致,甚至互相矛盾。

(3)合同条款本身缺陷和漏洞太多,对许多可能发生的情况未做估计和具体规定。有些合同条款都是原则性规定,可操作性不强。

(4)合同双方对同一合同条款的理解大相径庭,在合同实施过程中出现激烈的争执。双方在签约前未就合同条款的理解进行沟通。

(5)合同一方在合同实施中才发现,合同的某些条款对自己极为不利,隐藏着极大的风险,甚至中了对方有意设下的圈套。

(6)有些施工合同甚至合法性不足。例如,合同签订不符合法定程序,合同中的有些条款与国家或地方的法律、法规相抵触,结果导致整个施工合同或合同中的部分条款无效。

为了有效地避免上述情况的发生,合同双方当事人在合同签订前要进行合同审查。所谓合同审查,是指在合同签订以前,将合同文本"解剖"开来,检查合同结构和内容的完整性以及条款之间的一致性,分析评价每一合同条款执行的法律后果及其中的隐含风险,为合同的谈判和签订提供决策依据。

通过合同审查,可以发现合同中存在的内容含糊、概念不清之处或自己未能完全理解的条款,并加以仔细研究,认真分析,采取相应的措施,以减少合同中的风险,减少合同谈判和签订中的失误,有利于合同双方合作愉快,促进工程项目施工的顺利进行。

对于一些重大的工程项目或合同关系和内容很复杂的工程,合同审查的结果应经律师或合同法律专家核对评价,或在他们的直接指导下进行审查后,才能正式签订双方间的施工合同。

## 二、施工合同的履行

### (一)发包人

#### 1. 许可或批准

发包人应遵守法律,并办理法律规定由其办理的许可、批准或备案,包括但不限于建设用地规划许可证、建设工程规划许可证、建设工程施工许可证、施工所需临时用水、临时用电、中断道路交通、临时占用土地等许可和批准。发包人应协助承包人办理法律规定的有关施工证件和批件。

因发包人原因未能及时办理完毕前述许可、批准或备案,由发包人承担由此增加的费用和(或)延误的工期,并支付承包人合理的利润。

#### 2. 发包人代表

发包人应在专用合同条款中明确其派驻施工现场的发包人代表的姓名、职务、联系方式及授权范围等事项。发包人代表在发包人的授权范围内,负责处理合同履行过程中与发包人有关的具体事宜。发包人代表在授权范围内的行为由发包人承担法律责任。发包人更换发包人代表的,应提前7天书面通知承包人。

发包人代表不能按照合同约定履行其职责及义务,并导致合同无法继续正常履行的,承包人可以要求发包人撤换发包人代表。

不属于法定必须监理的工程,监理人的职权可以由发包人代表或发包人指定的其他人员行使。

#### 3. 发包人员

发包人应要求在施工现场的发包人员遵守法律及有关安全、质量、环境保护、文明施工等规定,并保障承包人免于承受因发包人员未遵守上述要求给承包人造成的损失和责任。

发包人员包括发包人代表及其他由发包人派驻施工现场的人员。

#### 4. 施工现场、施工条件和基础资料的提供

(1)提供施工现场。除专用合同条款另有约定外,发包人应最迟于开工日期7天前向承包人移交施工现场。

(2)提供施工条件。除专用合同条款另有约定外,发包人应负责提供施工所需要的条件,包括以下几项:

1)将施工用水、电力、通信线路等施工所必需的条件接至施工现场内;

2)保证向承包人提供正常施工所需要的进入施工现场的交通条件;

3)协调处理施工现场周围地下管线和邻近建筑物、构筑物、古树名木的保护工作,并承担相关费用;

4)按照专用合同条款约定应提供的其他设施和条件。

(3)提供基础资料。发包人应当在移交施工现场前向承包人提供施工现场及工程施工所必需的毗邻区域内供水、排水、供电、供气、供热、通信、广播电视等地下管线资料,气象和水文观测资料,地质勘察资料,相邻建筑物、构筑物和地下工程等有关基础资料,并对所提供资料的真实性、准确性和完整性负责。

按照法律规定确需在开工后方能提供的基础资料,发包人应尽其努力及时地在相应工程施工前的合理期限内提供,合理期限应以不影响承包人的正常施工为限。

(4)逾期提供的责任。因发包人原因未能按合同约定及时向承包人提供施工现场、施工条件、基础资料的，由发包人承担由此增加的费用和(或)延误的工期。

(5)资金来源证明及支付担保。除专用合同条款另有约定外，发包人应在收到承包人要求提供资金来源证明的书面通知后28天内，向承包人提供能够按照合同约定支付合同价款的相应资金来源证明。

除专用合同条款另有约定外，发包人要求承包人提供履约担保的，发包人应当向承包人提供支付担保。支付担保可以采用银行保函或担保公司担保等形式，具体由合同当事人在专用合同条款中约定。

(6)支付合同价款。发包人应按合同约定向承包人及时支付合同价款。

(7)组织竣工验收。发包人应按合同约定及时组织竣工验收。

(8)现场统一管理协议。发包人应与承包人、由发包人直接发包的专业工程的承包人签订施工现场统一管理协议，明确各方的权利义务。施工现场统一管理协议作为专用合同条款的附件。

**(二)承包人**

**1. 承包人的一般义务**

承包人在履行合同过程中应遵守法律和工程建设标准规范，并应履行以下义务：

(1)办理法律规定应由承包人办理的许可和批准，并将办理结果书面报送发包人留存。

(2)按法律规定和合同约定完成工程，并在保修期内承担保修义务。

(3)按法律规定和合同约定采取施工安全和环境保护措施，办理工伤保险，确保工程及人员、材料、设备和设施的安全。

(4)按合同约定的工作内容和施工进度要求，编制施工组织设计和施工措施计划，并对所有施工作业和施工方法的完备性和安全可靠性负责。

(5)在进行合同约定的各项工作时，不得侵害发包人与他人使用公用道路、水源、市政管网等公共设施的权利，避免对邻近的公共设施产生干扰。承包人占用或使用他人的施工场地，影响他人作业或生活的，应承担相应责任。

(6)按照《建设工程施工合同(示范文本)》(GF—2017—0201)第6.3款〔环境保护〕约定负责施工场地及其周边环境与生态的保护工作。

(7)按照《建设工程施工合同(示范文本)》(GF—2017—0201)第6.1款〔安全文明施工〕约定采取施工安全措施，确保工程及其人员、材料、设备和设施的安全，防止因工程施工造成的人身伤害和财产损失。

(8)将发包人按合同约定支付的各项价款专用于合同工程，且应及时支付其雇用人员工资，并及时向分包人支付合同价款。

(9)按照法律规定和合同约定编制竣工资料，完成竣工资料立卷及归档，并按专用合同条款约定的竣工资料的套数、内容、时间等要求移交发包人。

(10)应履行的其他义务。

**2. 项目经理**

(1)项目经理应为合同当事人所确认的人选，并在专用合同条款中明确项目经理的姓名、职称、注册执业证书编号、联系方式及授权范围等事项，项目经理经承包人授权后代表承包人负责履行合同。项目经理应是承包人正式聘用的员工，承包人应向发包人提交项目经理与承包人之间的劳动合同，以及承包人为项目经理缴纳社会保险的有效证明。承包人不提交上述文件的，项目经理无权履行职责，发包人有权要求更换项目经理，由此增加的费用和(或)延误的工期由承包人承担。

项目经理应常驻施工现场，且每月在施工现场时间不得少于专用合同条款约定的天数。项目经理不得同时担任其他项目的项目经理。项目经理确需离开施工现场时，应事先通知监理人，并取得发包人的书面同意。项目经理的通知中应当载明临时代行其职责的人员的注册执业资格、管理经验等资料，该人员应具备履行相应职责的能力。

承包人违反上述约定的，应按照专用合同条款的约定，承担违约责任。

(2)项目经理按合同约定组织工程实施。在紧急情况下为确保施工安全和人员安全，在无法与发包人代表和总监理工程师及时取得联系时，项目经理有权采取必要的措施保证与工程有关的人身、财产和工程的安全，但应在48 h内向发包人代表和总监理工程师提交书面报告。

(3)承包人需要更换项目经理的，应提前14天书面通知发包人和监理人，并征得发包人书面同意。通知中应当载明继任项目经理的注册执业资格、管理经验等资料，继任项目经理继续履行上述(1)中约定的职责。未经发包人书面同意，承包人不得擅自更换项目经理。承包人擅自更换项目经理的，应按照专用合同条款的约定承担违约责任。

(4)发包人有权书面通知承包人更换其认为不称职的项目经理，通知中应当载明要求更换的理由。承包人应在接到更换通知后14天内向发包人提出书面的改进报告。发包人收到改进报告后仍要求更换的，承包人应在接到第二次更换通知的28天内进行更换，并将新任命的项目经理的注册执业资格、管理经验等资料书面通知发包人。继任项目经理继续履行上述(1)中约定的职责。承包人无正当理由拒绝更换项目经理的，应按照专用合同条款的约定承担违约责任。

(5)项目经理因特殊情况授权其下属人员履行其某项工作职责的，该下属人员应具备履行相应职责的能力，并应提前7天将上述人员的姓名和授权范围书面通知监理人，并征得发包人书面同意。

3. 承包人员

(1)除专用合同条款另有约定外，承包人应在接到开工通知后7天内，向监理人提交承包人项目管理机构及施工现场人员安排的报告，其内容应包括合同管理、施工、技术、材料、质量、安全、财务等主要施工管理人员名单及其岗位、注册执业资格等，以及各工种技术工人的安排情况，并同时提交主要施工管理人员与承包人之间的劳动关系证明和缴纳社会保险的有效证明。

(2)承包人派驻到施工现场的主要施工管理人员应相对稳定。在施工过程中如有变动，承包人应及时向监理人提交施工现场人员变动情况的报告。承包人更换主要施工管理人员时，应提前7天书面通知监理人，并征得发包人书面同意。通知中应当载明继任人员的注册执业资格、管理经验等资料。

特殊工种作业人员均应持有相应的资格证明，监理人可以随时检查。

(3)发包人对于承包人主要施工管理人员的资格或能力有异议的，承包人应提供资料证明被质疑人员有能力完成其岗位工作或不存在发包人所质疑的情形。发包人要求撤换不能按照合同约定履行职责及义务的主要施工管理人员的，承包人应当撤换。承包人无正当理由拒绝撤换的，应按照专用合同条款的约定承担违约责任。

（4）除专用合同条款另有约定外，承包人的主要施工管理人员离开施工现场每月累计不超过 5 天的，应报监理人同意；离开施工现场每月累计超过 5 天的，应通知监理人，并征得发包人书面同意。主要施工管理人员离开施工现场前应指定一名有经验的人员临时代行其职责，该人员应具备履行相应职责的资格和能力，且应征得监理人或发包人的同意。

（5）承包人擅自更换主要施工管理人员，或前述人员未经监理人或发包人同意擅自离开施工现场的，应按照专用合同条款约定承担违约责任。

### 4. 承包人现场查勘

承包人应对基于发包人按照前述"提供基础资料"中提交的基础资料所做出的解释和推断负责，但因基础资料存在错误、遗漏导致承包人解释或推断失实的，由发包人承担责任。

承包人应对施工现场和施工条件进行查勘，并充分了解工程所在地的气象条件、交通条件、风俗习惯，以及其他与完成合同工作有关的其他资料。因承包人未能充分查勘、了解前述情况或未能充分估计前述情况所可能产生后果的，承包人承担由此增加的费用和（或）延误的工期。

### 5. 分包

（1）分包的一般约定。承包人不得将其承包的全部工程转包给第三人，或将其承包的全部工程肢解后以分包的名义转包给第三人。承包人不得将工程主体结构、关键性工作及专用合同条款中禁止分包的专业工程分包给第三人，主体结构、关键性工作的范围由合同当事人按照法律规定在专用合同条款中予以明确。

承包人不得以劳务分包的名义转包或违法分包工程。

（2）分包的确定。承包人应按专用合同条款的约定进行分包，确定分包人。已标价工程量清单或预算书中给定暂估价的专业工程，按照后述"暂估价"确定分包人。按照合同约定进行分包的，承包人应确保分包人具有相应的资质和能力。工程分包不减轻或免除承包人的责任和义务，承包人和分包人就分包工程向发包人承担连带责任。除合同另有约定外，承包人应在分包合同签订后 7 天内向发包人和监理人提交分包合同副本。

（3）分包管理。承包人应向监理人提交分包人的主要施工管理人员表，并对分包人的施工人员进行实名制管理，包括但不限于进出场管理、登记造册以及各种证照的办理。

（4）分包合同价款。

1）除本项第2）目约定的情况或专用合同条款另有约定外，分包合同价款由承包人与分包人结算，未经承包人同意，发包人不得向分包人支付分包工程价款；

2）生效法律文书要求发包人向分包人支付分包合同价款的，发包人有权从应付承包人工程款中扣除该部分款项。

（5）分包合同权益的转让。分包人在分包合同项下的义务持续到缺陷责任期届满以后的，发包人有权在缺陷责任期届满前要求承包人将其在分包合同项下的权益转让给发包人，承包人应当转让。除转让合同另有约定外，转让合同生效后，由分包人向发包人履行义务。

### 6. 工程照管与成品、半成品保护

（1）除专用合同条款另有约定外，自发包人向承包人移交施工现场之日起，承包人应负责照管工程及工程相关的材料、工程设备，直到颁发工程接收证书之日止。

（2）在承包人负责照管期间，因承包人原因造成工程、材料、工程设备损坏的，由承包人负责修复或更换，并承担由此增加的费用和（或）延误的工期。

（3）对合同内分期完成的成品和半成品，在工程接收证书颁发前，由承包人承担保护责任。因承包人原因造成成品或半成品损坏的，由承包人负责修复或更换，并承担由此增加的费用和（或）延误的工期。

7. 履约担保

发包人需要承包人提供履约担保的，由合同当事人在专用合同条款中约定履约担保的方式、金额及期限等。履约担保可以采用银行保函或担保公司担保等形式，具体由合同当事人在专用合同条款中约定。

因承包人原因导致工期延长的，继续提供履约担保所增加的费用由承包人承担；非因承包人原因导致工期延长的，继续提供履约担保所增加的费用由发包人承担。

8. 联合体

（1）联合体各方应共同与发包人签订合同协议书。联合体各方应为履行合同向发包人承担连带责任。

（2）联合体协议经发包人确认后作为合同附件。在履行合同过程中，未经发包人同意，不得修改联合体协议。

（3）联合体牵头人负责与发包人和监理人联系，并接受指示，负责组织联合体各成员全面履行合同。

**（三）监理人**

1. 监理人的一般规定

工程实行监理的，发包人和承包人应在专用合同条款中明确监理人的监理内容及监理权限等事项。监理人应当根据发包人授权及法律规定，代表发包人对工程施工相关事项进行检查、查验、审核、验收，并签发相关指示，但监理人无权修改合同，且无权减轻或免除合同约定的承包人的任何责任与义务。

除专用合同条款另有约定外，监理人在施工现场的办公场所、生活场所由承包人提供，所发生的费用由发包人承担。

2. 监理人员

发包人授予监理人对工程实施监理的权利由监理人派驻施工现场的监理人员行使，监理人员包括总监理工程师及监理工程师。监理人应将授权的总监理工程师和监理工程师的姓名及授权范围以书面形式提前通知承包人。更换总监理工程师的，监理人应提前 7 天书面通知承包人；更换其他监理人员，监理人应提前 48 h 书面通知承包人。

3. 监理人的指示

监理人应按照发包人的授权发出监理指示。监理人的指示应采用书面形式，并经其授权的监理人员签字。紧急情况下，为了保证施工人员的安全或避免工程受损，监理人员可以口头形式发出指示，该指示与书面形式的指示具有同等法律效力，但必须在发出口头指示后 24 h 内补发书面监理指示，补发的书面监理指示应与口头指示一致。

监理人发出的指示应送达承包人项目经理或经项目经理授权接收的人员。因监理人未能按合同约定发出指示、指示延误或发出了错误指示而导致承包人费用增加和（或）工期延误的，由发包人承担相应责任。除专用合同条款另有约定外，总监理工程师不应将下述"商定或确定"约定应由总监理工程师作出确定的权力授权或委托给其他监理人员。

承包人对监理人发出的指示有疑问的，应向监理人提出书面异议，监理人应在48 h内对该指示予以确认、更改或撤销，监理人逾期未回复的，承包人有权拒绝执行上述指示。

监理人对承包人的任何工作、工程或其采用的材料和工程设备未在约定的或合理期限内提出意见的，视为批准，但不免除或减轻承包人对该工作、工程、材料、工程设备等应承担的责任和义务。

4. 商定或确定

合同当事人进行商定或确定时，总监理工程师应当会同合同当事人尽量通过协商达成一致，不能达成一致的，由总监理工程师按照合同约定审慎做出公正的确定。

总监理工程师应将确定以书面形式通知发包人和承包人，并附详细依据。合同当事人对总监理工程师的确定没有异议的，按照总监理工程师的确定执行。任何一方合同当事人有异议，按照《建设工程施工合同(示范文本)》(GF—2017—0201)第20条〔争议解决〕约定处理。争议解决前，合同当事人暂按总监理工程师的确定执行；争议解决后，争议解决的结果与总监理工程师的确定不一致的，按照争议解决的结果执行，由此造成的损失由责任人承担。

### (四)工程质量

1. 质量要求

(1)工程质量标准必须符合现行国家有关工程施工质量验收规范和标准的要求。有关工程质量的特殊标准或要求由合同当事人在专用合同条款中约定。

(2)因发包人原因造成工程质量未达到合同约定标准的，由发包人承担由此增加的费用和(或)延误的工期，并支付承包人合理的利润。

(3)因承包人原因造成工程质量未达到合同约定标准的，发包人有权要求承包人返工直至工程质量达到合同约定的标准为止，并由承包人承担由此增加的费用和(或)延误的工期。

2. 质量保证措施

(1)发包人的质量管理。发包人应按照法律规定及合同约定完成与工程质量有关的各项工作。

(2)承包人的质量管理。承包人按照后述"施工组织设计"中约定向发包人和监理人提交工程质量保证体系及措施文件，建立完善的质量检查制度，并提交相应的工程质量文件。对于发包人和监理人违反法律规定和合同约定的错误指示，承包人有权拒绝实施。

承包人应对施工人员进行质量教育和技术培训，定期考核施工人员的劳动技能，严格执行施工规范和操作规程。

承包人应按照法律规定和发包人的要求，对材料、工程设备，以及工程的所有部位与其施工工艺进行全过程的质量检查和检验，并作详细记录，编制工程质量报表，报送监理人审查。另外，承包人还应按照法律规定和发包人的要求进行施工现场取样试验、工程复核测量和设备性能检测，提供试验样品、提交试验报告和测量成果及其他工作。

(3)监理人的质量检查和检验。监理人按照法律规定和发包人授权对工程的所有部位及其施工工艺、材料和工程设备进行检查和检验。承包人应为监理人的检查和检验提供方便，包括监理人到施工现场，或制造、加工地点，或合同约定的其他地方进行察看和查阅施工原始记录。监理人为此进行的检查和检验，不免除或减轻承包人按照合同约定应当承担的责任。

监理人的检查和检验不应影响施工正常进行。监理人的检查和检验影响施工正常进行的，且经检查检验不合格的，影响正常施工的费用由承包人承担，工期不予顺延；经检查检验合格的，由此增加的费用和(或)延误的工期由发包人承担。

3. 隐蔽工程检查

(1)承包人自检。承包人应当对工程隐蔽部位进行自检，并经自检确认是否具备覆盖条件。

(2)检查程序。除专用合同条款另有约定外，工程隐蔽部位经承包人自检确认具备覆盖条件的，承包人应在共同检查前48 h书面通知监理人检查，通知中应载明隐蔽检查的内容、时间和地点，并应附有自检记录和必要的检查资料。

监理人应按时到场并对隐蔽工程及其施工工艺、材料和工程设备进行检查。经监理人检查确认质量符合隐蔽要求，并在验收记录上签字后，承包人才能进行覆盖。经监理人检查质量不合格的，承包人应在监理人指示的时间内完成修复，并由监理人重新检查，由此增加的费用和(或)延误的工期由承包人承担。

除专用合同条款另有约定外，监理人不能按时进行检查的，应在检查前24 h向承包人提交书面延期要求，但延期不能超过48 h，由此导致工期延误的，工期应予以顺延。监理人未按时进行检查，也未提出延期要求的，视为隐蔽工程检查合格，承包人可自行完成覆盖工作，并作相应记录报送监理人，监理人应签字确认。监理人事后对检查记录有疑问的，可按第下述"重新检查"的约定重新检查。

(3)重新检查。承包人覆盖工程隐蔽部位后，发包人或监理人对质量有疑问的，可要求承包人对已覆盖的部位进行钻孔探测或揭开重新检查，承包人应遵照执行，并在检查后重新覆盖恢复原状。经检查证明工程质量符合合同要求的，由发包人承担由此增加的费用和(或)延误的工期，并支付承包人合理的利润；经检查证明工程质量不符合合同要求的，由此增加的费用和(或)延误的工期由承包人承担。

(4)承包人私自覆盖。承包人未通知监理人到场检查，私自将工程隐蔽部位覆盖的，监理人有权指示承包人钻孔探测或揭开检查，无论工程隐蔽部位质量是否合格，由此增加的费用和(或)延误的工期均由承包人承担。

4. 不合格工程的处理

(1)因承包人原因造成工程不合格的，发包人有权随时要求承包人采取补救措施，直至达到合同要求的质量标准，由此增加的费用和(或)延误的工期由承包人承担。无法补救的，按照《建设工程施工合同(示范文本)》(GF—2017—0201)第13.2.4项〔拒绝接收全部或部分工程〕约定执行。

(2)因发包人原因造成工程不合格的，由此增加的费用和(或)延误的工期由发包人承担，并支付承包人合理的利润。

5. 质量争议检测

合同当事人对工程质量有争议的，由双方协商确定的工程质量检测机构鉴定，由此产生的费用及因此造成的损失，由责任方承担。

合同当事人均有责任的，由双方根据其责任分别承担。合同当事人无法达成一致的，应按照前述"商定或确定"执行。

## (五)工期和进度

### 1. 施工组织设计

(1)施工组织设计的内容。施工组织设计应包含以下内容:

1)施工方案;

2)施工现场平面布置图;

3)施工进度计划和保证措施;

4)劳动力及材料供应计划;

5)施工机械设备的选用;

6)质量保证体系及措施;

7)安全生产、文明施工措施;

8)环境保护、成本控制措施;

9)合同当事人约定的其他内容。

(2)施工组织设计的提交和修改。除专用合同条款另有约定外,承包人应在合同签订后14天内,但至迟不得晚于下述"开工通知"中载明的开工日期前7天,向监理人提交详细的施工组织设计,并由监理人报送发包人。除专用合同条款另有约定外,发包人和监理人应在监理人收到施工组织设计后7天内确认或提出修改意见。对发包人和监理人提出的合理意见和要求,承包人应自费修改完善。根据工程实际情况需要修改施工组织设计的,承包人应向发包人和监理人提交修改后的施工组织设计。

施工进度计划的编制和修改按照下述"施工进度计划"执行。

### 2. 施工进度计划

(1)施工进度计划的编制。承包人应按照前述"施工组织设计"约定提交详细的施工进度计划,施工进度计划的编制应当符合国家法律规定和一般工程实践惯例,施工进度计划经发包人批准后实施。施工进度计划是控制工程进度的依据,发包人和监理人有权按照施工进度计划检查工程进度情况。

(2)施工进度计划的修订。施工进度计划不符合合同要求或与工程的实际进度不一致的,承包人应向监理人提交修订的施工进度计划,并附具有关措施和相关资料,由监理人报送发包人。除专用合同条款另有约定外,发包人和监理人应在收到修订的施工进度计划后7天内完成审核和批准或提出修改意见。发包人和监理人对承包人提交的施工进度计划的确认不能减轻或免除承包人根据法律规定和合同约定应承担的任何责任或义务。

### 3. 开工

(1)开工准备。除专用合同条款另有约定外,承包人应按照前述"施工组织设计"约定的期限向监理人提交工程开工报审表,经监理人报发包人批准后执行。开工报审表应详细说明按施工进度计划正常施工所需的施工道路、临时设施、材料、工程设备、施工设备、施工人员等落实情况及工程的进度安排。

除专用合同条款另有约定外,合同当事人应按约定完成开工准备工作。

(2)开工通知。发包人应按照法律规定获得工程施工所需的许可。经发包人同意后,监理人发出的开工通知应符合法律规定。监理人应在计划开工日期7天前向承包人发出开工通知,工期自开工通知中载明的开工日期起算。

除专用合同条款另有约定外,因发包人原因造成监理人未能在计划开工日期之日起90

天内发出开工通知的，承包人有权提出价格调整要求，或者解除合同。发包人应当承担由此增加的费用和(或)延误的工期，并向承包人支付合理利润。

4. 测量放线

(1)除专用合同条款另有约定外，发包人应在至迟不得晚于下述"开工通知"中载明的开工日期前7天通过监理人向承包人提供测量基准点、基准线和水准点及其书面资料。发包人应对其提供的测量基准点、基准线和水准点及其书面资料的真实性、准确性和完整性负责。

承包人发现发包人提供的测量基准点、基准线和水准点及其书面资料存在错误或疏漏的，应及时通知监理人。监理人应及时报告发包人，并会同发包人和承包人予以核实。发包人应就如何处理和是否继续施工做出决定，并通知监理人和承包人。

(2)承包人负责施工过程中的全部施工测量放线工作，并配置具有相应资质的人员、合格的仪器、设备和其他物品。承包人应矫正工程的位置、标高、尺寸或准线中出现的任何差错，并对工程各部分的定位负责。

施工过程中对施工现场内水准点等测量标志物的保护工作由承包人负责。

5. 工期延误

(1)因发包人原因导致工期延误。在合同履行过程中，因下列情况导致工期延误和(或)费用增加的，由发包人承担由此延误的工期和(或)增加的费用，且发包人应支付承包人合理的利润：

1)发包人未能按合同约定提供图纸或所提供图纸不符合合同约定的；

2)发包人未能按合同约定提供施工现场、施工条件、基础资料、许可、批准等开工条件的；

3)发包人提供的测量基准点、基准线和水准点及其书面资料存在错误或疏漏的；

4)发包人未能在计划开工日期之日起7天内同意下达开工通知的；

5)发包人未能按合同约定日期支付工程预付款、进度款或竣工结算款的；

6)监理人未按合同约定发出指示、批准等文件的；

7)专用合同条款中约定的其他情形。

因发包人原因未按计划开工日期开工的，发包人应按实际开工日期顺延竣工日期，确保实际工期不低于合同约定的工期总日历天数。因发包人原因导致工期延误需要修订施工进度计划的，按照上述"施工进度计划的修订"执行。

(2)因承包人原因导致工期延误。因承包人原因造成工期延误的，可以在专用合同条款中约定逾期竣工违约金的计算方法和逾期竣工违约金的上限。承包人支付逾期竣工违约金后，不免除承包人继续完成工程及修补缺陷的义务。

6. 不利物质条件

不利物质条件是指有经验的承包人在施工现场遇到的不可预见的自然物质条件、非自然的物质障碍和污染物，包括地表以下物质条件和水文条件及专用合同条款约定的其他情形，但不包括气候条件。

承包人遇到不利物质条件时，应采取克服不利物质条件的合理措施继续施工，并及时通知发包人和监理人。通知应载明不利物质条件的内容及承包人认为不可预见的理由。监理人经发包人同意后应当及时发出指示，指示构成变更的，按下述"变更"约定执行。承包人因采取合理措施而增加的费用和(或)延误的工期由发包人承担。

### 7. 异常恶劣的气候条件

异常恶劣的气候条件是指在施工过程中遇到的，有经验的承包人在签订合同时不可预见的，对合同履行造成实质性影响的，但尚未构成不可抗力事件的恶劣气候条件。合同当事人可以在专用合同条款中约定异常恶劣的气候条件的具体情形。

承包人应采取克服异常恶劣的气候条件的合理措施继续施工，并及时通知发包人和监理人。监理人经发包人同意后应当及时发出指示，指示构成变更的，按下述"变更"约定办理。承包人因采取合理措施而增加的费用和（或）延误的工期由发包人承担。

### 8. 暂停施工

（1）发包人原因引起的暂停施工。因发包人原因引起暂停施工的，监理人经发包人同意后，应及时下达暂停施工指示。情况紧急且监理人未及时下达暂停施工指示的，按照下述"紧急情况下的暂停施工"执行。

因发包人原因引起的暂停施工，发包人应承担由此增加的费用和（或）延误的工期，并支付承包人合理的利润。

（2）承包人原因引起的暂停施工。因承包人原因引起的暂停施工，承包人应承担由此增加的费用和（或）延误的工期，且承包人在收到监理人复工指示后84天内仍未复工的，视为《建设工程施工合同（示范文本）》（GF—2017—0201）第16.2.1项〔承包人违约的情形〕第（7）目约定的承包人无法继续履行合同的情形。

（3）指示暂停施工。监理人认为有必要时，并经发包人批准后，可向承包人作出暂停施工的指示，承包人应按监理人指示暂停施工。

（4）紧急情况下的暂停施工。因紧急情况需暂停施工，且监理人未及时下达暂停施工指示的，承包人可先暂停施工，并及时通知监理人。监理人应在接到通知后24 h内发出指示，逾期未发出指示，视为同意承包人暂停施工。监理人不同意承包人暂停施工的，应说明理由，承包人对监理人的答复有异议，按照《建设工程施工合同（示范文本）》（GF—2017—0201）第20 条〔争议解决〕约定处理。

（5）暂停施工后的复工。暂停施工后，发包人和承包人应采取有效措施积极消除暂停施工的影响。在工程复工前，监理人会同发包人和承包人确定因暂停施工造成的损失，并确定工程复工条件。当工程具备复工条件时，监理人应经发包人批准后向承包人发出复工通知，承包人应按照复工通知要求复工。

承包人无故拖延和拒绝复工的，承包人承担由此增加的费用和（或）延误的工期；因发包人原因无法按时复工的，按照第上述"因发包人原因导致工期延误"约定办理。

（6）暂停施工持续56 天以上。监理人发出暂停施工指示后56 天内未向承包人发出复工通知，除该项停工属于上述"承包人原因引起的暂停施工"及《建设工程施工合同（示范文本）》（GF—2017—0201）第17 条〔不可抗力〕约定的情形外，承包人可向发包人提交书面通知，要求发包人在收到书面通知后28 天内准许已暂停施工的部分或全部工程继续施工。发包人逾期不予批准的，则承包人可以通知发包人，将工程受影响的部分视为按下述"变更的范围"中（2）的可取消工作。

暂停施工持续84 天以上不复工的，且不属于上述"承包人原因引起的暂停施工"及《建设工程施工合同（示范文本）》（GF—2017—0201）第17 条〔不可抗力〕约定的情形，并影响到整个工程以及合同目的实现的，承包人有权提出价格调整要求，或者解除合同。解除合同的，按照《建设工程施工合同(示范文本)》(GF—2017—0201)中"因发包人违约解除合同"执行。

(7)暂停施工期间的工程照管。暂停施工期间,承包人应负责妥善照管工程并提供安全保障,由此增加的费用由责任方承担。

(8)暂停施工的措施。暂停施工期间,发包人和承包人均应采取必要的措施确保工程质量及安全,防止因暂停施工扩大损失。

9. 提前竣工

(1)发包人要求承包人提前竣工的,发包人应通过监理人向承包人下达提前竣工指示,承包人应向发包人和监理人提交提前竣工建议书,提前竣工建议书应包括实施的方案、缩短的时间、增加的合同价格等内容。发包人接受该提前竣工建议书的,监理人应与发包人和承包人协商采取加快工程进度的措施,并修订施工进度计划,由此增加的费用由发包人承担。承包人认为提前竣工指示无法执行的,应向监理人和发包人提出书面异议,发包人和监理人应在收到异议后 7 天内予以答复。任何情况下,发包人不得压缩合理工期。

(2)发包人要求承包人提前竣工,或承包人提出提前竣工的建议能够给发包人带来效益的,合同当事人可以在专用合同条款中约定提前竣工的奖励。

## (六)变更

### 1. 变更的范围

除专用合同条款另有约定外,合同履行过程中发生以下情形的,应按照本条约定进行变更:

(1)增加或减少合同中任何工作,或追加额外的工作;

(2)取消合同中任何工作,但转由他人实施的工作除外;

(3)改变合同中任何工作的质量标准或其他特性;

(4)改变工程的基线、标高、位置和尺寸;

(5)改变工程的时间安排或实施顺序。

### 2. 变更权

发包人和监理人均可以提出变更。变更指示均通过监理人发出,监理人发出变更指示前应征得发包人同意。承包人收到经发包人签认的变更指示后,方可实施变更。未经许可,承包人不得擅自对工程的任何部分进行变更。

涉及设计变更的,应由设计人提供变更后的图纸和说明。如变更超过原设计标准或批准的建设规模时,发包人应及时办理规划、设计变更等审批手续。

### 3. 变更程序

(1)发包人提出变更。发包人提出变更的,应通过监理人向承包人发出变更指示,变更指示应说明计划变更的工程范围和变更的内容。

(2)监理人提出变更建议。监理人提出变更建议的,需要向发包人以书面形式提出变更计划,说明计划变更工程范围和变更的内容、理由,以及实施该变更对合同价格和工期的影响。发包人同意变更的,由监理人向承包人发出变更指示。发包人不同意变更的,监理人无权擅自发出变更指示。

(3)变更执行。承包人收到监理人下达的变更指示后,认为不能执行,应立即提出不能执行该变更指示的理由。承包人认为可以执行变更的,应当书面说明实施该变更指示对合同价格和工期的影响,且合同当事人应当按照下述"变更估价"约定确定变更估价。

4. 变更估价

(1)变更估价原则。除专用合同条款另有约定外，变更估价按照本款约定处理：

1)已标价工程量清单或预算书有相同项目的，按照相同项目单价认定；

2)已标价工程量清单或预算书中无相同项目，但有类似项目的，参照类似项目的单价认定；

3)变更导致实际完成的变更工程量与已标价工程量清单或预算书中列明的该项目工程量的变化幅度超过 15%的，或已标价工程量清单或预算书中无相同项目及类似项目单价的，按照合理的成本与利润构成的原则，由合同当事人按照上述"商定或确定"确定变更工作的单价。

(2)变更估价程序。承包人应在收到变更指示后 14 天内，向监理人提交变更估价申请。监理人应在收到承包人提交的变更估价申请后 7 天内审查完毕并报送发包人，监理人对变更估价申请有异议，通知承包人修改后重新提交。发包人应在承包人提交变更估价申请后 14 天内审批完毕。发包人逾期未完成审批或未提出异议的，视为认可承包人提交的变更估价申请。

因变更引起的价格调整应计入最近一期的进度款中支付。

5. 承包人的合理化建议

承包人提出合理化建议的，应向监理人提交合理化建议说明，说明建议的内容和理由，以及实施该建议对合同价格和工期的影响。

除专用合同条款另有约定外，监理人应在收到承包人提交的合理化建议后 7 天内审查完毕并报送发包人，发现其中存在技术上的缺陷，应通知承包人修改。发包人应在收到监理人报送的合理化建议后 7 天内审批完毕。合理化建议经发包人批准的，监理人应及时发出变更指示，由此引起的合同价格调整按照上述"变更估价"约定执行。发包人不同意变更的，监理人应书面通知承包人。

合理化建议降低了合同价格或者提高了工程经济效益的，发包人可对承包人给予奖励，奖励的方法和金额在专用合同条款中约定。

6. 变更引起的工期调整

因变更引起工期变化的，合同当事人均可要求调整合同工期，由合同当事人按照上述"商定或确定"并参考工程所在地的工期定额标准确定增减工期天数。

7. 暂估价

暂估价专业分包工程、服务、材料和工程设备的明细由合同当事人在专用合同条款中约定。

(1)依法必须招标的暂估价项目。对于依法必须招标的暂估价项目，采取以下第 1 种方式确定。合同当事人也可以在专用合同条款中选择其他招标方式。

第 1 种方式：对于依法必须招标的暂估价项目，由承包人招标，对该暂估价项目的确认和批准按照以下约定执行：

1)承包人应当根据施工进度计划，在招标工作启动前 14 天将招标方案通过监理人报送发包人审查，发包人应当在收到承包人报送的招标方案后 7 天内批准或提出修改意见。承包人应当按照经过发包人批准的招标方案开展招标工作。

2)承包人应当根据施工进度计划，提前 14 天将招标文件通过监理人报送发包人审批，发包人应当在收到承包人报送的相关文件后 7 天内完成审批或提出修改意见；发包人有权确定招标控制价并按照法律规定参加评标。

3)承包人与供应商、分包人在签订暂估价合同前，应当提前 7 天将确定的中标候选供应商或中标候选分包人的资料报送发包人，发包人应在收到资料后 3 天内与承包人共同确定中标人，承包人应当在签订合同后 7 天内将暂估价合同副本报送发包人留存。

第 2 种方式：对于依法必须招标的暂估价项目，由发包人和承包人共同招标确定暂估价供应商或分包人的，承包人应按照施工进度计划，在招标工作启动前 14 天通知发包人，并提交暂估价招标方案和工作分工。发包人应在收到后 7 天内确认。确定中标人后，由发包人、承包人与中标人共同签订暂估价合同。

（2）不属于依法必须招标的暂估价项目。除专用合同条款另有约定外，对于不属于依法必须招标的暂估价项目，采取以下第 1 种方式确定：

第 1 种方式：对于不属于依法必须招标的暂估价项目，按本项约定确认和批准。

1)承包人应根据施工进度计划，在签订暂估价项目的采购合同、分包合同前 28 天向监理人提出书面申请。监理人应当在收到申请后 3 天内报送发包人，发包人应当在收到申请后 14 天内给予批准或提出修改意见，发包人逾期未予批准或提出修改意见的，视为该书面申请已获得同意；

2)发包人认为承包人确定的供应商、分包人无法满足工程质量或合同要求的，发包人可以要求承包人重新确定暂估价项目的供应商、分包人；

3)承包人应当在签订暂估价合同后 7 天内，将暂估价合同副本报送发包人留存。

第 2 种方式：承包人按照《建设工程施工合同(示范文本)》(GF—2017—0201)第 10.7.1 项〔依法必须招标的暂估价项目〕约定的第 1 种方式确定暂估价项目。

第 3 种方式：承包人直接实施的暂估价项目。

承包人具备实施暂估价项目的资格和条件的，经发包人和承包人协商一致后可由承包人自行实施暂估价项目，合同当事人可以在专用合同条款约定具体事项。

（3）因发包人原因导致暂估价合同订立和履行迟延的，由此增加的费用和(或)延误的工期由发包人承担，并支付承包人合理的利润。因承包人原因导致暂估价合同订立和履行迟延的，由此增加的费用和(或)延误的工期由承包人承担。

## 8. 暂列金额

暂列金额应按照发包人的要求使用，发包人的要求应通过监理人发出，合同当事人可以在专用合同条款中协商确定有关事项。

## 9. 计日工

需要采用计日工方式的，经发包人同意后，由监理人通知承包人以计日工计价方式实施相应的工作，其价款按列入已标价工程量清单或预算书中的计日工计价项目及其单价进行计算；已标价工程量清单或预算书中无相应的计日工单价的，按照合理的成本与利润构成的原则，由合同当事人按照上述"商定或确定"确定计日工的单价。

采用计日工计价的任何一项工作，承包人应在该项工作实施过程中，每天提交以下报表和有关凭证报送监理人审查：

（1）工作名称、内容和数量；

（2）投入该工作的所有人员的姓名、专业、工种、级别和耗用工时；

(3)投入该工作的材料类别和数量；

(4)投入该工作的施工设备型号、台数和耗用台时；

(5)其他有关资料和凭证。

计日工由承包人汇总后，列入最近一期进度付款申请单，由监理人审查并经发包人批准后列入进度付款。

### (七)价格调整

1. 市场价格波动引起的调整

除专用合同条款另有约定外，市场价格波动超过合同当事人约定的范围，合同价格应当调整。合同当事人可以在专用合同条款中约定选择以下一种方式对合同价格进行调整：

第1种方式：采用价格指数进行价格调整。

(1)价格调整公式。因人工、材料和设备等价格波动影响合同价格时，根据专用合同条款中约定的数据，按以下公式计算差额并调整合同价格：

$$\Delta P = P_0 \left[ A + \left( B_1 \times \frac{F_{t1}}{F_{01}} + B_2 \times \frac{F_{t2}}{F_{02}} + B_3 \times \frac{F_{t3}}{F_{03}} + \cdots + B_n \times \frac{F_{tn}}{F_{0n}} \right) - 1 \right]$$

式中　$\Delta P$——需调整的价格差额；

　　　$P_0$——约定的付款证书中承包人应得到的已完成工程量的金额。此项金额应不包括价格调整、不计质量保证金的扣留和支付、预付款的支付和扣回。约定的变更及其他金额已按现行价格计价的，也不计在内；

　　　$A$——定值权重(即不调部分的权重)；

　　　$B_1$，$B_2$，$B_3$，…，$B_n$——各可调因子的变值权重(即可调部分的权重)，为各可调因子在签约合同价中所占的比例；

　　　$F_{t1}$，$F_{t2}$，$F_{t3}$，…，$F_{tn}$——各可调因子的现行价格指数，指约定的付款证书相关周期最后一天的前42天的各可调因子的价格指数；

　　　$F_{01}$，$F_{02}$，$F_{03}$，…，$F_{0n}$——各可调因子的基本价格指数，指基准日期的各可调因子的价格指数。

以上价格调整公式中的各可调因子、定值和变值权重，以及基本价格指数及其来源在投标函附录价格指数和权重表中约定，非招标订立的合同，由合同当事人在专用合同条款中约定。价格指数应首先采用工程造价管理机构发布的价格指数，无前述价格指数时，可采用工程造价管理机构发布的价格代替。

(2)暂时确定调整差额。在计算调整差额时无现行价格指数的，合同当事人同意暂用前次价格指数计算。实际价格指数有调整的，合同当事人进行相应调整。

(3)权重的调整。因变更导致合同约定的权重不合理时，按照上述"商定或确定"执行。

(4)因承包人原因工期延误后的价格调整。因承包人原因未按期竣工的，对合同约定的竣工日期后继续施工的工程，在使用价格调整公式时，应采用计划竣工日期与实际竣工日期的两个价格指数中较低的一个作为现行价格指数。

第2种方式：采用造价信息进行价格调整。

合同履行期间，因人工、材料、工程设备和机械台班价格波动影响合同价格时，人工、机械使用费按照国家或省、自治区、直辖市建设行政管理部门、行业建设管理部门或其授权的工程造价管理机构发布的人工、机械使用费系数进行调整；需要进行价格调整的材料，其单价和采购数量应由发包人审批，发包人确认需调整的材料单价及数量，作为调整合同价格的依据。

（1）人工单价发生变化且符合省级或行业住房城乡建设主管部门发布的人工费调整规定，合同当事人应按省级或行业住房城乡建设主管部门或其授权的工程造价管理机构发布的人工费等文件调整合同价格，但承包人对人工费或人工单价的报价高于发布价格的除外。

（2）材料、工程设备价格变化的价款调整按照发包人提供的基准价格，按以下风险范围规定执行：

1）承包人在已标价工程量清单或预算书中载明材料单价低于基准价格的：除专用合同条款另有约定外，合同履行期间材料单价涨幅以基准价格为基础超过5％，或材料单价跌幅以在已标价工程量清单或预算书中载明材料单价为基础超过5％时，其超过部分据实调整。

2）承包人在已标价工程量清单或预算书中载明材料单价高于基准价格的：除专用合同条款另有约定外，合同履行期间材料单价跌幅以基准价格为基础超过5％，材料单价涨幅以在已标价工程量清单或预算书中载明材料单价为基础超过5％时，其超过部分据实调整。

3）承包人在已标价工程量清单或预算书中载明材料单价等于基准价格的：除专用合同条款另有约定外，合同履行期间材料单价涨跌幅以基准价格为基础超过±5％时，其超过部分据实调整。

4）承包人应在采购材料前将采购数量和新的材料单价报发包人核对，发包人确认用于工程时，发包人应确认采购材料的数量和单价。发包人在收到承包人报送的确认资料后5天内不予答复的视为认可，作为调整合同价格的依据。未经发包人事先核对，承包人自行采购材料的，发包人有权不予调整合同价格。发包人同意的，可以调整合同价格。

前述基准价格是指由发包人在招标文件或专用合同条款中给定的材料、工程设备的价格，该价格原则上应当按照省级或行业住房城乡建设主管部门或其授权的工程造价管理机构发布的信息价编制。

（3）施工机械台班单价或施工机械使用费发生变化超过省级或行业住房城乡建设主管部门或其授权的工程造价管理机构规定的范围时，按规定调整合同价格。

第3种方式：专用合同条款约定的其他方式。

2. 法律变化引起的调整

基准日期后，法律变化导致承包人在合同履行过程中所需要的费用发生除《建设工程施工合同（示范文本）》（GF—2017—0201）第11.1款〔市场价格波动引起的调整〕约定以外的增加时，由发包人承担由此增加的费用；减少时，应从合同价格中予以扣减。基准日期后，因法律变化造成工期延误时，工期应予以顺延。

因法律变化引起的合同价格和工期调整，合同当事人无法达成一致的，由总监理工程师按上述"商定或确定"的约定处理。

因承包人原因造成工期延误，在工期延误期间出现法律变化的，由此增加的费用和（或）延误的工期由承包人承担。

**（八）合同价格、计量与支付**

1. 合同价格形式

发包人和承包人应在合同协议书中选择下列一种合同价格形式：

（1）单价合同。单价合同是指合同当事人约定以工程量清单及其综合单价进行合同价格计算、调整和确认的建设工程施工合同，在约定的范围内合同单价不做调整。合同当事人应在专用合同条款中约定综合单价包含的风险范围和风险费用的计算方法，并约定风险范围以外的合同价格的调整方法，其中因市场价格波动引起的调整按《建设工程施工合同（示范文本）》(GF—2017—0201)第11.1款〔市场价格波动引起的调整〕约定执行。

（2）总价合同。总价合同是指合同当事人约定以施工图、已标价工程量清单或预算书及有关条件进行合同价格计算、调整和确认的建设工程施工合同，在约定的范围内合同总价不做调整。合同当事人应在专用合同条款中约定总价包含的风险范围和风险费用的计算方法，并约定风险范围以外的合同价格的调整方法，其中因市场价格波动引起的调整按《建设工程施工合同（示范文本）》(GF—2017—0201)第11.1款〔市场价格波动引起的调整〕、因法律变化引起的调整按《建设工程施工合同（示范文本）》(GF—2017—0201)第11.2款〔法律变化引起的调整〕约定执行。

（3）其他价格形式。合同当事人可在专用合同条款中约定其他合同价格形式。

2. 预付款

（1）预付款的支付。预付款的支付按照专用合同条款约定执行，但至迟应在开工通知载明的开工日期7天前支付。预付款应当用于材料、工程设备、施工设备的采购及修建临时工程、组织施工队伍进场等。

除专用合同条款另有约定外，预付款在进度付款中同比例扣回。在颁发工程接收证书前，提前解除合同的，尚未扣完的预付款应与合同价款一并结算。

发包人逾期支付预付款超过7天的，承包人有权向发包人发出要求预付的催告通知，发包人收到通知后7天内仍未支付的，承包人有权暂停施工，并按《建设工程施工合同（示范文本）》(GF—2017—0201)中第16.1.1项〔发包人违约的情形〕执行。

（2）预付款担保。发包人要求承包人提供预付款担保的，承包人应在发包人支付预付款7天前提供预付款担保，专用合同条款另有约定除外。预付款担保可采用银行保函、担保公司担保等形式，具体由合同当事人在专用合同条款中约定。在预付款完全扣回之前，承包人应保证预付款担保持续有效。

发包人在工程款中逐期扣回预付款后，预付款担保额度应相应减少，但剩余的预付款担保金额不得低于未被扣回的预付款金额。

3. 计量

（1）计量原则。工程量计量按照合同约定的工程量计算规则、图纸及变更指示等进行计量。工程量计算规则应以相关的国家标准、行业标准等为依据，由合同当事人在专用合同条款中约定。

（2）计量周期。除专用合同条款另有约定外，工程量的计量按月进行。

（3）单价合同的计量。除专用合同条款另有约定外，单价合同的计量按照本项约定执行：

1）承包人应于每月25日向监理人报送上月20日至当月19日已完成的工程量报告，并附具进度付款申请单、已完成工程量报表和有关资料。

2）监理人应在收到承包人提交的工程量报告后7天内完成对承包人提交的工程量报表的审核并报送发包人，以确定当月实际完成的工程量。监理人对工程量有异议的，有权要求承包人进行共同复核或抽样复测。承包人应协助监理人进行复核或抽样复测，并按监理人要求提供补充计量资料。承包人未按监理人要求参加复核或抽样复测的，监理人复核或修正的工程量视为承包人实际完成的工程量。

3）监理人未在收到承包人提交的工程量报表后的 7 天内完成审核的，承包人报送的工程量报告中的工程量视为承包人实际完成的工程量，据此计算工程价款。

（4）总价合同的计量。除专用合同条款另有约定外，按月计量支付的总价合同，按照本项约定执行：

1）承包人应于每月 25 日向监理人报送上月 20 日至当月 19 日已完成的工程量报告，并附具进度付款申请单、已完成工程量报表和有关资料。

2）监理人应在收到承包人提交的工程量报告后 7 天内完成对承包人提交的工程量报表的审核并报送发包人，以确定当月实际完成的工程量。监理人对工程量有异议的，有权要求承包人进行共同复核或抽样复测。承包人应协助监理人进行复核或抽样复测并按监理人要求提供补充计量资料。承包人未按监理人要求参加复核或抽样复测的，监理人审核或修正的工程量视为承包人实际完成的工程量。

3）监理人未在收到承包人提交的工程量报表后的 7 天内完成复核的，承包人提交的工程量报告中的工程量视为承包人实际完成的工程量。

（5）总价合同采用支付分解表计量支付的，可以按照上述"总价合同的计量"约定进行计量，但合同价款按照支付分解表进行支付。

（6）其他价格形式合同的计量。合同当事人可在专用合同条款中约定其他价格形式合同的计量方式和程序。

4. 工程进度款支付

（1）付款周期。除专用合同条款另有约定外，付款周期应按照上述"计量周期"的约定与计量周期保持一致。

（2）进度付款申请单的编制。除专用合同条款另有约定外，进度付款申请单应包括下列内容：

1）截至本次付款周期已完成工作对应的金额；

2）根据上述"变更"应增加和扣减的变更金额；

3）根据上述"预付款"约定应支付的预付款和扣减的返还预付款；

4）根据《建设工程施工合同（示范文本）》（GF—2017—0201）第 15.3 款〔质量保证金〕约定应扣减的质量保证金；

5）根据《建设工程施工合同（示范文本）》（GF—2017—0201）第 19 条〔索赔〕应增加和扣减的索赔金额；

6）对已签发的进度款支付证书中出现错误的修正，应在本次进度付款中支付或扣除的金额；

7）根据合同约定应增加和扣减的其他金额。

（3）进度付款申请单的提交。

1）单价合同进度付款申请单的提交。单价合同的进度付款申请单按照上述"单价合同的计量"约定的时间按月向监理人提交，并附上已完成工程量报表和有关资料。单价合同中的总价项目按月进行支付分解，并汇总列入当期进度付款申请单。

2)总价合同进度付款申请单的提交。总价合同按月计量支付的，承包人按照上述"总价合同的计量"约定的时间按月向监理人提交进度付款申请单，并附上已完成工程量报表和有关资料。

总价合同按支付分解表支付的，承包人应按照下述"支付分解表"及上述"进度付款申请单的编制"的约定向监理人提交进度付款申请单。

3)其他价格形式合同的进度付款申请单的提交。合同当事人可在专用合同条款中约定其他价格形式合同的进度付款申请单的编制和提交程序。

（4）进度款审核和支付。

1)除专用合同条款另有约定外，监理人应在收到承包人进度付款申请单以及相关资料后7天内完成审查并报送发包人，发包人应在收到后7天内完成审批并签发进度款支付证书。发包人逾期未完成审批且未提出异议的，视为已签发进度款支付证书。

发包人和监理人对承包人的进度付款申请单有异议的，有权要求承包人修正和提供补充资料，承包人应提交修正后的进度付款申请单。监理人应在收到承包人修正后的进度付款申请单及相关资料后7天内完成审查并报送发包人，发包人应在收到监理人报送的进度付款申请单及相关资料后7天内，向承包人签发无异议部分的临时进度款支付证书。存在争议的部分，按照《建设工程施工合同（示范文本）》（GF—2017—0201）第20条〔争议解决〕的约定处理。

2)除专用合同条款另有约定外，发包人应在进度款支付证书或临时进度款支付证书签发后14天内完成支付，发包人逾期支付进度款的，应按照中国人民银行发布的同期同类贷款基准利率支付违约金。

3)发包人签发进度款支付证书或临时进度款支付证书，不表明发包人已同意、批准或接受了承包人完成的相应部分的工作。

（5）进度付款的修正。在对已签发的进度款支付证书进行阶段汇总和复核中发现错误、遗漏或重复的，发包人和承包人均有权提出修正申请。经发包人和承包人同意的修正，应在下期进度付款中支付或扣除。

（6）支付分解表。

1)支付分解表的编制要求。

①支付分解表中所列的每期付款金额，应为上述"进度付款申请单的编制"中1)的估算金额。

②实际进度与施工进度计划不一致的，合同当事人可按照上述"商定或确定"修改支付分解表。

③不采用支付分解表的，承包人应向发包人和监理人提交按季度编制的支付估算分解表，用于支付参考。

2)总价合同支付分解表的编制与审批。

①除专用合同条款另有约定外，承包人应根据上述"施工进度计划"约定的施工进度计划、签约合同价和工程量等因素对总价合同按月进行分解，编制支付分解表。承包人应当在收到监理人和发包人批准的施工进度计划后7天内，将支付分解表及编制支付分解表的支持性资料报送监理人。

②监理人应在收到支付分解表后7天内完成审核并报送发包人。发包人应在收到经

监理人审核的支付分解表后 7 天内完成审批，经发包人批准的支付分解表为有约束力的支付分解表。

③发包人逾期未完成支付分解表审批的，也未及时要求承包人进行修正和提供补充资料的，则承包人提交的支付分解表视为已经获得发包人批准。

3)单价合同的总价项目支付分解表的编制与审批。除专用合同条款另有约定外，单价合同的总价项目由承包人根据施工进度计划和总价项目的总价构成、费用性质、计划发生时间和相应工程量等因素按月进行分解，形成支付分解表，其编制与审批参照总价合同支付分解表的编制与审批执行。

5. 支付账户

发包人应将合同价款支付至合同协议书中约定的承包人账户。

# 第四节  施工合同争议的处理

## 一、施工合同常见争议

在工程施工合同中，常见的争议有以下几个方面。

1. 工程进度款支付、竣工结算及审价争议

尽管合同中已列出了工程量，约定了合同价款，但实际施工中会有很多变化包括设计变更，现场工程师签发的变更指令，现场条件变化如地质、地形等，以及计量方法等引起的工程数量的增减。这种工程量的变化几乎每天或每月都会发生，而且承包商通常在其每月申请工程进度付款报表中列出，希望得到（额外）付款，但常因与现场监理工程师有不同意见而遭拒绝或者拖延不决。这些实际已完的工程而未获得付款的金额，由于日积月累，在后期可能增大到一个很大的数字，发包人更加不愿支付了，因而造成更大的分歧和争议。

在整个施工过程中，发包人在按进度支付工程款时往往会根据监理工程师的意见，扣除未予确认的工程量或存在质量问题的已完工程的应付款项，这种未付款项累积起来往往可能形成一笔很大的金额，使承包商感到无法承受而引起争议，而且这类争议在工程施工的中后期可能会越来越严重。承包商会认为由于未得到足够的应付工程款而不得不将工程进度放慢下来，而发包人则会认为在工程进度拖延的情况下更不能多支付给承包商任何款项，这就会形成恶性循环而使争端愈演愈烈。

更主要的是，大量的发包人在资金尚未落实的情况下就开始工程的建设，致使发包人千方百计要求承包商垫资施工、不支付预付款、尽量拖延支付进度款、拖延工程结算及工程审价进程，致使承包商的权益得不到保障，最终引起争议。

2. 工程价款支付主体争议

施工企业被拖欠巨额工程款已成为整个建设领域中屡见不鲜的"正常事"，往往出现工程的发包人并非工程真正的建设单位，并非工程的权利人。在该种情况下，发包人通常不

具备工程价款的支付能力，施工单位该向谁主张权利，以维护其合法权益会成为争议的焦点。在此情况下，施工企业应理顺关系，寻找突破口，向真正的发包方主张权利，以保证合法权利不受侵害。

### 3. 工程工期拖延争议

一项工程的工期延误，往往是由于错综复杂的原因造成的。在许多合同条件中都约定了竣工逾期违约金。由于工期延误的原因可能是多方面的，要分清各方的责任往往十分困难。我们经常可以看到，发包人要求承包商承担工程竣工逾期的违约责任，而承包商则提出因诸多发包人的原因及不可抗力等工期应相应顺延，有时承包商还就工期的延长要求发包人承担停工窝工的费用。

### 4. 安全损害赔偿争议

安全损害赔偿争议包括相邻关系纠纷引发的损害赔偿、设备安全、施工人员安全、施工导致第三人安全、工程本身发生安全事故等方面的争议。其中，建筑工程相邻关系纠纷发生的频率已越来越高，其牵涉主体和财产价值也越来越多，也已成为城市居民十分关心的问题。《建筑法》为建筑施工企业设定了这样的义务："施工现场对毗邻的建筑物、构筑物和特殊作业环境可能造成损害的，建筑施工企业应当采取安全防护措施。"

### 5. 合同中止及终止争议

中止合同造成的争议有：承包商因这种中止造成的损失严重而得不到足够的补偿，发包人对承包商提出的就终止合同的补偿费用计算持有异议，承包商因设计错误或发包人拖欠应支付的工程款而造成困难提出中止合同，发包人不承认承包商提出的中止合同的理由，也不同意承包商的责难及其补偿要求等。

除非不可抗拒力外，任何终止合同的争议往往是难以调和的矛盾造成的。终止合同一般都会给某一方或者双方造成严重的损害。如何合理处置终止合同后的双方的权利和义务，往往是这类争议的焦点。终止合同可能有以下几种情况：

（1）属于承包商责任引起的终止合同。

（2）属于发包人责任引起的终止合同。

（3）不属于任何一方责任引起的终止合同。

（4）任何一方由于自身需要而终止合同。

### 6. 工程质量及保修争议

质量方面的争议包括工程中所用材料不符合合同约定的技术标准要求，提供的设备性能和规格不符，或者不能生产出合同规定的合格产品，或者是通过性能试验不能达到规定的产量要求，施工和安装有严重缺陷等。这类质量争议在施工过程中主要表现为，工程师或发包人要求拆除和移走不合格材料，或者返工重做，或者修理后予以降价处置。对于设备质量问题，则常见于在调试和性能试验后，发包人不同意验收移交，要求更换设备或部件，甚至退货并赔偿经济损失。而承包商则认为缺陷是可以改正的，或者业已改正；对生产设备质量则认为是性能测试方法错误，或者制造产品所投入的原料不合格或者是操作方面的问题等，质量争议往往变成责任问题争议。

另外，在保修期的缺陷修复问题往往是发包人和承包商争议的焦点，特别是发包人要求承包商修复工程缺陷而承包商拖延修复，或发包人未经通知承包商就自行委托第三方对工程缺陷进行修复。在此情况下，发包人要在预留的保修金扣除相应的修复费用，承包商则主张产生缺陷的原因不在承包商或发包人未履行通知义务且其修复费用未经其确认而不予同意。

## 二、施工合同争议解决方式

合同当事人在履行施工合同时，解决所发生争议、纠纷的方式有和解、调解、仲裁和诉讼等。

### 1. 和解

和解是指争议的合同当事人，依据有关法律规定或合同约定，以合法、自愿、平等为原则，在互谅互让的基础上，经过谈判和磋商，自愿对争议事项达成协议，从而解决分歧和矛盾的一种方法。和解方式无须第三者介入，简便易行，能及时解决争议，避免当事人经济损失扩大，有利于双方的协作和合同的继续履行。

### 2. 调解

调解是指争议的合同当事人，在第三方的主持下，通过其劝说引导，以合法、自愿、平等为原则，在分清是非的基础上，自愿达成协议，以解决合同争议的一种方法。调解有民间调解、仲裁机械调解和法庭调解三种。调解协议书对当事人具有与合同一样的法律约束力。运用调解方式解决争议，双方不伤和气，有利于今后继续履行合同。

### 3. 仲裁

仲裁也称公断，是双方当事人通过协议自愿将争议提交第三者（仲裁机构）做出裁决，并负有履行裁决义务的一种解决争议的方式。仲裁包括国内仲裁和国际仲裁。仲裁须经双方同意并约定具体的仲裁委员会。仲裁可以不公开审理从而保守当事人的商业秘密，节省费用，一般不会影响双方日后的正常交往。

### 4. 诉讼

诉讼是指合同当事人相互之间发生争议后，只要不存在有效的仲裁协议，任何一方向有管辖权的法院起诉并在其主持下，为维护自己的合法权益的活动。通过诉讼，当事人的权力可得到法律的严格保护。

### 5. 其他方式

除上述四种主要的合同争议解决方式外，在国际工程承包中，又出现了一些新的有效的解决方式，正在被广泛应用。如，FIDIC《土木工程施工合同条件》（红皮书）中有关"工程师的决定"的规定。当业主和承包商之间发生任何争端时，均应首先提交工程师处理。工程师对争端的处理决定，通知双方，在规定的期限内，双方均未发出仲裁意向通知，则工程师的决定即被视为最后的决定并对双方产生约束力。又比如在 FIDIC《设计——建筑与交钥匙工程合同条件》（橘皮书）中规定业主和承包商之间发生任何争端，应首先以书面形式提交由合同双方共同任命的争端审议委员会（DRB）裁定。争端审议委员会对争端做决定并通知双方，在规定的期限内，如果任何一方未将其不满事宜通知对方，则该决定即被视为最终的决定并对双方产生约束力。无论是工程师的决定，还是争端审议委员会的决定，都与合同具有同等的约束力。任何一方不执行决定，另一方即可将其不执行决定的行为提交仲裁。这种方式不同于调解，因其决定不是争端双方达成的协议；也不同于仲裁，因工程师和争端审议委员会只能以专家的身份做出决定，不能以仲裁人的身份做出裁决，其决定的效力不同于仲裁裁决的效力。

当承包商与发包人(或分包商)在合同履行的过程中发生争议和纠纷时，应根据平等协商的原则先行和解，尽量取得一致意见。若双方和解不成，则可要求有关主管部门调解。双方属于同一部门或行业，可由行业或部门的主管单位负责调解；不属于上述情况的可由工程所在地的住房城乡建设主管部门负责调解；若调解无效，则根据当事人的申请，在受到侵害之日起一年之内，可送交工程所在地工商行政管理部门的经济合同仲裁委员会进行仲裁，超过一年期限者，一般不予受理。仲裁是解决经济合同的一项行政措施，是维护合同法律效力的必要手段。仲裁是依据法律、法令及有关政策，处理合同纠纷，责令责任方赔偿、罚款，直至追究有关单位或人员的行政责任或法律责任。处理合同纠纷也可不经仲裁，而直接向人民法院起诉。

一旦合同争议进入仲裁或诉讼，项目经理应及时向企业领导汇报和请示。因为仲裁和诉讼必须以企业(具有法人资格)的名义进行，由企业做出决策。

一般情况下，发生争议后，双方都应继续履行合同，保持施工连续，保护好已完工程。只有发生下列情况时，当事人方可停止履行施工合同：

(1)单方违约导致合同确已无法履行，双方协议停止施工。

(2)调解要求停止施工，且为双方接受。

(3)仲裁机关要求停止施工。

(4)法院要求停止施工。

# 第五节  合同的解除

## 一、合同解除的概念

合同解除是在合同依法成立之后的合同规定的有效期内，合同当事人的一方有充足的理由，提出终止合同的要求，并同时出具包括终止合同理由和具体内容的申请，合同双方经过协商，就提前终止合同达成书面协议，宣布解除双方由合同确定的经济承包关系。

## 二、合同解除的理由

(1)施工合同当事双方协商，一致同意解除合同关系。

(2)因为不可抗力或者是非合同当事人的原因，造成工程停建或缓建，致使合同无法履行。

(3)由于当事人一方违约致使合同无法履行。违约的主要表现以下几个方面：

1)发包人不按合同约定支付工程款(进度款)，双方又未达成延期付款协议，导致施工无法进行，承包人停止施工超过 56 天，发包人仍不支付工程款(进度款)，承包人有权解除合同。

2)承包人发生将其承包的全部过程，或将其肢解以后以分包的名义分别转包给他人；

或将工程的主要部分，或群体工程的半数以上的单位工程倒手转包给其他施工单位等转包。

3) 合同当事人一方的其他违约行为致使合同无法履行，合同双方可以解除合同。

当合同当事一方主张解除合同时，应向对方发出解除合同的书面通知，并在发出通知前7天告知对方，通知到达对方时合同解除。对解除合同有异议时，按照解决合同争议程序处理。

### 三、合同解除的形式及程序

施工合同订立后，当事人双方应当按照合同的约定行使权力和履行义务。但是在一定的条件下，即使合同没有履行或者没有完全履行，根据《合同法》和施工承包合同的约定，也可以解除合同。在施工合同中可以解除合同的情况包括双方协商的合同解除、发生不可抗力时合同的解除、当事人违约时合同的解除。

如果是合同一方主张解除合同的，应向对方发出解除合同的书面通知，并在发出通知前按合同要求或根据法律规定提前告知对方。通知到达对方时合同解除。如果另一方对解除合同有异议，则按照解决合同争议程序处理。

### 四、合同解除后的善后处理

合同解除后的善后处理方法如下：

(1)合同解除后，当事人双方约定的结算和清理条款仍然有效。

(2)承包人应当按照发包人要求妥善做好已完工程和已购材料、设备的保护和移交工作，按照发包人要求将自有机械设备和人员撤出施工现场。发包人应为承包人撤出提供必要条件，支付以上所发生的费用，并按合同约定支付已完工程款。

(3)已订货的材料、设备由订货方负责退货或解除订货合同，不能退还的货款和退货、解除订货合同发生的费用，由发包人承担。

## 第六节　索赔

### 一、索赔的处理

索赔是当事人在合同实施过程中，根据法律、合同规定及惯例，对不应由自己承担责任的情况造成的损失，向合同的另一方当事人提出给予赔偿或补偿要求的行为。

建设工程索赔通常是指在工程合同履行过程中，合同当事人一方因非自身因素或对方不履行或未能正确履行合同而受到经济损失或权利损害时，通过一定的合法程序向对方提出经济或时间补偿的要求。索赔是一种正当的权利要求，它是发包方、监理工程师和承包方之间一项正常的、大量发生而且普遍存在的合同管理业务，是一种以法律和合同为依据的、合情合理的行为。

建设工程索赔包括狭义的建设工程索赔和广义的建设工程索赔。

(1)狭义的建设工程索赔，是指人们通常所说的工程索赔或施工索赔。工程索赔是指建设工程承包商在由于发包人的原因或发生承包商和发包人不可控制的因素而遭受损失时，向发包人提出的补偿要求。这种补偿包括补偿损失费用和延长工期。

（2）广义的建设工程索赔，是指建设工程承包商由于合同对方的原因或合同双方不可控制的原因而遭受损失时，向对方提出的补偿要求。这种补偿可以是损失费用索赔，也可以是索赔实物。它不仅包括承包商向发包人提出的索赔，而且还包括承包商向保险公司、供货商、运输商、分包商等提出的索赔。

## 二、索赔的作用

索赔与工程施工合同同时存在，主要作用如下：

（1）索赔是合同和法律赋予正确履行合同者免受意外损失的权利，是当事人一种保护自己、避免损失、增加利润、提高效益的重要手段。

（2）索赔是落实和调整合同双方经济责、权、利关系的手段，也是合同双方风险分担的又一次合理再分配，离开了索赔，合同责任就不能全面体现，合同双方的责、权、利关系就难以平衡。

（3）索赔是合同法律效力的具体体现，对合同双方形成约束条件，特别能对违约者起到警诫作用，违约方必须考虑违约的后果，从而尽量减少其违约行为的发生。

（4）索赔对提高企业和工程项目管理水平起着重要的促进作用。我国承包商在许多项目上提不出或提不好索赔，与其企业管理松散混乱、计划实施不严、成本控制不力等有着直接关系；没有正确的工程进度网络计划就难以证明延误的发生及天数；没有完整翔实的记录，就缺乏索赔定量要求的基础。

承包商应正确地、辩证地对待索赔问题。在任何工程中，索赔是不可避免的，通过索赔能使损失得到补偿，增加收益。所以，承包商要保护自身利益，争取盈利，不能不重视索赔问题。

但从根本上说，索赔是由于工程受干扰引起的。这些干扰事件对双方都可能造成损失，影响工程的正常施工，造成混乱和拖延。所以，从合同双方整体利益的角度出发，应极力避免干扰事件，避免索赔的产生。而且对一具体的干扰事件，能否取得索赔的成功，能否及时、如数地获得补偿，是很难预料的，也很难把握。这里有许多风险，所以，承包商不能以索赔作为取得利润的基本手段，尤其不应预先寄希望于索赔，例如，在投标中有意压低报价，获得工程，指望通过索赔弥补损失，这是非常危险的。

## 三、索赔的分类

索赔从不同的角度、按不同的方法和不同的标准，可以有多种分类的方法，见表6-3。

表6-3　索赔的分类

| 分类标准 | 索赔类别 | 说明 |
|---|---|---|
| 按索赔的目的分类 | 工期索赔 | 由于非承包人责任的原因而导致施工进程延误，要求批准顺延合同工期的索赔，称为工期索赔。工期索赔形式上是对权利的要求，以避免在原定合同竣工日不能完工时被发包人追究拖期违约责任。一旦获得批准合同工期顺延后，承包人不仅免除了承担拖期违约赔偿费的严重风险，而且可能提前工期得到奖励，最终仍反映在经济收益上 |
| | 费用索赔 | 费用索赔的目的是要求经济补偿。当施工的客观条件改变而导致承包人增加开支时，要求对超出计划成本的附加开支给予补偿，以挽回不应由其承担的经济损失 |

| 分类标准 | 索赔类别 | 说明 |
|---|---|---|
| 按索赔当事人分类 | 承包商与发包人间索赔 | 这类索赔大都是有关工程量计算、变更、工期、质量和价格方面的争议，也有中断或终止合同等其他违约行为的索赔 |
| | 承包商与分包商间索赔 | 其内容与前一种大致相似，但大多数是分包商向总包商索要付款和赔偿及承包商向分包商罚款或扣留支付款等 |
| | 承包商与供货商间索赔 | 其内容多系商贸方面的争议，如货品质量不符合技术要求、数量短缺、交货拖延、运输损坏等 |
| 按索赔的原因分类 | 工程延误索赔 | 因发包人未按合同要求提供施工条件，如未及时交付设计图纸、施工现场、道路等，或因发包人指令工程暂停或不可抗力事件等原因造成工期拖延的，承包商对此提出索赔 |
| | 工程范围变更索赔 | 工作范围的索赔是指发包人和承包商对合同中规定工作理解的不同而引起的索赔。其责任和损失不如延误索赔那么容易确定，如某分项工程所包含的详细工作内容和技术要求，施工要求很难在合同文件中用语言描述清楚，设计图纸也很难对每一个施工细节的要求都说得清清楚楚。另外设计的错误和遗漏，或发包人和设计者主观意志的改变都会向承包商发布变更设计的命令。<br><br>工作范围的索赔很少能独立于其他类型的索赔，例如，工作范围的索赔通常导致延期索赔。如设计变更引起的工作量和技术要求的变化都可能被认为是工作范围的变化，为完成此变更可能增加时间，并影响原计划工作的执行，从而可能导致随之而来的延期索赔 |
| | 施工加速索赔 | 施工加速索赔经常是延期或工作范围索赔的结果，有时也被称为"赶工索赔"。而加速施工索赔与劳动生产率的降低关系极大，因此又称为劳动生产率损失索赔。<br><br>如果发包人要求承包商比合同规定的工期提前，或者因工程前段的承包商的工程拖期，要后一阶段工程的另一位承包商弥补已经损失的工期，使整个工程按期完工。这样，承包商可以因施工加速成本超过原计划的成本而提出索赔，其索赔的费用一般应考虑加班工资、雇用额外劳动力、采用额外设备、改变施工方法、提供额外监督管理人员及由于拥挤、干扰加班引起的疲劳造成的劳动生产率损失等所引起的费用的增加。在国外的许多索赔案例中对劳动生产率损失通常数量很大，但一般不易被发包人接受，这就要求承包商在提交施工加速索赔报告中提供施工加速对劳动生产率的消极影响的证据 |
| | 不利现场条件索赔 | 不利的现场条件是指合同的图纸和技术规范中所描述的条件与实际情况有实质性的不同或虽合同中未作描述，是一个有经验的承包商无法预料的。一般是地下的水文地质条件，但也包括某些隐藏着的不可知的地面条件。<br><br>不利现场条件索赔近似于工作范围索赔，然而又不大像大多数工作范围索赔。不利现场条件索赔应归咎于确实不易预知的某个事实。如现场的水文、地质条件在设计时全部弄得一清二楚几乎是不可能的，只能根据某些地质钻孔和土样试验资料来分析和判断。要对现场进行彻底全面的调查将会耗费大量的成本和时间，一般发包人不会这样做，承包商在很短的投标报价时间内更不可能做这种现场调查工作。这种不利现场条件的风险由发包人来承担是合理的 |
| 按索赔的合同依据分类 | 合同内索赔 | 合同内索赔是以合同条款为依据，在合同中有明文规定的索赔，如工期延误、工程变更、工程师提供的放线数据有误、发包人不按合同规定支付进度款等。这种索赔由于在合同中有明文规定，往往容易成功 |

| 分类标准 | 索赔类别 | 说明 |
|---|---|---|
| 按索赔的合同依据分类 | 合同外索赔 | 合同外索赔在合同文件中没有明确的叙述，但可以根据合同文件的某些内容合理推断出可以进行此类索赔，而且此索赔并不违反合同文件的其他任何内容。例如在国际工程承包中，当地货币贬值可能给承包商造成损失时，对于合同工期较短的，合同条件中可能没有规定如何处理。当由于发包人原因使工期拖延，而又出现汇率大幅度下跌时，承包商可以提出这方面的补偿要求 |
| | 道义索赔（又称额外支付） | 道义索赔是指承包商在合同内或合同外都找不到可以索赔的合同依据或法律根据，因而没有提出索赔的条件和理由，但承包商认为自己有要求补偿的道义基础，而对其遭受的损失提出具有优惠性质的补偿要求，即道义索赔。道义索赔的主动权在发包人手中，发包人在下面四种情况下可能会同意并接受这种索赔：第一，若另找其他承包商，费用会更大；第二，为了树立自己的形象；第三，出于对承包商的同情和信任；第四，谋求与承包商更理解或更长久的合作 |
| 按索赔处理方式分类 | 单项索赔 | 单项索赔是针对某一干扰事件提出的，在影响原合同正常运行的干扰事件发生时或发生后，由合同管理人员立即处理，并在合同规定的索赔有效期内向发包人或监理工程师提交索赔要求和报告。单项索赔通常原因单一、责任单一，分析起来相对容易，由于涉及的金额一般较小，双方容易达成协议，处理起来也比较简单。因此合同双方应尽可能地用此种方式来处理索赔 |
| | 综合索赔 | 综合索赔又称一揽子索赔，一般在工程竣工前和工程移交前，承包商将工程实施过程中因各种原因未能及时解决的单项索赔集中起来进行综合考虑，提出一份综合索赔报告，由合同双方在工程交付前后进行最终谈判，以一揽子方案解决索赔问题。在合同实施过程中，有些单项索赔问题比较复杂，不能立即解决，为了不影响工程进度，经双方协商同意后留待以后解决。有的是发包人或监理工程师对索赔采用拖延办法，迟迟不作答复，使索赔谈判旷日持久。还有的是承包商因自身原因，未能及时采用单项索赔方式等，都有可能出现一揽子索赔。由于在一揽子索赔中许多干扰事件交织在一起，影响因素比较复杂而且相互交叉，责任分析和索赔值计算都很困难，索赔涉及的金额往往又很大，双方都不愿或不容易做出让步，使索赔的谈判和处理都很困难。因此，综合索赔的成功率比单项索赔要低得多 |

## 四、索赔的工作程序

索赔工作程序是指从索赔事件产生到最终处理全过程所包括的工作内容和工作步骤。由于索赔工作实质上是承包商和业主在分担工程风险方面的重新分配过程，涉及双方的众多经济利益，因而是一项烦琐、细致、耗费精力和时间的过程。因此，合同双方必须严格按照合同规定办事，按合同规定的索赔程序工作才能获得成功的索赔。

### (一)承包人的索赔

1. 承包人提出索赔要求

承包人根据合同认为有权得到追加付款和(或)延长工期时，应按规定程序向发包人提出索赔。

承包人应在引起索赔事件发生的后 28 天内，向监理人递交索赔意向通知书，并说明发生索赔事件的事由。承包人未在前述 28 天内发出索赔意向通知书，丧失要求追加付款和

（或）延长工期的权利。

承包人应在发出索赔意向通知书后28天内，向监理人递交正式的索赔通知书，详细说明索赔理由及要求追加的付款金额和（或）延长的工期，并附必要的记录和证明材料。

对于具有持续影响的索赔事件，承包人应按合理时间间隔陆续递交延续的索赔通知，说明连续影响的实际情况和记录，列出累计的追加付款金额和（或）工期延长天数。在索赔事件影响结束后的28天内，承包人应向监理人递交最终索赔通知书，说明最终要求索赔的追加付款金额和延长的工期，并附必要的记录和证明材料。

2. 监理人处理索赔

监理人收到承包人提交的索赔通知书后，应及时审查索赔通知书的内容、查验承包人的记录和证明材料，必要时监理人可要求承包人提交全部原始记录副本。

监理人首先应争取通过与发包人和承包人协商达成索赔处理的一致意见，如果分歧较大，再单独确定追加的付款和（或）延长的工期。监理人应在收到索赔通知书或有关索赔的进一步证明材料后的42天内，将索赔处理结果答复承包人。

承包人接受索赔处理结果，发包人应在做出索赔处理结果答复后28天内完成赔付。承包人不接受索赔处理结果的，按合同争议解决。

3. 承包人提出索赔的期限

竣工阶段发包人接受了承包人提交并经监理人签认的竣工付款证书后，承包人不能再对施工阶段、竣工阶段的事项提出索赔要求。

缺陷责任期满承包人提交的最终结清申请单中，只限于提出工程接收证书颁发后发生的索赔。提出索赔的期限至发包人接受最终结清证书时止，即合同终止后承包人就失去索赔的权利。

### （二）发包人的索赔

1. 发包人提出索赔

发包人的索赔包括承包人应承担责任的赔偿扣款和缺陷责任期的延长。发生索赔事件后，监理人应及时书面通知承包人，详细说明发包人有权得到的索赔金额和（或）延长缺陷责任期的细节和依据。发包人提出索赔的期限与承包人的要求相同，即颁发工程接收证书后，不能再对施工期间的事件索赔；最终结清证书生效后，不能再就缺陷责任期内的事件索赔，因此，延长缺陷责任期的通知应在缺陷责任期届满前提出。

2. 监理人处理索赔

监理人也应首先通过与当事人双方协商争取达成一致，分歧较大时在协商基础上确定索赔的金额和缺陷责任期延长的时间。承包人应付给发包人的赔偿款从应支付给承包人的合同价款或质量保证金内扣除，也可以由承包人以其他方式支付。

## 五、监理工程师索赔管理的主要工作

工程师的索赔管理任务必须贯彻在具体的工作中。与承包商的索赔管理相对应，工程师也必须从起草招标文件开始，直到工程的保修责任结束，发包人和承包商结清全部债权、债务，承包合同结束为止，实施有力的索赔管理。主要应做好以下几个方面工作。

1. 起草周密完备的招标文件

招标文件是承包商作工程预算和报价的依据，是"合同状态"的构成因素之一。如果招标文件(特别是合同条件和技术文件)中有不完善的地方，如矛盾、漏洞，很可能会造成干扰事件，给承包商带来索赔机会(在整个过程中，承包商都在寻找这方面的漏洞)。招标文件有以下基本要求：

(1)资料齐全。按照诚信原则，工程师(发包人)应提供尽可能完备、详细的技术文件，水文地质勘探资料和各种环境资料，为承包商快速并可靠地做出实施方案和报价提供条件。

(2)合同条件的内容详细、条款齐全，对各种问题的规定比较具体。

(3)合同条款和技术文件准确、说明清楚，没有矛盾、错误、二义性。对技术设计的修改、设计错误、合同责任不明确、有的工作没有作定义等都可能是承包商的索赔机会。技术设计应建立在科学的基础上，一经确定，发包人不应随便指令修改。发包人随便改变主意，不仅会打乱工程计划，而且会产生大量索赔。

(4)公平合理地分配工作、责任和风险。要在一个确定的环境内完成一个确定范围的工程，其总的工作任务和责任是一定的。作为工程师不仅要预测这些工作、责任、风险的范围，通过招标文件以准确地定义，而且要在合同的双方之间公平地分配。这对工程整体效益有利，对合同双方都有好处：承包商可以比较准确地投标报价，准确、周密地计划，干扰少，合同实施顺利；发包人能获得低而合理的报价。这样常常会减少索赔的争执。工程师应使用(或向发包人推荐)标准的合同文本，或按照标准文本起草合同。

在许多工程中，许多发包人希望在合同中增加对承包商的单方面约束性条款和责权利不平衡条款，增加对自己行为(失误)的免责条款来消除索赔，对此工程师应予以劝说和制止。这样做实质上对发包人和工程实施不利。一方面，发包人已经"赔"了报价中的不可预见的风险费；另一方面，这样并不能减少索赔事件。承包商必须通过各种途径弥补已产生的损失，这会影响双方的合作气氛，影响承包商履约的积极性。

2. 为承包商确定"合同状态"提供帮助

承包商在获取招标文件后，即进行招标文件分析，做环境调查，确定实施计划，做工程报价。按照诚信原则，工程师应让承包商充分了解工程环境、发包人要求，以编制合理、可靠的投标书，双方应通过各种渠道进行积极的沟通。工程师应鼓励承包商向其提出问题，对承包商理解的错误应做出指正、解释，同时，对招标文件中出现的问题、错误及时发出指令予以纠正。在合同签订前，双方沟通越充分，了解越深入，则索赔越少。

但在投标前的各种接触中(如标前会议)，工程师应谨慎行事，认真研究各类问题，使做出的答复、指令都符合招标文件精神，符合发包人的要求。在签订合同前承包商常常就已经在寻找索赔机会，如果工程师的解释出现漏洞，或违背招标文件精神，就会引起索赔。

3. 协助发包人选择承包商

承包商的信誉、诚实、工程经验、履约能力、报价的合理性都会影响工程索赔的数量。信誉不好、不诚实的承包商常常会采用各种手段搞索赔，不惜在合同、在工程过程中设置埋伏，或扩大干扰事件影响，扩大索赔值，加价索赔。

履约能力不强而报价又低的承包商也只有通过索赔弥补损失，甚至如果发包人不认可其索赔要求(有时是不合理的)，则会以中止工程相威胁，逼迫发包人。

尽管选择承包商是发包人的权力，但工程师应当好参谋，做好评标工作。通过全面审查、综合分析，提出自己的评标报告，向发包人提出自己的授标意见、建议，甚至警告，使发包人的授标决策建立在科学、可靠的基础上，而不受最低标、私人关系和其他不正常因素的诱惑。如果承包商报价偏低，工程师应要求其做出解释。如果得不到满意的解释，则不能轻易接受。国际工程实践证明，报价越低，工程中索赔频率越高，索赔值越大，合同争执越大。

为了防止工程中的索赔事件和争执，工程师应认真评标，对标书中的问题、错误、不清楚的地方请承包商解释、说明；注意承包商的投标策略；对标书中的附加说明、承包商的保留意见、建议应做认真研究，请示发包人，做出明确的处理。

4. 加强合同管理

在工程施工中，工程师的任务是承包合同管理。在履行自己职责时必须做到以下几项：

(1)正确按合同规定行使自己的权力。在工程中，工程师工作中的任何失误、不严密的地方都可能是承包商的索赔机会，这要求工程师必须严格按合同行事：

1)工程师做出的任何指令、调解、决定、同意等都不能违背合同精神。工程师的合同意识应非常强，同时又不能有逻辑上，甚至文字上的漏洞。

2)及时地完成自己的合同责任，及时颁发图纸、指令、做出决定。同时，督促并协助发包人及时完成其合同责任，如及时交付场地、提供施工条件等，避免造成工程干扰。在工程中认真做好合同监督，及时做出各种检查验收；尽量不要提出苛刻的超过合同范围的检查，避免进行一些事后的破坏性检查。因为这种检查，无论结果如何都会造成合同一方的损失，最终损害工程整体效益。

3)正确地履行职责，避免设计图纸、计划、指令、协调方案中的错误。

4)做好发包人的各承包商、材料和设备供应商、设计承包商之间的协调工作，这是工程师的重要职责。

(2)加强对干扰事件的控制。在工程施工中，许多干扰事件也不是工程师所能避免的，但工程师可以对它实施有力的控制：

1)预测干扰事件的发生可能、发生规律和一经发生其影响和损失的大小。在特定的外界环境和合同背景中，进行一项特定工程的施工，其干扰事件的发生有一定的规律性，作为一名有经验的工程师，常常是可以预测的。作为一名管理工程师，同样要有索赔意识，对干扰事件应有敏锐的感觉。

对可能发生的干扰事件应考虑一定的对策措施予以防范。如完善合同条文，堵塞漏洞；做好周密的计划，准备多套方案；更慎重、严密地工作等。

2)干扰事件一经发生，工程师应迅速做出反应，及时做出处理指令，控制干扰事件的影响范围，做好新的计划，或调整、协调好各方关系。

(3)工程师应注意到自己的职权范围和行使权利所应承担的责任后果。

1)不要随便改变承包商的进度计划、施工次序和施工方案等。通常如果合同中未明确规定，一般属于承包商的责任，同时又是其权利。如果工程师指令改变，则容易产生索赔。

2)承包商的施工方案要经过工程师"同意"才能实施或修改。这里应注意以下几点：

①如果工程师没有得力的证据证明承包商采用这种施工方案无法履行其合同责任，则不能不"同意"，否则容易导致工程变更。

②由于承包商自身原因（包括承包商应承担的风险）导致实施施工方案的变更，也要工

程师"同意"才能实施。工程师签字同意时，应特别说明费用不予补偿，以免引起不必要的争执。

③工程师在签字同意承包商修改实施方案时，应考虑到对相应计划的影响，特别是发包人配套工作的调整和相关的其他承包商、供应商工作的调整。这些属于发包人责任，因为工程师一经签字同意承包商修改方案，则这个新方案对双方都有约束力。如果发包人无法提供相应的配合，使承包商受到干扰，则其有权索赔。

5. 处理索赔事务，解决双方争执

对承包商已提出的索赔要求，工程师应争取公平合理地解决：

(1)对承包商的索赔报告进行分析、反驳，确定其合理的部分，并使承包商得到相应的合理支付。

(2)劝说、敦促发包人认可承包商合理的索赔要求，同时使发包人不多支付。

(3)以极大的耐心劝说双方，使双方要求趋于一致，以和平方式解决争执。

## 本章小结

本章主要介绍了建设工程监理合同和施工合同的基本概念、特点，《建设工程监理合同（示范文本）》(GF—2012—0202)、《建设工程施工合同（示范文本）》(GF—2017—0201)的基本内容，建设工程施工合同的订立与履行，施工合同争议处理方式，合同解除的形式及程序，索赔的处理、作用、分类、工程程序等内容。通过本章的学习，应对建设工程合同管理有一定的理解与认识，为日后的工作打下基础。

## 思考与练习

### 一、填空题

1. _____是指委托人（建设单位）与监理人（工程监理单位）就委托的建设工程监理与相关服务内容签订的明确双方义务和责任的协议。

2. 为了明确监理合同当事人双方的权利和义务关系，应当以_____形式签订监理合同。

3.《建设工程监理合同（示范文本）》(GF—2012—0202)由_____、_____、_____、附录A和附录B组成。

4. 建设工程施工合同是_____与_____就完成具体工程项目的建筑施工、设备安装、设备调试、工程保修等工作内容，确定双方权利和义务的协议。

5. 因发包人原因未能及时办理完毕许可、批准或备案，由发包人承担由此增加的费用和(或)延误的工期，并支付合理的利润。

6. _____在发包人的授权范围内，负责处理合同履行过程中与发包人有关的具体事宜。发包人更换发包人代表的，应提前_____书面通知承包人。

7. 除专用合同条款另有约定外，发包人应在收到承包人要求提供资金来源证明的书面通知后_____内，向承包人提供能够按照合同约定支付合同价款的相应资金来源证明。

8. 项目经理有权采取必要的措施保证与工程有关的人身、财产和工程的安全，但应在_____内向发包人代表和总监理工程师提交书面报告。

## 二、选择题

1. 监理合同经常采用的合同形式不包括(　　)。

A. 口头式合同　　　　B. 信件式合同　　　　C. 委托通知单　　　　D. 标准化合同

2. 建设工程施工合同的作用不包括(　　)。

A. 有利于对工程施工的管理

B. 有利于建筑市场的培育和发展

C. 有利于对施工进度的管理

D. 进行监理的依据和推行监理制的需要

3. 通用条款中明确规定，由于发包人原因导致的延误和(或)费用增加的，由发包人承担由此延误的工期和(或)增加的费用，且发包人应支付承包人合理的利润的情况不包括(　　)。

A. 发包人未能按合同约定提供图纸或所提供图纸不符合合同约定的

B. 发包人未能按合同约定提供施工现场、施工条件、基础资料、许可、批准等开工条件的

C. 发包人提供的测量基准点、基准线和水准点及其书面资料存在错误或疏漏的

D. 发包人未能在计划开工日期之日起3天内同意下达开工通知的

4. 合同当事人在履行施工合同时，解决所发生争议、纠纷的方式不包括(　　)。

A. 和解　　　　B. 仲裁　　　　C. 诉讼　　　　D. 妥协

## 三、简答题

1. 简述监理合同的特点。

2. 简述监理的工作内容。

3. 简述建筑工程施工合同的特点。

4. 施工合同签订的原则有哪些？

5. 承包人在履行合同过程中应履行哪些义务？

6. 简述施工合同争议解决方式。

7. 合同解除的理由主要有哪几种？

# 第七章 建设工程监理信息管理

了解监理信息的特点、表现形式、分类、作用，以及建立信息系统的概念、构成、作用；熟悉监理信息管理的流程、基本环节；掌握建设工程文件档案资料的编制、立卷、归档、验收与移交。

**能力目标**

能够对工程建设项目信息进行管理；能管理工程建设监理主要文件档案。

## 第一节　监理信息概述

### 一、监理信息的特点

监理信息是在整个建设工程监理过程中发生的、反映工程建设状态和规律的信息。它具有一般信息的特征，同时也有其本身的特点。监理信息的特点见表7-1。

表7-1　监理信息的特点

| 序号 | 特　点 | 说　　明 |
|---|---|---|
| 1 | 信息量大 | 因为监理的工程项目管理涉及多部门、多专业、多环节、多渠道，而且工程建设中的情况多变化，处理的方式多样化，因此，信息量也特别大 |
| 2 | 信息系统性强 | 由于工程项目往往是一次性（或单件性），即使是同类型的项目，也往往因为地点、施工单位或其他情况的变化而变化，因此，虽然信息量大，但都集中于所管理的项目对象上，这就为信息系统的建立和应用创造了条件 |
| 3 | 信息传递中的障碍多 | 信息传递中的障碍来自地区的间隔、部门的分散、专业的隔阂，或传递手段的落后，或对信息的重视程度或理解能力、经验、知识的限制 |

| 序号 | 特　点 | 说　　　　明 |
|------|--------|------|
| 4 | 信息的滞后现象 | 信息往往是在项目建设和管理过程中产生的，信息反馈一般要经过加工、整理、传递以后才能到达决策者手中，因此是滞后的。倘若信息反馈不及时，容易影响信息作用的发挥而造成失误 |

## 二、监理信息的表现形式

监理信息的表现形式就是信息内容的载体，也就是各种各样的数据。在建设工程监理过程中，各种情况层出不穷，这些情况包含了各种各样的数据。这些数据可以是文字，可以是数字，也可以是各种报表，还可以是图形、图像和声音等。

（1）文字数据。文字数据是监理信息的一种常见的表现形式。文件是最常见的用文字数据表现的信息。管理部门会下发很多文件；工程建设各方，通常规定以书面形式进行交流，即使是口头上的指令，也要在一定时间内形成书面的文字，这也会形成大量的文件，这些文件包括国家、地区、部门行业、国际组织颁布的有关工程建设的法律法规文件，还包括国际、国家和行业等制定的标准规范，具体到每一个工程项目，还包括合同及招标投标文件、工程承包（分包）单位的情况资料、会议纪要、监理月报、洽商及变更资料、监理通知、隐蔽及预检记录资料等。这些文件中包含了大量的信息。

（2）数字数据。数字数据也是监理信息常见的一种表现形式。在建设工程中，监理工作的科学性要求"用数字说话"，为了准确地说明各种工程情况，必然有大量数字数据产生，各种计算成果、各种试验检测数据反映着工程项目的质量、投资和进度等情况。

（3）各种报表。报表是监理信息的另一种表现形式，工程建设各方常用这种直观的形式传播信息。承包商需要提供反映工程建设状况的多种报表。如开工申请单、施工技术方案申报表、进场原材料报验单、进场设备报验单、施工放样报验单、分包申请单、付款申请表、索赔申请书、索赔损失计算清单、延长工期申报表、复工申请、事故报告单、工程验收申请单、竣工报验单等。监理组织内部常采用规范化的表格来作为有效控制的手段。如工程开工令、工程变更通知、工程暂停指令、复工指令、工程验收证书、工程验收记录、竣工证书等。监理工程师向发包人反映工程情况也往往用报表形式传递工程信息。如工程质量月报表、项目月支付总表、工程进度月报表、进度计划与实际完成报表、施工计划与实际完成情况表、监理月报表等。

（4）图形、图像和声音等。这些信息包括工程项目立面、平面及功能布置图形、项目位置及项目所在区域环境实际图形或图像等，对每一个项目，还包括分专业隐检部位图形、分专业设备安装部位图形、分专业预留预埋部位图形、分专业管线平（立）面走向及跨越伸缩缝部位图形、分专业管线系统图形、质量问题和工程进度形象图像，在施工中还有设计变更图等。图形、图像信息还包括工程录像、照片等，这些信息能直观、形象地反映工程情况，特别是能有效地反映隐蔽工程的情况。声音信息主要包括会议录音、电话录音及其他的讲话录音等。

## 三、监理信息的分类

为了有效地管理和应用建设工程监理信息，需将信息进行分类。按照不同的分类标准，建设工程监理信息可分为不同的类型，具体分类见表 7-2。

表 7-2　监理信息分类

| 序号 | 分类标准 | 类型 | 内容 |
|---|---|---|---|
| 1 | 按照建设工程监理职能划分 | 投资控制信息 | 如各种投资估算指标，类似工程造价，物价指数，概、预算定额，建设项目投资估算，设计概、预算，合同价，工程进度款支付单，竣工结算与决算，原材料价格，机械台班费，人工费，运杂费，投资控制的风险分析等 |
| | | 质量控制信息 | 如国家有关的质量政策及质量标准、项目建设标准、质量目标的分解结果、质量控制工作流程、质量控制工作制度、质量控制的风险分析、质量抽样检查结果等 |
| | | 进度控制信息 | 如工期定额、项目总进度计划、进度目标分解结果、进度控制工作流程、进度控制工作制度、进度控制的风险分析、某段时间的施工进度记录等 |
| | | 合同管理信息 | 如国家有关法律规定、工程建设招标投标管理办法、工程建设施工合同管理办法、建设工程监理合同、工程建设勘察设计合同、工程建设施工承包合同、土木工程施工合同条件、合同变更协议及工程建设中标通知书、投标书和招标文件等 |
| | | 行政事务管理信息 | 如上级主管部门、设计单位、承包商、发包人的来函文件，有关技术资料等 |
| 2 | 按照建设工程监理信息来源划分 | 工程建设内部信息 | 内部信息取自建设项目本身。如工程概况、可行性研究报告、设计文件、施工组织设计、施工方案、合同文件、信息资料的编码系统、会议制度、监理组织机构、监理工作制度、监理委托合同、监理规划、项目的投资目标、项目的质量目标、项目的进度目标等 |
| | | 工程建设外部信息 | 外部信息是指来自建设项目外部环境的信息。如国家有关的政策及法规、国内及国际市场上原材料及设备价格、物价指数、类似工程的造价、类似工程的进度、投标单位的实力、投标单位的信誉、毗邻单位的有关情况等 |
| 3 | 按照建设工程监理信息稳定程度划分 | 固定信息 | 指那些具有相对稳定性的信息，或者在一段时间内可以在各项监理工作中重复使用而不发生质的变化的信息，它是建设工程监理工作的重要依据。这类信息有：<br>(1)定额标准信息。这类信息内容很广，主要是指各类定额和标准。如概、预算定额，施工定额，原材料消耗定额，投资估算指标，生产作业计划标准，监理工作制度等。<br>(2)计划合同信息。指计划指标体系、合同文件等。<br>(3)查询信息。指国家标准、行业标准、部颁标准、设计规范、施工规范、监理工程师的人事卡片等 |
| | | 流动信息 | 即作业统计信息，是反映工程项目建设实际进程和实际状态的信息，随着工程项目的进展而不断更新。这类信息时间性较强，一般只有一次使用价值。如项目实施阶段的质量、投资及进度统计信息就是反映在某一时刻项目建设的实际进程及计划完成情况。再如项目实施阶段的原材料消耗量、机械台班数、人工工日数等。及时收集这类信息，并与计划信息进行对比分析是实施项目目标控制的重要依据，是不失时机地发现、克服薄弱环节的重要手段。在建设工程监理过程中，这类信息的主要表现形式是统计报表 |

| 序号 | 分类标准 | 类型 | 内容 |
|---|---|---|---|
| 4 | 按照建设工程监理活动层次划分 | 总监理工程师所需信息 | 如有关建设工程监理的程序和制度、监理目标和范围、监理组织机构的设置状况、承包商提交的施工组织设计和施工技术方案、建设监理委托合同、施工承包合同等 |
| | | 各专业监理工程师所需信息 | 如工程建设的计划信息、实际进展信息、实际进展与计划的对比分析结果等。监理工程师通过掌握这些信息，可以及时了解工程建设是否达到预期目标并指导其采取必要措施，以实现预定目标 |
| | | 监理检查员所需信息 | 主要是工程建设实际进展信息，如工程项目的日进展情况。这类信息较具体、详细，精度较高，使用频率也高 |
| 5 | 按照建设工程监理阶段划分 | 设计阶段 | 如"可行性研究报告"及"设计任务书"，工程地质和水文地质勘查报告，地形测量图，气象和地震烈度等自然条件资料，矿藏资源报告，规定的设计标准，国家或地方有关的技术经济指标和定额，国家和地方的监理法规等 |
| | | 施工招标阶段 | 如国家批准的概算，有关施工图纸及技术资料，国家规定的技术经济标准、定额及规范，投标单位的实力，投标单位的信誉，国家和地方颁布的招标投标管理办法等 |
| | | 施工阶段 | 如施工承包合同，施工组织设计、施工技术方案和施工进度计划，工程技术标准，工程建设实际进展情况报告，工程进度款支付申请，施工图纸及技术资料，工程质量检查验收报告，建设工程监理合同，国家和地方的监理法规等 |

## 四、监理信息的作用

监理行业属于信息产业，监理工程师是信息工作者，生产的是信息，使用和处理的是信息，主要体现监理成果的也是各种信息。建设监理信息对监理工程师开展监理工作，对监理工程师进行决策具有重要的作用。

监理信息对监理工作的作用表现在以下几个方面：

（1）信息是监理决策的依据。决策是建设监理的首要职能，它的正确与否，直接影响到工程项目建设总目标的实现及监理单位的信誉。建设监理决策正确与否，取决于多种因素，其中最重要的因素之一就是信息。没有可靠、充分、系统的信息作为依据，就不可能做出正确的决策。

（2）信息是监理工程师实施控制的基础。控制的主要任务是将计划执行情况与计划目标进行比较，找出差异，对比较的结果进行分析，排除和预防产生差异的原因，使总体目标得以实现。

为了进行有效的控制，监理工程师必须得到充分、可靠的信息。为了进行比较分析及采取措施来控制工程项目投资目标、质量目标及进度目标，监理工程师首先应掌握有关项目三大目标的计划值，它们是控制的依据；其次，监理工程师还应了解三大目标的执行情况。只有对这两个方面的信息都充分掌握，监理工程师才能正确实施控制工作。

(3)信息是监理工程师进行工程项目协调的重要媒介。工程项目的建设过程涉及有关的政府部门和建设、设计、施工、材料设备供应、监理单位等，这些政府部门和企业单位对工程项目目标的实现都会有一定的影响，处理、协调好它们之间的关系，并对工程项目的目标实现起促进作用，就是依靠信息将这些单位有机地联系起来。

## 第二节　监理信息管理

监理信息管理就是监理信息的收集、整理、处理、存储、传递与应用等一系列工作的总称。其目的是通过有组织地监理信息流通，使监理工程师能及时、准确、完整地获得相应的信息，以做出科学的决策。

### 一、监理信息管理流程

工程建设是一个由多个单位、多个部门组成的复杂系统，这是工程建设的复杂性决定的。参加建设的各方要能够实现随时沟通，必须规范相互之间的信息流程，组织合理的信息流。

1. 工程建设信息流程的组成

工程建设的信息流由建设各方各自的信息流组成，监理单位的信息系统作为工程建设系统的一个子系统，监理的信息流仅仅是其中的一部分信息流，工程建设的信息流程，如图 7-1 所示。

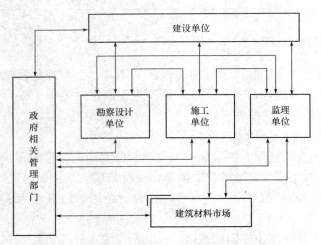

**图 7-1　工程建设参建各方信息关系流程图**

2. 监理单位及项目监理部信息流程的组成

作为监理单位内部，也有一个信息流程，监理单位的信息系统更偏重于公司内部管理和对所监理的工程建设项目监理部的宏观管理，对具体的某个工程项目监理部，也要组织必要的信息流程，加强项目数据和信息的微观管理，相应的流程图如图 7-2 和图 7-3 所示。

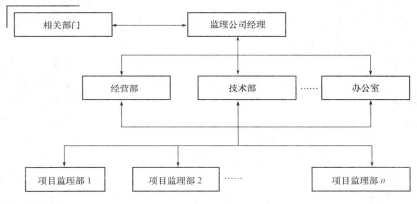

图 7-2　监理单位信息流程图

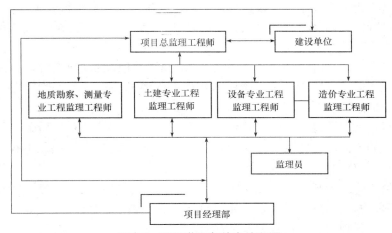

图 7-3　项目监理部信息流程图

图 7-1~图 7-3 的图标为：

□ 处理；　⌐□ 系统外部实体；　→ ↔ 数据和信息流（单向/双向）

## 二、监理信息管理的基本环节

1. 掌握信息来源，进行信息收集

（1）监理信息收集的基本原则。

1）主动及时。监理工程师要取得对工程控制的主动权，就必须积极主动地收集信息，善于及时发现、取得、加工各类工程信息。只有工作主动，获得信息才会及时。监理工作的特点和监理信息的特点都决定了收集信息要主动、及时。监理是一个动态控制的过程，实时信息量大、时效性强，稍纵即逝，工程建设又具有投资大、工期长、项目分散、管理部门多、参与建设的单位多等特点，如果不能及时得到工程中大量发生的变化极大的数据，不能及时把不同的数据传递给需要相关数据的不同单位、部门，势必影响各部门工作，影响监理工程师做出正确的判断，影响监理的质量。

2）全面系统。监理信息贯穿于工程项目建设的各个阶段及全部过程。各类监理信息都是监理内容的反映或表现。所以，收集监理信息不能挂一漏万，以点代面，将局部当成整体，或者不考虑事物之间的联系。同时，工程建设不是杂乱无章的，而是有着内在的联系。因此，收集信息不仅要注意全面性，而且要注意系统性和连续性。全面系统就是要求收集到的信息具有完整性，以防止决策失误。

3）真实可靠。收集信息的目的是对工程项目进行有效的控制。由于工程建设中人们的经济利益关系、工程建设的复杂性、信息在传输中会发生失真现象等主客观原因，难免产生不能真实反映工程建设实际情况的虚假信息。因此，必须严肃认真地进行收集工作，并将收集到的信息进行严格核实、检测、筛选，去伪存真。

4）重点选择。收集信息要全面系统和完整，不等于不分主次、缓急和价值大小，胡子眉毛一把抓，必须有针对性，坚持重点收集的原则。针对性首先是指有明确的目的性或目标；其次是指有明确的信息源和信息内容。还要做到适用，即所取信息符合监理工程的需要，能够应用并产生好的监理效果。所谓重点选择，就是根据监理工作的实际需要及监理的不同层次、不同部门、不同阶段对信息需求的侧重点，从大量的信息中选择使用价值大的主要信息。如发包人委托施工阶段监理，则以施工阶段为重点进行收集。

（2）不同阶段的信息收集。监理信息可从施工准备期、施工实施期、竣工保修期三个阶段分别进行收集。

1）施工准备期。施工准备期是指从工程建设合同签订到项目开工阶段。在施工招标投标阶段监理未介入时，本阶段是施工阶段监理信息收集的关键阶段，监理工程师应该从以下几点入手收集信息：

①监理大纲，施工图设计及施工图预算，特别要掌握结构特点，掌握工程难点、要点、特点，掌握工程的工艺流程特点、设备特点，了解工程预算体系（按单位工程、分部分项工程分解），了解施工合同。

②施工单位项目经理部组成，进场人员资质；进厂设备的规格型号、保修记录；施工场地的准备情况；施工单位质量保证体系及施工单位的施工组织设计，特殊工程的技术方案，施工进度网络计划图表；进场材料、构件管理制度；安全保安措施；数据和信息管理制度；监测和检验、试验程序和设备；承包单位和分包单位的资质等施工单位信息。

③工程建设场地的地质、水文、测量、气象数据；地上、地下管线，地下洞室，地上原有建筑物及周围建筑物、树木、道路；建筑红线、标高、坐标；水、电、气管道的引入标志；地质勘查报告、地形测量图及标桩等环境信息。

④施工图的会审和交底记录；开工前的监理交底记录；对施工单位提交的施工组织设计按照项目监理部要求进行修改的情况；施工单位提交的开工报告及实际准备情况。

⑤本工程需遵循的相关建筑法律、法规、规范和规程，有关质量检验、控制的技术法规和质量验收标准。

2）施工实施期。施工实施期收集的信息应该分类并由专门的部门或专人分级管理，项目监理工程师可从以下几个方面收集信息：

①施工单位人员，设备，水、电、气等能源的动态信息。

②施工期气象情况的中长期趋势及同期历史数据，每天不同时段的动态信息，特别是在气候对施工质量影响较大的情况下更要加强收集气象数据。

③建筑原材料、半成品、成品、构配件等工程物资的进场、加工、保管、使用等信息。

④项目经理部管理程序；质量、进度、造价的事前、事中、事后控制措施；数据采集

来源及采集、处理、存储、传递方式；工序间交接制度；事故处理制度；施工组织设计及技术方案执行的情况；工地文明施工及安全措施等。

⑤施工中需要执行的国家和地方规范、规程、标准；施工合同执行情况。

⑥施工中发生的工程数据。如地基验槽及处理记录，工序间交接记录，隐蔽工程检查记录等。

⑦建筑材料测试项目有关信息，如水泥、砖、砂石、钢筋、外加剂、混凝土、防水材料、回填土、饰面板、玻璃幕墙等。

⑧设备安装的试运行和测试项目有关的信息，如电气接地电阻、绝缘电阻测试，管道通水、通气、通风试验，电梯施工试验，消防报警、自动喷淋系统联动试验等。

⑨施工索赔相关信息，如索赔程序、索赔依据、索赔证据、索赔处理意见等。

3）竣工保修期。竣工保修期阶段收集的信息有：

①工程准备阶段文件。如立项文件，建设用地、征地、拆迁文件，开工审批文件等。

②监理文件。如监理规划，监理实施细则，有关质量问题和质量事故的相关记录，监理工作总结以及监理过程中各种控制和审批文件等。

③施工资料。分建筑安装工程和市政基础设施工程两大类分别收集。

④竣工图。分建筑安装工程和市政基础设施工程两大类分别收集。

⑤竣工验收资料。如工程竣工总结、竣工验收备案表、电子档案等。

在竣工保修期，建立单位按照现行国家标准《建设工程文件归档规范（2019 年版）》（GB/T 50328—2014）的规定收集监理文件，并协助建设单位督促施工单位完善全部资料的收集、汇总和归类整理。

**2. 监理信息的加工整理**

监理信息的加工整理是对收集来的大量原始信息进行筛选、分类、排序、压缩、分析、比较、计算等的过程。

信息的加工整理作用很大。第一，通过加工，将信息聚同分类，使之标准化、系统化，收集来的信息，往往是原始的、零乱的和孤立的，信息资料的形式也可能不同，只有经过加工后使之成为标准的、系统的信息资料，才能进入使用、存储以及提供检索和传递；第二，经过收集的资料，真实、准确程度都比较低，甚至还混有一些错误，经过对它们进行分析、比较、鉴别，乃至计算、校正，使获得的信息准确、真实；第三，原始状态的信息，一般不便于使用和存储、检索、传递，经加工后，可以使信息浓缩，以便于进行以上操作；第四，信息在加工过程中，通过对信息的综合、分解、整理、增补，可以得到更多有价值的新信息。

信息加工整理要本着标准化、系统化、准确性、时间性和适用性等原则进行。为了适应信息用户使用和交换，应当遵守已制定的标准，使来源和形态各异的信息标准化；要按监理信息的分类，系统、有序地加工整理，符合信息管理系统的需要。要对收集的监理信息进行校正、剔除，使之准确、真实地反映工程建设状况；要及时处理各种信息，特别是对那些时效性强的信息；要使加工后的监理信息符合实际监理工作的需要。

**3. 监理信息的储存和传递**

经过加工处理后的监理信息，按照一定的规定，记录在相应的信息载体上，并将这些记录信息的载体按照一定特征和内容性质，组织成为系统的、有机的供人们检索的集合体，这个过程称为监理信息的储存。

信息的储存可汇集信息，建立信息库，有利于进行检索，可以实现监理信息资源的共享，促进监理信息的重复利用，便于信息的更新和剔除。

监理信息储存的主要载体是文件、报告报表、图纸、音像材料等。监理信息的储存，主要就是将这些材料按不同的类别，进行详细的登录并存放，建立资料归档系统。该系统应简单和易于保存，但内容应足够详细，以便很快查出任何已归档的资料。

监理信息的传递，是指监理信息借助于一定的载体(如纸张、软盘等)从信息源传递到使用者的过程。

## 第三节　监理信息系统

### 一、监理信息系统的概念

监理信息系统是以计算机为手段，运用系统思维的方法，对各类监理信息进行收集、传递、处理、存储、分发的计算机辅助系统。

监理信息系统是一个由多个子系统构成的系统，整个系统由大量的单一功能的独立模块拼搭起来，配合数据库、知识库等组合起来，其目标是实现信息的全面管理、系统管理。

监理信息系统为监理工程师提供标准化的、合理的数据来源，提供一定要求的、结构化的数据；提供预测、决策所需的信息及数学、物理模型；提供编制计划、修改计划、调控计划的必要科学手段及应变程序；保证对随机性问题处理时，为监理工程师提供多个可供选择的方案。

### 二、监理信息系统的构成

监理信息系统一般由两部分构成，一部分是决策支持系统，主要完成借助知识库及模型库的帮助，在数据库大量数据的支持下，运用知识和专家的经验来进行推理，提出监理各层次，特别是高层次决策时所需的决策方案及参考意见；另一部分是管理信息系统，主要完成数据的收集、处理、使用及存储，产生信息提供给监理各层次、各部门和各个阶段，起沟通作用。

### 三、监理信息系统的作用

(1)规范监理工作行为，提高监理工作标准化水平。监理工作标准化是提高监理工作质量的必由之路，监理信息系统通常是按标准监理工作程序建立的，带来了信息的规范化、标准化，使信息的收集和处理更及时、更完整、更准确、更统一。通过系统的应用，促使监理人员行为更规范。

(2)提高监理工作效率、工作质量和决策水平。监理信息系统实现办公自动化，使监理人员从简单烦琐的事务性作业中解脱出来，有更多的时间用在提高监理质量和效益方面；

系统为监理人员提供有关监理工作的各项法律法规、监理案例、监理常识的咨询功能，能自动处理各种信息，快速生成各种文件和报表；系统为监理单位及外部有关单位的各层次收集、传递、存储、处理和分发各类数据和信息，使得下情上报，上情下达，内外信息交流及时、畅通，沟通了与外界的联系渠道。这些都有利于提高监理工作效率、监理质量和监理水平。系统还提供了必要的决策及预测手段，有利于提高监理工程师的决策水平。

（3）便于积累监理工作经验。监理成果通过监理资料反映出来，监理信息系统能规范地存储大量监理信息，便于监理人员随时查看工程信息资料，积累监理工作经验。

# 第四节　工程建设监理文件资料管理

## 一、建设监理文件档案资料管理的基本概念

### 1. 建设工程文件

建设工程文件是指在工程项目建设过程中形成的各种形式的信息记录，包括工程准备阶段文件、监理文件、施工文件、竣工图和竣工验收文件，也可简称为工程文件。

### 2. 建设工程档案

建设工程档案是指在项目建设活动中直接形成的具有归档保存价值的文字、图表、声像等各种形式的历史记录，也可简称为工程档案。

### 3. 建设工程文件档案资料

建设工程文件档案资料是在建设项目规划和实施过程中直接形成的、具有保存价值的文字、图表、数据等各种历史资料的记载，它是建设工程开展规划、勘测、设计、施工、管理、运行、维护、科研、抗灾、战略等不同工作的重要依据。

### 4. 建设工程文件档案资料管理

在实际工程中，许多信息由文件档案资料给出。建设工程文件档案资料管理（简称为文档管理）指的是在建设工程信息管理中对作为信息载体的资料有序地进行收集、加工、分解、编目、存档，并为项目各参加者提供专用和常用信息的过程。

## 二、建设监理文件资料内容与归档管理细则

监理文件资料是实施监理过程的真实反映，既是监理工作成效的根本体现，也是工程质量、生产安全事故责任划分的重要依据。项目监理机构应做到"明确责任，专人负责"。监理人员应及时分类整理自己负责的文件资料，并移交由总监理工程师指定的专人进行管理。监理文件资料应准确、完整。

### (一)监理文件资料内容

(1)勘察设计文件、建设工程监理合同及其他合同文件。

(2)监理规划、监理实施细则。

(3)设计交底和图纸会审会议纪要。

（4）施工组织设计、（专项）施工方案、施工进度计划报审文件资料。

（5）分包单位资格报审文件资料。

（6）施工控制测量成果报验文件资料。

（7）总监理工程师任命书，工程开工令、暂停令、复工令，工程开工或复工报审文件资料。

（8）工程材料、构配件、设备报验文件资料。

（9）见证取样和平行检验文件资料。

（10）工程质量检查报验资料及工程有关验收资料。

（11）工程变更、费用索赔及工程延期文件资料。

（12）工程计量、工程款支付文件资料。

（13）监理通知单、工作联系单与监理报告。

（14）第一次工地会议、监理例会、专题会议等会议纪要。

（15）监理月报、监理日志、旁站记录。

（16）工程质量或生产安全事故处理文件资料。

（17）工程质量评估报告及竣工验收监理文件资料。

（18）监理工作总结。

其中，监理日志应包括下列主要内容：

1）天气和施工环境情况。

2）当日施工进展情况。

3）当日监理工作情况，包括旁站、巡视、见证取样、平行检验等情况。

4）当日存在的问题及处理情况。

5）其他有关事项。

监理月报应包括下列主要内容：

1）本月工程实施概况。

①工程进展情况，实际进度与计划进度的比较，施工单位人、机、料进场及使用情况，本期在施部位的工程照片。

②工程质量情况，分项分部工程验收情况，工程材料、设备、构配件进场检验情况，主要施工试验情况，本月工程质量分析。

③施工单位安全生产管理工作评述。

④已完工程量与已付工程款的统计及说明。

2）本月监理工作情况。

①工程进度控制方面的工作情况。

②工程质量控制方面的工作情况。

③安全生产管理方面的工作情况。

④工程计量与工程款支付方面的工作情况。

⑤合同其他事项的管理工作情况。

⑥监理工作统计及工作照片。

3）本月工程实施的主要问题分析及处理情况。

①工程进度控制方面的主要问题分析及处理情况。

②工程质量控制方面的主要问题分析及处理情况。

③施工单位安全生产管理方面的主要问题分析及处理情况。

④工程计量与工程款支付方面的主要问题分析及处理情况。

⑤合同其他事项管理方面的主要问题分析及处理情况。

4）下月监理工作重点。

①在工程管理方面的监理工作重点。

②在项目监理机构内部管理方面的工作重点。

监理工作总结应包括下列主要内容：

1）工程概况。

2）项目监理机构。

3）建设工程监理合同履行情况。

4）监理工作成效。

5）监理工作中发现的问题及其处理情况。

6）说明和建议。

**（二）监理文件资料归档的管理细则**

（1）监理资料是监理单位在工程设计、施工等监理过程中形成的资料。它是监理工作中各项控制与管理的依据与凭证。

（2）项目监理机构应及时整理、分类汇总监理文件资料，并应按规定组卷，形成监理档案。

（3）工程监理单位应按合同约定向建设单位移交监理档案。工程监理单位自行保存的监理档案保存期可分为永久、长期、短期三种。

（4）项目监理部监理资料管理的基本要求。

1）监理资料应满足"整理及时、真实齐全、分类有序"的要求。

2）各专业工程监理工程师应随着工程项目的进展负责收集、整理本专业的监理资料，并进行认真检查，不得接受经涂改的报审资料，并于每月编制月报之后次月5日前将资料交予资料管理员存放保管。

3）资料管理员应及时对各专业的监理资料的形成、积累、组卷和归档进行监督，检查验收各专业的监理资料，并分类、分专业建立案卷盒，按规定编目、整理，做到存放有序、整齐；如将不同类资料放在同一盒内，应在脊背处标明。

4）对于已归资料员保管的监理资料，如本项目监理部人员需要借用，必须办理借用手续，用后及时归还；其他人员借用，须经总监理工程师同意，办理借用手续，资料员负责收回。

5）在工程竣工验收后三个月内，由总监理工程师组织项目监理人员对监理资料进行整理和归档，监理资料在移交给公司档案资料部前必须由总监理工程师审核并签字。

6）监理资料整理合格后，报送公司档案部门办理移交、归档手续。利用计算机进行资料管理的项目监理部需将存有"监理规划""监理总结"的软盘或光盘一并交与档案资料部。

7）监理资料各种表格的填写应使用黑色墨水或黑色签字笔，复写时须用单面黑色复写纸。

（5）应用计算机建立监理管理台账。

1）工程物资进场报验台账。

2）施工试验（混凝土、钢筋、水、电、暖通等）报审台账。

3）检验批、分项、分部（子分部）工程验收台账。

4）工程量、工程进度款报审台账。

5）其他。

（6）总工程师为公司的监理档案总负责人，总工办档案资料部负责具体工作。

（7）档案资料部对各项目监理部的资料负有指导、检查的责任。

## 三、建设工程文件档案资料管理的特征

建设工程文件档案资料与其他一般性的资料相比，有以下几个方面的特征：

（1）全面性和真实性。建设工程文件档案资料只有全面反映项目的各类信息，才更有实用价值，而且必须形成一个完整的系统。有时，只言片语的引用往往会起到误导作用。另外，建设工程文件档案资料必须真实反映工程情况，包括发生的事故和存在的隐患。真实性是对所有文件档案资料的共同要求，但在建设领域对这方面的要求更为迫切。

（2）继承性和时效性。随着建筑技术、施工工艺、新材料及建筑企业管理水平的不断提高和发展，文件档案资料可以被继承和积累。新的工程在施工过程中可以吸取以前的经验，避免重犯以往的错误。同时，建设工程文件档案资料有很强的时效性，文件档案资料的价值会随着时间的推移而衰减，有时文件档案资料一经生成，就必须传达到有关部门，否则会造成严重后果。

（3）分散性和复杂性。由于建设工程周期长、生产工艺复杂、建筑材料种类多、建筑技术发展迅速、影响建设工程因素多种多样、工程建设阶段性强并且相互穿插，因此，导致了建设工程文件档案资料的分散性和复杂性。

（4）多专业性和综合性。建设工程文件档案资料依附于不同的专业对象而存在，又依赖不同的载体而流动，涉及建筑、市政、公用、消防、保安等多种专业，也涉及电子、力学、声学、美学等多种学科，并同时综合了质量、进度、造价、合同、组织协调等多方面内容。

（5）随机性。建设工程文件档案资料产生于工程建设的整个过程中，工程开工、施工、竣工等各个阶段、各个环节都会产生各种文件档案资料。部分建设工程文件档案资料的产生有规律性（如各类报批文件），但还有相当一部分文件档案资料产生是由具体工程事件引发的，因此，建设工程文件档案资料是有随机性的。

## 四、建设工程文件档案资料管理的职责

建设工程文件档案资料管理的职责涉及建设单位、监理单位、施工单位等以及地方城建档案管理部门。

### 1. 各参建单位通用职责

工程各参建单位文档管理的通用职责主要有以下几个方面：

（1）工程各参建单位填写的建设工程档案应以施工及验收规范、工程合同、设计文件、工程施工质量验收统一标准等为依据。

（2）工程档案资料应随工程进度及时收集、整理，并应按专业归类，认真书写，字迹清楚，项目齐全、准确、真实，并无未了事项。表格应采用统一格式，特殊要求需增加的表

格应统一归类。

（3）工程档案资料进行分级管理，建设工程项目各单位技术负责人负责本单位工程档案资料的全过程组织工作并负责审核，各相关单位档案管理员负责工程档案资料的收集、整理工作。

（4）对工程档案资料进行涂改、伪造、随意抽撤或损毁、丢失等，应按有关规定予以处罚，情节严重的应依法追究法律责任。

**2. 建设单位的职责**

工程建设单位文档管理的职责主要有以下几个方面：

（1）在工程招标及与勘察、设计、监理、施工等单位签订协议、合同时，应对工程文件的套数、费用、质量、移交时间等提出明确要求。

（2）负责组织、监督和检查勘察、设计、施工、监理等单位的工程文件的形成、积累和立卷归档工作；也可委托监理单位监督、检查工程文件的形成、积累和立卷归档工作。

（3）在组织工程竣工验收前，应提请当地城建档案管理部门对工程档案进行预验收；未取得工程档案验收认可文件，不得组织工程竣工验收。

（4）收集和汇总勘察、设计、施工、监理等单位立卷归档的工程档案。

（5）收集和整理工程准备阶段、竣工验收阶段形成的文件，并应进行立卷归档。

（6）必须向参与工程建设的勘察设计、施工、监理等单位提供与建设工程有关的原始资料，原始资料必须真实、准确、齐全。

（7）可委托承包单位、监理单位组织工程档案的编制工作；负责组织竣工图的绘制工作，也可委托承包单位、监理单位、设计单位完成，收费标准按照所在地相关文件执行。

（8）对列入当地城建档案管理部门接收范围的工程，工程竣工验收三个月内，向当地城建档案管理部门移交一套符合规定的工程文件。

**3. 监理单位的职责**

工程监理单位文档监理的职责主要有以下几个方面：

（1）应设专人负责监理资料的收集、整理和归档工作。在项目监理部，监理资料的管理应由总监理工程师负责，并指定专人具体实施，监理资料应在各阶段监理工作结束后及时整理归档。

（2）监理资料必须及时整理、真实完整、分类有序。在设计阶段，对勘察、测绘、设计单位工程文件的形成、积累和立卷归档进行监督、检查；在施工阶段，对施工单位的工程文件的形成、积累、立卷归档进行监督、检查。

（3）可以按照委托监理合同的约定，接受建设单位的委托，监督、检查工程文件的形成、积累和立卷归档工作。

（4）编制监理文件的套数、提交内容、提交时间，应按照现行《建设工程文件归档规范（2019年版）》(GB/T 50328—2014)和各地城建档案管理部门的要求，编制移交清单，双方签字、盖章后，及时移交建设单位，由建设单位收集和汇总。监理公司档案部门需要的监理档案，按照《工程建设监理规范》(GB/T 50319—2013)的要求，及时由项目监理部提供。

**4. 施工单位的职责**

工程施工单位文档管理的职责主要有以下几个方面：

（1）实行技术负责人负责制，逐级建立、健全施工文件管理岗位责任制，配备专职档案管理员，负责施工资料的管理工作。工程项目的施工文件应设专门的部门(专人)负责收集和整理。

(2)建设工程实行总承包的，总承包单位负责收集、汇总各分包单位形成的工程档案，各分包单位应将本单位形成的工程文件整理、立卷后及时移交总承包单位。建设工程项目由几个单位承包的，各承包单位负责收集、整理、立卷其承包项目的工程文件，并应及时向建设单位移交。各承包单位应保证归档文件的完整、准确、系统，能够全面反映工程建设活动的全过程。

(3)按要求在竣工前将施工文件整理汇总完毕，再移交建设单位进行工程竣工验收。

(4)可以按照施工合同的约定，接受建设单位的委托进行工程档案的组织、编制工作。

(5)负责编制的施工文件的套数不得少于地方城建档案管理部门要求，但应有完整施工文件移交建设单位及自行保存，保存期可根据工程性质及地方城建档案管理部门的有关要求确定。

5. 地方城建档案管理部门的职责

地方城建档案管理部门的职责主要有以下几个方面：

(1)负责接收和保管所辖范围应当永久和长期保存的工程档案和有关资料。

(2)负责对城建档案工作进行业务指导，监督和检查有关城建档案法规的实施。

(3)列入向本部门报送工程档案范围的工程项目，其竣工验收应由本部门参加并负责对移交的工程档案进行验收。

## 五、建设工程文件档案资料的编制与立卷

1. 建设工程文件档案资料的编制质量要求

建设工程文件档案资料应按完整化、准确化、规范化、标准化、系统化的要求整理编制，包括各种技术文件资料和竣工图纸，以及政府规定办理的各种报批文件。具体编制质量要求如下：

(1)归档的工程文件一般应为原件。

(2)工程文件的内容及其深度必须符合国家有关工程勘察、设计、施工、监理等方面的技术规范、标准和规程。

(3)工程文件的内容必须真实、准确，应与工程实际相符合。

(4)计算机输出文字、图件及手工书写材料，其字迹的耐久性和耐用性应符合现行国家标准《信息与文献纸张上书写、打印和复印字迹的耐久和耐用性要求与测试方法》(GB/T 32004—2015)。

(5)工程文件应字迹清楚、图样清晰、图表整洁、签字盖章手续完备。

(6)工程文件中文字材料幅面尺寸规格宜为 A4 幅面(297 mm×210 mm)。图纸宜采用国家标准图幅。

(7)工程文件的纸张，其耐久性应符合现行国家标准《信息与文献档案纸耐久性和耐用性要求》(GB/T 24422—2009)的规定。

(8)所有竣工图均应加盖竣工图章，如图 7-4 所示，并应符合下列规定：

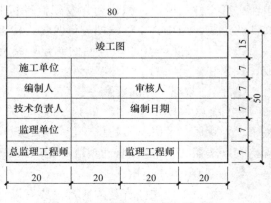

图 7-4 竣工图章示例

1)竣工图章的基本内容应包括"竣工图"字样、施工单位、编制人、审核人、技术负责人、编制日期、监理单位、现场监理、总监。

2)竣工图章尺寸应为 50 mm×80 mm。

3)竣工图章应使用不易褪色的印泥，应盖在图标栏上方空白处。

(9)竣工图的绘制与改绘应符合国家现行有关制图标准的规定。

(10)归档的建设工程电子文件应采用或转换为表 7-3 所列的文件格式。

表 7-3　工程电子文件归档格式表

| 文件类别 | 格式 |
| --- | --- |
| 文本(表格)文件 | OFD、DOC、DOCX、XLS、XLSX、PDF/A、XML、TXT、RTF |
| 图像文件 | JPEG、TIFF |
| 图形文件 | DWG、PDF/A、SVG |
| 视频文件 | AVS、AVI、MPEG2、MPEG4 |
| 音频文件 | AVS、WAV、AIF、MID、MP3 |
| 数据库文件 | SQL、DDL、DBF、MDB、ORA |
| 虚拟现实/3D图像文件 | WRL、3DS、VRML、X3D、IFC、RVT、DGN |
| 地理信息数据文件 | DXF、SHP、SDB |

(11)归档的建设工程电子文件应包含元数据，保证文件的完整性和有效性。元数据应符合现行行业标准《建设电子档案元数据标准》(CJJ/T 187—2012)的规定。

(12)归档的建设工程电子文件应采用电子签名等手段，所载内容应真实和可靠。

(13)归档的建设工程电子文件的内容必须与其纸质档案一致。

(14)建设工程电子文件离线归档的存储媒体，可采用移动硬盘、闪存盘、光盘、磁带等。

(15)存储移交电子档案的载体应经过检测，应无病毒、无数据读写故障，并应确保接收方能通过适当设备读出数据。

2. 建设工程文件立卷流程

立卷应按下列流程进行：

(1)对属于归档范围的工程文件进行分类，确定归入案卷的文件材料；

(2)对卷内文件材料进行排列、编目、装订(或装盒)；

(3)排列所有案卷，形成案卷目录。

3. 建设工程文件立卷原则

立卷应遵循下列原则：

(1)立卷应遵循工程文件的自然形成规律和工程专业的特点，保持卷内文件的有机联系，便于档案的保管和利用；

(2)工程文件应按不同的形成、整理单位及建设程序，按工程准备阶段文件、监理文件、施工文件、竣工图、竣工验收文件分别进行立卷，并可根据数量多少组成一卷或多卷；

(3)一项建设工程由多个单位工程组成时，工程文件应按单位工程立卷；

(4)不同载体的文件应分别立卷。

4. 建设工程文件立卷方法

立卷应采用下列方法：

（1）工程准备阶段文件应按建设程序、形成单位等进行立卷；

（2）监理文件应按单位工程、分部工程或专业、阶段等进行立卷；

（3）施工文件应按单位工程、分部（分项）工程进行立卷；

（4）竣工图应按单位工程分专业进行立卷；

（5）竣工验收文件应按单位工程分专业进行立卷；

（6）电子文件立卷时，每个工程（项目）应建立多级文件夹，应与纸质文件在案卷设置上一致，并应建立相应的标识关系；

（7）声像资料应按建设工程各阶段立卷，重大事件及重要活动的声像资料应按专题立卷，声像档案与纸质档案应建立相应的标识关系。

5. 建设工程文件立卷要求

（1）专业承（分）包施工的分部、子分部（分项）工程应分别单独立卷；

（2）室外工程应按室外建筑环境和室外安装工程单独立卷；

（3）当施工文件中部分内容不能按一个单位工程分类立卷时，可按建设工程立卷。

（4）不同幅面的工程图纸，应统一折叠成 A4 幅面（297 mm×210 mm）。应图面朝内，首先沿标题栏的短边方向以 W 形折叠，然后再沿标题栏的长边方向以 W 形折叠，并使标题栏露在外面。

（5）案卷不宜过厚，文字材料卷厚度不宜超过 20 mm，图纸卷厚度不宜超过 50 mm。

（6）案卷内不应有重份文件。印刷成册的工程文件宜保持原状。

（7）建设工程电子文件的组织和排序可按纸质文件进行。

（8）卷内文件排列要求：

1）卷内文件应按规范《建设工程文件归档规范（2019 年版）》（GB/T 50328—2014）附录 A 与附录 B 的类别和顺序排列。

2）文字材料应按事项、专业顺序排列。同一事项的请示与批复、同一文件的印本与定稿、主体与附件不应分开，并应按批复在前、请示在后，印本在前、定稿在后，主体在前、附件在后的顺序排列。

3）图纸应按专业排列，同专业图纸应按图号顺序排列。

（4）当案卷内既有文字材料又有图纸时，文字材料应排在前面，图纸应排在后面。

6. 建设工程文件案卷编目

（1）编制卷内文件页号应符合下列规定：

1）卷内文件均应按有书写内容的页面编号。每卷单独编号，页号从"1"开始。

2）页号编写位置：单面书写的文件在右下角；双面书写的文件，正面在右下角，背面在左下角。折叠后的图纸一律在右下角。

3）成套图纸或印刷成册的文件材料，自成一卷的，原目录可代替卷内目录，不必重新编写页码。

4）案卷封面、卷内目录、卷内备考表不编写页号。

（2）卷内目录的编制应符合下列规定：

1）卷内目录排列在卷内文件首页之前，式样宜符合《建设工程文件归档规范》（2019 年版)(GB/T 50328—2014)附录 C 的要求。

2)序号应以一份文件为单位编写，用阿拉伯数字从 1 依次标注。

3)责任者应填写文件的直接形成单位或个人。有多个责任者时，应选择两个主要责任者，其余用"等"代替。

4)文件编号应填写文件形成单位的发文号或图纸的图号，或设备、项目代号。

5)文件题名应填写文件标题的全称。当文件无标题时，应根据内容拟写标题，拟写标题外应加"[]"符号。

6)日期应填写文件的形成日期或文件的起止日期，竣工图应填写编制日期。日期中"年"应用四位数字表示，"月"和"日"应分别用两位数字表示。

7)页次应填写文件在卷内所排的起始页号，最后一份文件应填写起止页号。

8)备注应填写需要说明的问题。

(3)卷内备考表的编制应符合下列规定：

1)卷内备考表应排列在卷内文件的尾页之后，式样宜符合《建设工程文件归档规范(2019 年版)》(GB/T 50328—2014)附录 D 的要求；

2)卷内备考表应标明卷内文件的总页数、各类文件页数或照片张数及立卷单位对案卷情况的说明；

3)立卷单位的立卷人和审核人应在卷内备考表上签名；年、月、日应按立卷、审核时间填写。

(4)案卷封面的编制应符合下列规定：

1)案卷封面应印刷在卷盒、卷夹的正表面，也可采用内封面形式。案卷封面的式样宜符合《建设工程文件归档规范(2019 年版)》(GB/T 50328—2014)附录 E 的要求。

2)案卷封面的内容应包括档号、案卷题名、编制单位、起止日期、密级、保管期限、本案卷所属工程的案卷总量、本案卷在该工程案卷总量中的排序。

3)档号应由分类号、项目号和案卷号组成。档号由档案保管单位填写。

4)案卷题名应简明、准确地揭示卷内文件的内容。

5)编制单位应填写案卷内文件的形成单位或主要责任者。

6)起止日期应填写案卷内全部文件形成的起止日期。

7)保管期限应根据卷内文件的保存价值在永久保管、长期保管、短期保管三种保管期限中选择划定。当同一案卷内有不同保管期限的文件时，该案卷保管期限应从长。

8)密级应在绝密、机密、秘密三个级别中选择划定。当同案卷内有不同密级的文件时，应以高密级为本卷密级。

(5)编写案卷题名，应符合下列规定：

1)建筑工程案卷题名应包括工程名称(含单位工程名称)、分部工程或专业名称及卷内文件概要等内容；当房屋建筑有地名管理机构批准的名称或正式名称时，应以正式名称为工程名称，建设单位名称可省略，必要时可增加工程地址内容；

2)道路、桥梁工程案卷题名应包括工程名称(含单位工程名称)、分部工程或专业名称及卷内文件概要等内容，必要时可增加工程地址内容；

3)地下管线工程案卷题名应包括工程名称(含单位工程名称)、专业管线名称和卷内文件概要等内容，必要时可增加工程地址内容；

4)卷内文件概要应符合《建设工程文件归档规范(2019 年版)》(GB/T 50328—2014)附录 A、附录 B 中所列案卷内容(标题)的要求;

5)外文资料的题名及主要内容应译成中文。

(6)案卷脊背应由档号、案卷题名构成,由档案保管单位填写;式样宜符合《建设工程文件归档规范(2019 年版)》(GB/T 50328—2014)附录 F 的规定。

(7)卷内目录、卷内备考表、案卷内封面宜采用 70 g 以上白色书写纸制作,幅面应统一采用 A4 幅面。

7. 案卷装订与装具

(1)案卷可采用装订与不装订两种形式。文字材料必须装订。装订时不应破坏文件的内容,并应保持整齐、牢固,便于保管和利用。

(2)案卷装具可采用卷盒、卷夹两种形式,并应符合下列规定:

1)卷盒的外表尺寸应为 310 mm×220 mm,厚度可为 20 mm、30 mm、40 mm、50 mm。

2)卷夹的外表尽对应为 310 mm×220 mm,厚度宜为 20～30 mm。

3)卷盒、卷夹应采用无酸纸制作。

## 六、建设工程文件归档要求

(1)归档应符合下列规定:

1)归档文件质量应符合前述"五、1."中的规定;

2)归档的文件必须经过分类整理,并应符合"五、"中的规定。

(2)电子文件归档应包括在线式归档和离线式归档两种方式,可根据实际情况选择其中一种或两种方式进行归档。

(3)归档时间应符合下列规定:

1)根据建设程序和工程特点,归档可分阶段分期进行,也可在单位或分部工程通过竣工验收后进行。

2)勘察、设计单位应在任务完成后,施工、监理单位应在工程竣工验收前,将各自形成的有关工程档案向建设单位归档。

(4)勘察、设计、施工单位在收齐工程文件并整理立卷后,建设单位、监理单位应根据城建档案管理机构的要求,对归档文件完整、准确、系统情况和案卷质量进行审查。审查合格后方可向建设单位移交。

(5)工程档案的编制不得少于两套,一套应由建设单位保管,一套(原件)应移交当地城建档案管理机构保存。

(6)勘察、设计、施工、监理等单位向建设单位移交档案时,应编制移交清单,双方签字、盖章后方可交接。

(7)设计、施工及监理单位需向本单位归档的文件,应按国家有关规定和本规范附录 A、附录 B 的要求立卷归档。

## 七、建设工程文件档案资料的验收、移交

1. 建设工程文件档案资料的验收

建设工程档案验收时,应查验下列主要内容:

（1）工程档案齐全、系统、完整，全面反映工程建设活动和工程实际状况；

（2）工程档案已整理立卷，立卷符合《建设工程文件归档规范（2019 年版）》（GB/T 50328—2014)的规定；

（3）竣工图的绘制方法、图式及规格等符合专业技术要求，图面整洁，盖有竣工图章；

（4）文件的形成、来源符合实际，要求单位或个人签章的文件签章手续完备；

（5）文件的材质、幅面、书写、绘图、用墨、托裱等符合要求；

（6）电子档案格式、载体等符合要求；

（7）声像档案内容、质量、格式符合要求。

2. 建设工程文件档案资料的移交

建设工程文件档案资料的移交工作应符合下列规定：

（1）列入城建档案管理机构接收范围的工程，建设单位在工程竣工验收备案前必须向城建档案管理机构移交一套符合规定的工程档案。

（2）停建、缓建工程的工程档案，暂由建设单位保管。

（3）对改建、扩建和维修工程，建设单位应组织设计、施工单位对改变部位据实编制新的工程档案，并应在工程竣工验收备案前向城建档案管理机构移交。

（4）当建设单位向城建档案管理机构移交工程档案时，应提交移交案卷目录，办理移交手续，双方签字、盖章后方可交接。

## 本章小结

本章主要介绍了监理信息的基本概念、监理信息管理的流程和基本环节、监理信息系统、工程建设监理文件资料管理等内容。通过对本章的学习，应对建设工程监理信息管理有初步的认识，为日后的学习、工作打下基础。

## 思考与练习

### 一、填空题

1. _____是在整个建设工程监理过程中发生的、反映工程建设状态和规律的信息。

2. 监理信息管理就是监理信息的_____、_____、_____、_____、传递与应用等一系列工作的总称。

3. 信息加工整理要本着_____、_____、_____、_____和_____等原则进行。

4. _____是以计算机为手段，运用系统思维的方法，对各类监理信息进行收集、传递、处理、存储、分发的计算机辅助系统。

5. _____是指在工程项目建设过程中形成的各种形式的信息记录。

6. _____是指在项目建设活动中直接形成的具有归档保存价值的文字、图表、声像等各种形式的历史记录。

7. 工程文件应字迹清楚、_____清晰、_____整洁、签字盖章手续完备。

8. 工程文件中文字材料幅面尺寸规格宜为_____。图纸宜采用_____图幅。

9. 案卷不宜过厚，一般不宜超过_____，图纸卷厚度不宜超过_____。

10. 工程监理单位自行保存的监理档案保存期可分为_____、_____、_____三种。

## 二、选择题

1. 监理信息的表现形式不包括(　　)。

A. 数字数据　　　　　　　　　　　　B. 各种报表

C. 图形、图像和声音等　　　　　　　D. 文献数据

2. 下列不属于按照工程建设监理职能划分的为(　　)。

A. 固定信息　　　B. 质量控制信息　　　C. 进度控制信息　　　D. 合同管理信息

3. 建设文件档案资料的特征不包括(　　)。

A. 继承性和时效性　　　　　　　　　B. 全面性和真实性

C. 集中性和无序性　　　　　　　　　D. 多专业性和综合性

4. 建设工程文件档案资料产生于工程建设的整个过程中，工程开工、施工、竣工等各个阶段、各个环节都会产生各种文件档案资料。部分建设工程文件档案资料的产生有规律性(如各类报批文件)，但还有相当一部分文件档案资料产生是由具体工程事件引发的，因此建设工程文件档案资料是有(　　)的。

A. 时效性　　　　　B. 分散性　　　　　C. 随机性　　　　　D. 真实性

5. 工程各参建单位填写的建设工程档案应以(　　)为依据。

A. 设计文件、工程施工质量验收统一标准

B. 施工及验收规范、工程合同、设计文件

C. 工程合同、工程施工质量验收统一标准

D. 施工及验收规范、工程合同、设计文件、工程施工质量验收统一标准

6. 监理信息收集的基本原则是(　　)。

A. 主动及时　　　　B. 全面系统　　　　C. 资金扎实　　　　D. 真实可靠

E. 重点选择

## 三、简答题

1. 监理信息对监理工作的作用表现在哪几个方面？

2. 简述监理信息系统的构成。

3. 监理信息系统的作用是什么？

4. 什么是建设工程文件档案资料？

5. 什么是建设工程文件档案资料管理？

6. 建设工程文件档案资料与其他一般性的资料相比具有哪些特征？

7. 工程各参建单位文档管理的通用职责主要有哪几个方面？

8. 工程监理单位文档监理的职责主要有哪几个方面？

# 第八章　建设工程设备采购与设备监造

## 学习目标

　　了解设备制造检验与审查的要求及项目监理结构在设备交货过程的工作要求；熟悉项目监理机构进行设备采购的工作内容、设备采购监理程序、设备制造阶段监理程序及项目监理机构对于设备制造单位相关费用的支付审核职责；掌握设备采购文件资料的内容及设备监理文件资料的主要内容。

## 能力目标

　　能按照要求对建设工程设备采购进行监理；能进行建设工程设备监造。

## 第一节　建设工程设备采购

### 一、设备采购的工作内容和要求

　　项目监理机构在协助建设单位选择合格的设备制造单位、签订完整有效的设备采购订货合同的同时，应控制好设备的质量、价格和交货时间等重要环节。

　　(1)当采用招标方式进行设备采购时，项目监理机构应按下列步骤开展工作：

　　1)掌握设计文件中对设备提出的要求，帮助建设单位起草招标文件，做好招标单位的资格预审工作。

　　2)参加对招标单位的考察调研，提出意见或建议，协助建设单位拟订考察结论。

　　3)参加招标答疑会、询标会。

　　4)参加评标、定标会议。评标条件可以是投标报价的合理性、设备的先进性和可靠性、制造质量、使用寿命和维修的难易及备件的供应、交货时间、安装调试时间、运输条件，以及投标单位的生产管理、技术管理、质量管理、企业信誉、执行合同能力、投标企业提供的优惠条件等方面。

5)协助建设单位起草合同，参加合同谈判，协助建设单位签署采购合同，使采购合同符合有关法律法规的规定、合同条款准确无遗漏。

6)协助建设单位向中标单位移交必要的技术文件。

（2）当采用非招标方式进行设备采购时，项目监理机构应协助建设单位进行设备询价、设备采购的技术及商务谈判等工作。

合同谈判前，应确定合同形式与价格构成，明确定价原则，并成立技术谈判组和商务谈判组，确定谈判成员名单及职责分工，明确工作纪律。在谈判工作结束后，应及时编写谈判报告，进行合同文件整理与会审。

会审时，技术与商务谈判组全体人员参与审查。进行合同会审和会签后，将合同报建设单位审批，审批后协助建设单位签订合同。

## 二、设备采购监理程序

设备采购阶段监理程序包含组建监理机构、实施采购监理、设备验收、编写监理工作总结四个阶段。

### 1. 组建监理机构

（1）机构组建。监理单位应依据与建设单位签订的设备采购阶段的委托监理合同，成立由总监理工程师和专业监理工程师组成的项目监理机构。监理人员应专业配套，数量应满足监理工作的需要，并应明确监理人员的分工及岗位职责。

总监理工程师是监理单位派往现场履行监理合同义务的全权代表，全面负责项目的监理工作，是整个监理工作开展的核心。专业监理工程师根据不同专业、岗位可分为质量控制监理工程师、进度控制监理工程师、造价控制监理工程师和合同（信息）管理监理工程师等，各监理工程师应根据自身岗位的特点、性质和职责开展工作，并协助总监理工程师完成监理任务。

监理机构在开展监理工作的同时，可根据工程项目的进展情况，在保证监理工作需要的前提下，适当地进行人员的调配，以提高工作效率。

（2）技术准备工作。项目监理机构成立后，总监理工程师应及时组织监理人员熟悉和掌握设计文件对拟采购的设备的各项要求、技术说明和有关的标准。

总监理工程师应对监理人员进行技术交底，使监理人员进一步明确监理过程中的注意事项。

项目监理机构成立后，应依据委托监理合同制定监理工作的程序、内容、方法和措施。

### 2. 实施采购监理

（1）编制采购方案。项目监理机构应根据合同、设计和规范标准的要求，编制设备采购方案，明确设备采购的原则、范围、内容、程序、方式和方法，并报建设单位批准。

设备采购的一般方式如下：

1)市场采购。在设备供应市场或商店进行采购。这种方式由于局限性大，不易达到设备购置的目的，而且采购的设备质量和花费往往受到采购人员的业务经验和工作作风的影响，因而一般用于小型通用设备和辅机、配件、材料的采购上。

2)向设备制造厂订货。通过调查直接向选定的设备制造厂订购所需要的设备。采用这种方式购置设备，要求采购商熟悉设备的技术性能、设备的市场价格和设备制造厂的有关情况，同时，还要求采购人员在进行商务洽谈时有较高的工作水平才能订购到符合要求的设备。

当采用非招标方式进行设备采购时，项目监理机构应协助建设单位进行设备采购的技术及商务谈判。

3）委托总承包单位或建筑安装施工单位购置设备。采用这种方式购置设备，建设单位要注意所委托的单位是否具备购置设备的能力及能否站在维护建设单位利益的立场上尽心尽力地订购到工程所需的设备。

4）委托设备成套机构购置设备。成套机构是专门为建设项目成套供应设备的中介机构。它们具有专业配套的工程技术人员和商务人员及法律工作者；有科学的设备订货工作程序和丰富的设备订货经验；熟悉国内外设备生产制造厂及其产品的情况和设备的价格状况；采用专业成套的方式，能最大限度地满足建设单位的要求，使建设单位在设备购置时节省人力、财力、精力，并得到优质服务。

5）采用招标方式订购设备。设备招标是招标单位就订购设备的要求发出招标书，设备供货单位在自愿参加的基础上按招标书的要求做出自己的承诺并以书面的形式——投标书递交给招标单位，招标单位按规定的程序并经仔细地比较分析后从众多的投标单位中选取一个投标单位作为设备供货者并签订设备订货合同。

设备招标由于是公开、公平、公正地进行竞争，择优中标，受到法律保护，因而能使设备投资综合收益最大化，并使招标者与投标者的合法权益得到保证。

（2）编制采购计划。项目监理机构根据批准的设备采购方案编制设备采购计划，并报建设单位批准。采购计划的主要内容应包括采购设备的明细表、采购的进度安排、估价表、采购的资金使用计划等。

（3）协助选择供应单位。项目监理机构应根据建设单位批准的设备采购计划派专人组织或参加市场调查，编写市场调查报告，反馈给建设单位，并协助建设单位选择设备供应单位。

（4）协助组织采购招标。当采用招标方式进行设备采购时，项目监理机构应协助建设单位按照有关规定组织设备采购招标。

选择合适的设备供应单位和签订完整有效的设备订货合同是控制设备的质量、价格和交货时间的重要环节。在设备招标采购阶段，设备监理应该当好建设方的参谋和帮手，并且把好设备合同的审查关。

设备招标采购阶段监理的主要内容如下：

1）深入研究合同、设计和规范标准对设备的要求，帮助建设单位起草招标文件。招标文件应明确招标的标的，即设备名称、型号、规格、数量、技术性能、适用的制造和安装验收标准，要求的交货时间及交货方式与地点，对设备的外购配套零部件与元器件及材料有专门要求的应在标书中明确。另外，还应写明投标的其他要求，如资质证明、生产许可证证明、质量保证体系的证明、投标保函、投标截止期等。

2）发出招标公告或邀请投标意向书。发布招标文件按招标的性质可有两种形式：在无限竞争性招标中采用公开招标公告的形式；在选择性竞争招标中采用向预先选择的数目有限的单位发出邀请他们参与投标的邀请函。

3）审查投标单位的资质，验看生产许可证、设备试验报告或鉴定证书。参加对设备制造厂或投标单位的考察调研，提出自己的看法，与建设单位一起做出考察结论。

4）参加回答投标单位询问的答疑会议。

5）参加评标、定标会议，帮助业主进行综合比较和确定中标单位，协助建设方发出中标通知。

设备评标的内容包括以下几个方面：

①报价的合理性；

②设备的先进性、可靠性及制造质量；

③设备的使用寿命和成本；

④设备维修的难易及备件的供应；

⑤交货时间、安装调试时间和运输条件；

⑥投标企业的生产管理、技术管理、质量管理情况和企业的信誉及执行合同的能力；

⑦售后服务的范围、期限、及时性和质量保证金数额；

⑧投标企业提供的优惠条件；

⑨其他方面的考虑和要求。

评标时的标底是由招标单位事先通过调研所确定或依据概、预算所确定的。

6）参加合同谈判和签署。在确定设备供应单位后参与设备采购订货合同的谈判，协助建设单位起草及签订设备采购订货合同。

合同谈判以招标文件和投标书中的承诺为基础，双方进一步明确各自的责任和利益及一些条文细则，双方达成一致后形成合同文件。

7）协助建设方向中标单位或设备制造厂移交必要的技术文件。

3. 设备验收

在设备按合同要求运抵指定地点后，监理工程师应对设备进行验收。验收包括品种规格核对、数量清点、外观检查、质量证明文件移交。验收合格后主持设备制造单位与安装单位的交接工作。

设备安装完成，监理工程师还应组织对设备进行试验，包括单机空载试验、设备系统的联动负载试验和超负荷（有要求时）等规定的试验项目。试验后，监理方应编写监理鉴定报告。

4. 编写监理工作总结

在设备采购监理工作结束后，总监理工程师应及时组织编写监理工作总结，即对监理的过程、发现的问题及处理情况进行总结，并向建设单位提交设备采购监理工作总结。

## 三、设备采购文件资料的内容

(1)建设工程监理合同及设备采购合同。

(2)设备采购招投标文件。

(3)工程设计文件和图纸。

(4)市场调查、考察报告。

(5)设备采购方案。

(6)设备采购工作总结。

# 第二节 建设工程设备监造

## 一、设备监造检验与审查的要求

（1）项目监理机构应检查设备制造单位的质量管理体系，并应审查设备制造单位报送的设备制造生产计划和工艺方案。

（2）项目监理机构应审查设备制造的检验计划和检验要求，并应确认各阶段的检验时间、内容、方法、标准，以及检测手段、检测设备和仪器。

（3）专业监理工程师应审查设备制造的原材料、外购配套件、元器件、标准件，以及坯料的质量证明文件及检验报告，并应审查设备制造单位提交的报验资料，符合规定时应予以签认。

（4）项目监理机构应对设备制造过程进行监督和检查，对主要及关键零部件的制造工序应进行抽检。

（5）项目监理机构应要求设备制造单位按批准的检验计划和检验要求进行设备制造过程的检验工作，并应做好检验记录。项目监理机构应对检验结果进行审核，认为不符合质量要求时应要求设备制造单位进行整改、返修或返工。当发生质量失控或重大质量事故时，应由总监理工程师签发暂停令，提出处理意见，并应及时报告建设单位。

（6）在设备装配过程中，专业监理工程师应检查配合面的配合质量、零部件的定位质量及连接质量、运动件的运动精度等装配质量是否符合设计及标准要求。

（7）在设备制造过程中如需要对设备的原设计进行变更时，项目监理机构应审查设计变更，并应协调处理因变更引起的费用和工期调整，同时应报建设单位批准。

（8）项目监理机构应参加设备整机性能检测、调试和出厂验收，符合要求后应予以签认。

（9）在设备运往现场前，项目监理机构应检查设备制造单位对待运设备采取的防护和包装措施，并应检查是否符合运输、装卸、储存、安装的要求，以及随机文件、装箱单和附件是否齐全。

（10）专业监理工程师应审查设备制造单位提出的索赔文件，提出意见后报总监理工程师，并应由总监理工程师与建设单位、设备制造单位协商一致后签署意见。

（11）专业监理工程师应审查设备制造单位报送的设备制造结算文件，提出审查意见，并应由总监理工程师签署意见后报建设单位。

## 二、设备监造交货过程中的工作要求

（1）做好交接货的准备工作。

1）设备制造单位应在发运前合同约定的时间内向建设单位发出通知。项目监理机构在接到发运通知后及时组织有关人员做好现场接货的准备工作，包括通行道路、储存方案、场地清理、保管工作等。

2)接到发运通知后，项目监理机构应督促做好卸货的准备工作。

3)当由于建设单位或现场条件原因要求设备制造单位推迟设备发货时，项目监理机构应督促建设单位及时通知设备制造单位，建设单位应承担推迟期间的仓储费和必要的保养费。

（2）做好到货检验工作。

1)货物到达目的地后，建设单位向设备制造单位发出到货检验通知，项目监理机构应与双方代表共同进行检验。

2)货物清点。双方代表共同根据运单和装箱单对货物的包装、外观和件数进行清点。如果发现任何不符之处，经过双方代表确认属于设备制造单位责任后，由设备制造单位处理解决。

3)开箱检验。货物运到现场后，项目监理机构应尽快督促建设单位与设备制造单位共同进行开箱检验，如果建设单位未通知设备制造单位而自行开箱或每一批设备到达现场后在合同规定的时间内不开箱，产生的后果由建设单位承担，双方共同检验货物的数量、规格和质量，检验结果及其记录对双方有效，并作为建设单位向设备制造单位提出索赔的证据。

## 三、设备监造阶段监理程序

设备监造阶段监理程序包括组建监理机构、监理交底、编制监理规划及实施细则、制造监理的实施、设备验收、编写监理工作总结。

### 1. 组建监理机构

监理单位依据与建设单位签订的设备监造阶段的委托监理合同，成立由总监理工程师和专业监理工程师组成的项目监理机构。项目监理机构应进驻设备制造现场。

监理单位根据监理委托合同中确定的监理目标对工程设备所涉及的监理任务进行详细分析，明确列出要进行监理的工作内容。根据应该开展的监理工作内容进行项目监理机构的组织。总监理工程师和专业监理工程师是成立一个项目监理机构必不可少的组成人员，除此以外，其他监理人员也是必不可少的。对于具体的监理对象，如对大宗原材料、零部件的监理，具体的抽样、取样，做外观检查，具体的精度测量和性能测试等工作就可以由年纪轻、精力充沛或动手能力强、实践经验丰富的人来完成，他们不仅可以在现场作为监理工程师的得力助手，同时也是监理工程师的培养对象和接班人。

配备监理人员时还应根据责权统一的原则，体现职能落实、人才合理配置与使用，并应充分考虑对人员潜力和积极性的发挥。

监理单位必须派出经过培训的有资格的监理工程师或监理人员，特别是熟悉设备且有丰富现场经验的人员对设备进行监理，特别需要强调的是有丰富现场经验的人员。有些监理人员理论基础很好，但缺乏现场经验，往往对施工过程中会造成质量问题的关键工序疏忽大意，抓不住要害，对处理现场质量问题拿不出合理方案或方法，分不清一般问题和重大问题，从而引起施工单位的不满和反感。

### 2. 监理交底

对设备制造的事前控制主要是加强对设计（产品设计和工艺设计）的审核，使设计的产品原理科学、结构合理、符合有关标准和规定、符合使用的要求；使采用的工艺和组装方法正确、手段可靠、节省材料、便于检验。

因此，总监理工程师应组织专业监理工程师熟悉设备制造图纸及有关技术说明和标准，掌握设计意图和各项设备制造的工艺规程，以及设备采购订货合同中的各项规定，并应组织或参加建设单位组织的设备制造图纸的设计交底。

监理方对设计文件的审查主要包括以下内容：

(1)审查设备设计所依据的各种资料、数据、标准、规范是否正确可靠，是否符合国家、地方和行业的有关现行有效的规定。

(2)审查选用的设备能否满足生产工艺的需要和使用功能的要求，设备的工作负荷是否合理。

(3)审查设备的平面布置和立体布置是否合理。

(4)审查设备的基础设计及预埋设计是否正确。

### 3. 编制监理规划及实施细则

监理规划是监理委托合同签订后，由总监理工程师组织专业监理工程师编制的指导开展监理工作的纲领性文件，它起着指导监理单位内部自身业务工作的功能的作用。设备监造规划经监理单位技术负责人审批并批准后，在设备制造开始前10天内报送建设单位。

监理实施细则起着具体指导监理实务作业的作用。它是在监理规划的基础上，对监理工作的更详细的具体化和补充。它可根据监理项目的具体情况，由专业监理工程师分阶段、分专业进行编写。

### 4. 制造监理的实施

设备制造过程中的监理方式有驻厂跟踪监理、巡回监理、见证点监理、停止点监理、文件监理和出厂检验监理。

(1)驻厂跟踪监理是监理单位派监理人员驻设备制造现场对设备制造过程实施监理。

(2)巡回监理是监理单位组织派出监理人员巡回赴设备制造厂对设备制造过程中的重点环节和关键工序及重要零部件的检验进行监理。

(3)见证点监理是当设备制造到某一道关键工序之前，制造厂通知监理单位，监理单位派员赴制造厂监督该工序的进行，并签署见证意见。

(4)停止点监理是当设备制造到完成某道工序之后，进入下一道工序之前，暂时停止加工制造，并且事先通知监理单位，待监理工程师到达制造现场对已经完成的前几道工序的质量进行检查，认可后才能转到下一道工序的加工制造。

(5)文件监理是指监理员对已经完成的工序，审查当时的加工记录和检验记录来实施监理。

(6)出厂检验监理是当设备装配调整完毕进行试车时和包装时，会同制造厂的检验员按设计的要求逐项进行检验和监督包扎装箱。

见证点监理、停止点监理和出厂检验监理都需要设备制造厂事先通知，因而在设备订购合同上要明确规定由设备制造厂通知监理单位。若设备制造厂未通知监理单位或者通知不及时，设备制造厂应承担责任。若监理单位接到通知后未及时派员赴厂监理，则监理单位应承担责任。

### 5. 设备验收

(1)在设备运往现场前，专业监理工程师应检查设备制造单位对待运设备采取的防护和包装措施，并应检查是否符合运输、装卸、储存、安装的要求，以及相关的随机文件、装箱单和附件是否齐全。

1）对设备按照设计要求进行包装能防止设备在运输、装卸和储存中受到损伤及丢失零件和附件。包装形式常有箱装、捆装、裸装、敞装、局部包装及集装箱装。包装时设备可以整体装，也可以按运输和装卸要求拆成几部分分别包装。包装完毕的设备在包装物或设备上应标明识别标志。

2）设备的运输应该选择安全、合理、经济的运输方法和运输路径。应该选择运输条件能够满足所运设备需要的最短路径进行运输；要注意运输过程中的交接，以防止丢失设备和运错地点；对于有特殊运输要求的设备，应采取特别的措施保障设备的运输安全。

3）设备装卸必须按照装卸规范与包装物上标志的起重位置和质量选择合适的起重机械及工具，用正确的方法进行起重装卸。装卸时应轻装轻卸、平稳安全，避免损伤设备和设备的包装。

4）设备储存保管时应防止设备受到损坏，防止丢失；有防潮、防雨、防晒、防振动、防高温、防低温、防泄漏、防锈蚀、需屏蔽等要求的也要按要求操作。设备储存时应有台账，经常进行检查、核对，进出货手续清楚。

（2）设备全部运到现场后，总监理工程师应组织专业监理工程师参加由设备制造单位按合同规定与安装单位进行的交接工作，开箱清点、检查、验收、移交。

（3）安装完毕后，监理工程师还应组织对设备进行试验，包括单机空载试验、设备系统的联动负载试验和超负荷（有要求时）等规定的试验项目。试验后，监理方应编写监理鉴定报告。

6. 监理工作总结

在设备监造工作结束后，总监理工程师应组织编写设备监造工作总结，并向建设单位提交设备监造工作总结。

## 四、设备监造阶段相关费用的支付审核职责

（1）设备制造商职责：按合同规定时间，向监理工程师提交付款申请报告，并附上有关单据及其他证明材料。

（2）项目监理机构职责：专业监理工程师对阶段性完成的制造工作工作量进行核实，核查相关资料是否符合合同要求，并签注审查意见；总监理工程师依据专业监理工程师审查意见，签署审核意见，并向建设单位报送付款申请书及相关支持材料；总监理工程师签署支付证书。

（3）建设单位职责：核定与批准付款申请书，并按期拨付相应款项。

## 五、设备监造文件资料的主要内容

（1）工程监理合同及设备采购合同。

（2）设备监造工作计划。

（3）设备制造工艺方案报审资料。

（4）设备制造的检验计划和检验要求。

（5）分包单位资格报审资料。

(6)原材料、零配件的检验报告。

(7)工程暂停令、开工或复工报审资料。

(8)检验记录及试验报告。

(9)变更资料。

(10)会议纪要。

(11)来往函件。

(12)监理通知单与工作联系单。

(13)监理日志。

(14)监理月报。

(15)质量事故处理文件。

(16)索赔文件。

(17)设备验收文件。

(18)设备交接文件。

(19)支付证书和设备制造结算审核文件。

(20)设备监造工作总结。

## 本章小结

本章主要介绍了项目监理机构进行设备采购的工作内容、设备采购监理程序、设备采购文件资料的内容、设备监造检验与审查的要求、项目监理机构在设备交货过程中的工作要求、设备监造阶段监理程序、项目监理机构对于设备制造单位相关费用的支付审核职责、设备监造文件资料的主要内容等。通过本章的学习，应对建设工程设备采购与设备监造有基础的认识，为日后的工作打下基础。

## 思考与练习

### 一、填空题

1. 监理单位应依据与建设单位签订的设备采购阶段的委托监理合同，成立由总监理工程师和专业监理工程师组成的_____。

2. _____是监理单位派往现场履行监理合同义务的全权代表，全面负责项目的监理工作，是整个监理工作开展的核心。

3. 在设备按合同要求运抵指定地点后，监理工程师应对设备进行_____。

4. _____应审查设备制造单位提出的索赔文件，提出意见后报总监理工程师，并应由总监理工程师与建设单位、设备制造单位协商一致后签署意见。

5. 设备制造单位应在发运前合同约定的时间内向_____发出通知。

### 二、选择题

1. 下列不属于项目监理机构在设备交货过程的准备工作的是(　　)。

A. 设备制造单位应在发运前合同约定的时间内向建设单位发出通知

B. 接到发运通知后，项目监理机构应督促做好卸货的准备工作

C. 当由于建设单位或现场条件原因要求设备制造单位推迟设备发货时，项目监理机构应督促建设单位及时通知设备制造单位，建设单位应承担推迟期间的仓储费和必要的保养费

D. 货物到达目的地后，建设单位向设备制造单位发出到货检验通知，项目监理机构应与双方代表共同进行检验

2. 下列不属于项目监理机构对于设备制造单位相关费用的支付审核职责的是（　　）。

A. 设备制造商职责，即按合同规定时间向监理工程师提交付款申请报告，并附上有关单据及其他证明材料

B. 项目监理机构职责，即专业监理工程师对阶段性完成的制造工作工作量进行核实，核查相关资料是否符合合同要求，并签注审查意见

C. 专业监理工程师职责，即应审查设备制造单位报送的设备制造结算文件，提出审查意见，并应由总监理工程师签署意见后报建设单位

D. 建设单位职责，即核定与批准付款申请书，并按期拨付相应款项

## 三、简答题

1. 简述设备采购阶段监理程序。

2. 设备采购阶段项目监理机构成立后要进行哪些技术准备工作？

3. 设备采购的一般方式有哪些？

4. 设备监造文件资料的主要内容有哪些？

# 第九章 建设工程风险管理

**学习目标**

了解建设工程风险的概念及类型、风险的因素；熟悉建设工程风险管理的概念及过程、风险评估的内容与评估分析的步骤、风险响应策略；掌握风险因素分析方法和程序、风险程度分析方法、风险监控方法。

**能力目标**

能够进行工程建设风险识别；能够进行工程建设风险评估和风险程度分析；能够进行有效的风险响应；能够进行风险控制。

## 第一节 建设工程风险管理概述

### 一、建设工程风险的概念及特点

风险是指一种客观存在的、损失的发生具有不确定性的状态。而工程项目中的风险则是指在工程项目的筹划、设计、施工建造，以及竣工后投入使用各个阶段可能遭受的风险。

风险在任何项目中都存在。风险会造成项目实施的失控现象，如工期延长、成本增加、计划修改等，最终导致工程经济效益降低，甚至项目失败。而且现代工程项目的特点是规模大、技术新颖、持续时间长、参加单位多、与环境接口复杂，所以在项目实施过程中危机四伏。许多项目，由于它的风险大、危害性大，如国际工程承包、国际投资和合作，所以被人们称为风险型项目。

建设工程风险具有风险多样性、存在范围广、影响面大及具有一定的规律性等特点。

1. 风险的多样性

在一个工程项目中存在着许多种类的风险，如政治风险、经济风险、法律风险、自然风险、合同风险、合作者风险等，这些风险之间有复杂的内在联系。

## 2. 风险存在范围广

风险在整个项目生命期中都存在，而不仅在实施阶段。例如，在目标设计中可能存在构思的错误、重要边界条件的遗漏、目标优化的错误，可行性研究中可能有方案的失误、调查不完全、市场分析错误，技术设计中存在专业不协调、地质不确定、图纸和规范错误，施工中物价上涨、实施方案不完备、资金缺乏、气候条件变化、运行中市场变化、产品不受欢迎、运行达不到设计能力、操作失误等。

## 3. 风险影响面大

在工程建设中，风险影响常常不是局部的，而是全局的。例如，反常的气候条件造成工程的停滞，则会影响整个后期计划，影响后期所有参加者的工作。它不仅会造成工期的延长，而且会造成费用的增加，并对工程质量产生危害。即使局部的风险，其影响也会随着项目的发展逐渐扩大。例如，一个活动受到风险干扰，可能影响与它相关的许多活动，所以在项目中风险影响随时间推移有扩大的趋势。

## 4. 风险具有一定的规律性

工程项目的环境变化、项目的实施有一定的规律性，所以，风险的发生和影响也有一定的规律性，是可以进行预测的。重要的是人们要有风险意识，重视风险，对风险进行有效的控制。

# 二、建设工程风险的类型

工程建设项目投资巨大、工期漫长、参与者众多，整个过程都存在着各种各样的风险，如业主可能面临着监理失职、设计错误、承包商履约不力等人为风险，恶劣气候、地震、水灾等自然风险；承包商可能面临工程管理不善等履约风险，员工行为不当等责任风险；设计、监理单位可能面临职业责任风险等。这些风险按不同的标准可划分为多种不同的类型。

## 1. 按风险造成的后果划分

(1)纯风险。低风险是指只会造成损失而不会带来收益的风险。其后果只有两种，即损失或无损失，不会带来收益。如自然灾害、违规操作等。

(2)投机风险。投机风险是指既存在造成损失的可能性，也存在获得收益的可能性的风险。其后果有造成损失、无损失和收益三种结果，即存在三种不确定状态。例如，某工程项目中标后，其实施的结果可能会造成亏本、保本和盈利。

## 2. 按风险产生的根源划分

(1)经济风险。经济风险是指在经济领域中各种导致企业的经营遭受厄运的风险，即在经济实力、经济形势及解决经济问题的能力等方面潜在的不确定因素构成经营方面的可能后果。有些经济风险是社会性的，对各个行业的企业都会产生影响，如经济危机和金融危机、通货膨胀或通货紧缩、汇率波动等；有些经济风险的影响范围限于建筑行业内的企业，如国家基本建设投资总量的变化、房地产市场的销售行情、建材和人工费的涨落；还有的经济风险是伴随工程承包活动而产生的，仅影响具体施工企业，如业主的履约能力、支付能力等。

(2)政治风险。政治风险是指政治方面的各种事件和原因给自己带来的风险。政治风险包括战争和动乱、国际关系紧张、政策多变、政府管理部门的腐败和专制等。

(3)技术风险。技术风险是指工程所处的自然条件(包括地质、水文、气象等)和工程项目的复杂程度给承包商带来的不确定性。

(4)管理风险。管理风险是指人们在经营过程中，因不能适应客观形势的变化或因主观判断失误或对已经发生的事件处理不当而造成的威胁。包括：施工企业对承包项目的控制和服务不力；项目管理人员水平低不能胜任自己的工作；投标报价时具体工作的失误；投标决策失误等。

### 3. 按风险控制的角度划分

(1)不可避免又无法弥补损失的风险。如天灾人祸(地震、水灾、泥石流，战争、暴动……)。

(2)可避免或可转移的风险。如技术难度大且自身综合实力不足时，可放弃投标达到避免的目的；可组成联合体承包以弥补自身不足；也可采用保险对风险进行转移。

(3)有利可图的投机风险。

## 三、建设工程风险管理的概念及重要性

风险管理是指人们对潜在的意外损失进行辨识、评估，并根据具体情况采取相应的措施进行处理，即在主观上尽可能做到有备无患，或在客观上无法避免时亦能寻求切实可行的补救措施，从而减少意外损失或化解风险为我所用。

建设工程风险管理是指参与工程项目的各方，包括发包方、承包方和勘察、设计、监理单位等在工程项目的筹划、设计、施工建造，以及竣工后投入使用等各阶段采取的辨识、评估、处理项目风险的措施和方法。

建设工程风险管理的重要性主要体现在以下几个方面：

(1)风险管理事关工程项目各方的生死存亡。工程建设项目需要耗费大量人力、物力和财力。如果企业忽视风险管理或风险管理不善，则会增加发生意外损失的可能及扩大意外损失的后果。轻则工期迟延，增加各方支出；重则这个项目难以继续进行，使巨额投资无法收回。而工程质量如果遭受影响，更会给今后的使用、运行造成长期损害。反之，重视并善于进行风险管理的企业则会降低发生意外的可能，并在难以避免的风险发生时，减少自己的损失。

(2)风险管理直接影响企业的经济效益。通过有效的风险管理，有关企业可以对自己的资金、物资等资源做出更合理的安排，从而提高其经济效益。例如，在工程建设中，承包商往往需要库存部分建材以防备建材涨价的风险。但若承包商在承包合同中约定建材价格按实结算或根据市场价格予以调整，则有关价格风险将转移，承包商便无须耗费大量资金库存建材，而节省出的流动资金将成为企业新的利润来源。

(3)风险管理有助于项目建设顺利进行，化解各方可能发生的纠纷。风险管理不仅可预防风险，更可在各方之间合理平衡、分配风险。对于某一特定的工程项目风险，各方预防和处理的难度不同。通过平衡、分配，由最适合的当事方进行风险管理，负责、监督风险的预防和处理工作，这将大大降低发生风险的可能性和风险带来的损失。同时，明确各类风险的负责方，也可在风险发生后明确责任，及时解决善后事宜，避免互相推诿，导致进一步纠纷。

(4)风险管理是业主、承包商和设计、监理单位等在日常经营、重大决策过程中必须认真对待的工作。它不单纯是消极避险，更有助于企业积极地避害趋利，进而在竞争中处于优势地位。

## 四、建设工程风险管理的过程

建设工程风险管理的过程主要包括以下内容：

(1)风险识别。即确定项目的风险的种类，也就是可能有哪些风险发生。

(2)风险评估。即评估风险发生的概率及风险事件对项目的影响。

(3)风险响应。即制定风险对策措施。

(4)风险控制。即在实施中的风险控制。

# 第二节　建设工程风险识别

风险识别是风险管理的基础，是指对企业所面临的风险和潜在的风险加以判断、归类、鉴定风险性质的过程，必要时，还需对风险事件的后果作出定性的估计。对风险的识别可以依据各种客观的统计、类似建设工程的资料和风险记录等，通过分析、归类、整理、感性认识和经验等进行判断，从而发现各种风险的损失情况及其规律。

## 一、风险识别的特点和原则

### (一)风险识别的特点

(1)个别性。任何风险都有与其他风险的不同之处，没有两个风险是完全一致的。不同类型建设工程的风险不同，而同一建设工程如果建造地点不同，其风险也不同。即使是建造地点确定的建设工程，如果由不同的承包商承建，其风险也不同。因此，虽然不同建设工程的风险有不少共同之处，但一定存在不同之处，在风险识别时尤其要注意这些不同之处，突出风险识别的个别性。

(2)主观性。风险识别都是由人来完成的，由于个人的专业知识水平(包括风险管理方面的知识)、实践经验等方面的差异，同一风险由不同的人识别，其结果会有较大差异。风险本身是客观存在，但风险识别是主观行为。在风险识别时，要尽可能地减少主观性对风险识别结果的影响，其关键在于提高风险识别的水平。

(3)复杂性。建设工程所涉及的风险因素和风险事件很多，而且关系复杂、相互影响，这给风险识别带来了很强的复杂性。因此，建设工程风险识别对风险管理人员要求很高，并且需要准确、详细的数据，尤其是定量的资料和数据。

(4)不确定性。这一特点可以说是主观性和复杂性的结果。在实践中，可能因为风险识别的结果与实际不符而造成损失，这往往是由于风险识别结论错误导致风险对策决策错误而造成的。由风险的定义可知，风险识别本身也是风险。因而，避免和减少风险识别的风险也是风险管理的内容。

### (二)风险识别的原则

(1)由粗及细，由细及粗。由粗及细是指对风险因素进行全面分析，并通过多种途径对工程风险进行分解，逐渐细化，以获得对工程风险的广泛认识，从而得到工程初始风险清单。由细及粗是指从工程初始风险清单的众多风险中，根据同类建设工程的经验以及对拟建建设工程具体情况的分析和风险调查，确定那些对建设工程目标实现有较大影响的工程风险作为主要风险，即将其作为风险评价以及风险对策决策的主要对象。

（2）严格界定风险内涵并考虑风险因素之间的相关性。对各种风险的内涵要严格加以界定，不要出现重复和交叉现象。另外，还要尽可能地考虑各种风险因素之间的相关性，如主次关系、因果关系、互斥关系、正相关关系、负相关关系等。应当说，在风险识别阶段考虑风险因素之间的相关性有一定的难度，但至少要做到严格界定风险内涵。

（3）先怀疑，后排除。对于所遇到的问题都要考虑其是否存在不确定性，不要轻易否定或排除某些风险，要通过认真分析进行确认或排除。

（4）排除与确认并重。对于肯定可以排除与确认的风险，应尽早予以排除和确认。对于一时既不能排除又不能确认的风险应进一步分析，予以排除或确认。最后，对于肯定不能排除但又不能予以确认的风险应按确认考虑。

（5）必要时，可进行试验论证。对于某些按常规方式难以判定其是否存在，也难以确定其对建设工程目标影响程度的风险，尤其是技术方面的风险，必要时可进行试验论证，如抗震试验、风洞试验等。这样做的结论虽然可靠，但要以付出费用为代价。

## 二、风险识别的过程

工程建设自身及其外部环境的复杂性，给工程风险的识别带来了许多具体的困难，同时，也要求明确工程建设风险识别的过程。

工程建设风险的识别往往是通过对经验数据的分析、风险调查、专家咨询以及试验论证等方式，在对工程建设风险进行多维分解的过程中认识工程风险，建立工程风险清单。

工程建设风险识别的过程如图 9-1 所示。

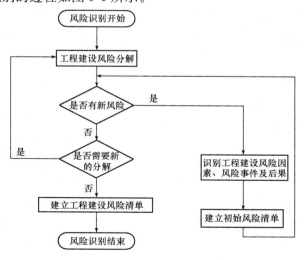

**图 9-1　工程建设风险识别过程**

由图 9-1 可知，风险识别的结果是建立工程建设风险清单。在工程建设风险识别过程中，核心工作是"工程建设风险分解"和"识别工程建设风险因素、风险事件及后果"。

## 三、风险识别的方法

工程建设风险的识别可以根据其自身特点，采用相应的方法，即专家调查法、财务报表法、流程图法、初始风险清单法、经验数据法和风险调查法。

### 1. 专家调查法

专家调查法分为两种方式：一种是召集有关专家开会，让专家各抒己见，充分发表意见，起到集思广益的作用；另一种是采用问卷式调查，各专家不知道其他专家的意见。采用专家调查法时，所提出的问题应具体，并具有指导性和代表性，具有一定的深度。对专家发表的意见要由风险管理人员加以归纳分类、整理分析，有时可能要排除个别专家的个别意见。

### 2. 财务报表法

财务报表法有助于确定一个特定企业或特定的工程建设可能遭受到的损失，以及在何种情况下遭受这些损失。通过分析资产负债表、现金流量表、营业报表及有关补充资料，可以识别企业当前的所有资产、责任及人身损失风险。将这些报表与财务预测、预算结合起来，可以发现企业或工程建设未来的风险。

采用财务报表法进行风险识别，要对财务报表中所列的各项会计科目作深入的分析研究，并提出分析研究报告，以确定可能产生的损失，还应通过一些实地调查及其他信息资料来补充财务记录。由于工程财务报表与企业财务报表不尽相同，因而对工程建设进行风险识别时，需要结合工程财务报表的特点。

### 3. 流程图法

流程图法是指将一项特定的生产或经营活动按步骤或阶段顺序以若干个模块形式组成一个流程图，在每个模块中都标出各种潜在的风险因素或风险事件，从而给决策者一个清晰的总体印象。一般来说，对流程图中各步骤或各阶段的划分比较容易，关键在于找出各步骤或各阶段不同的风险因素或风险事件。

由于流程图的篇幅限制，采用这种方法所得到的风险识别结果较粗。

### 4. 初始风险清单法

如果对每一个工程建设风险的识别都从头做起，至少有三个方面缺陷：第一，耗费时间和精力多，风险识别工作的效率低；第二，由于风险识别的主观性，可能导致风险识别的随意性，其结果缺乏规范性；第三，风险识别成果资料不便积累，对今后的风险识别工作缺乏指导作用。因此，为了避免以上三个方面的缺陷，有必要建立初始风险清单。

初始风险清单只是为了便于人们较全面地认识风险的存在，而不至于遗漏重要的工程风险，但并不是风险识别的最终结论。在初始风险清单建立后，还需要结合特定工程建设的具体情况进一步识别风险，从而对初始风险清单做一些必要的补充和修正。为此，需要参照同类工程建设风险的经验数据或针对具体工程建设的特点进行风险调查。

### 5. 经验数据法

经验数据法也称为统计资料法，即根据已建各类工程建设与风险有关的统计资料来识别拟建工程建设的风险。不同的风险管理主体都应有自己关于工程建设风险的经验数据或统计资料。在工程建设领域，可能有工程风险经验数据或统计资料的风险管理主体包括咨询公司（含设计单位）、承包商以及长期有工程项目的业主（如房地产开发商）。由于这些不同的风险管理主体所处的角度不同、数据或资料来源不同，故其各自的初始风险清单一般多少有些差异。但是，工程建设风险本身是客观事实，有客观的规律性，当经验数据或统计资料足够多时，这种差异性就会大大减小。何况，风险识别不仅是对工程建设风险的初步认识，还是一种定性分析，因此，这种基于经验数据或统计资料的初始风险清单可以满足对工程建设风险识别的需要。

### 6. 风险调查法

风险调查法是工程建设风险识别的重要方法。风险调查应当从分析具体工程建设的特点入手，一方面对通过其他方法已识别出的风险（如初始风险清单所列出的风险）进行鉴别和确认；另一方面，通过风险调查有可能发现此前尚未识别出的重要的工程风险。通常，风险调查可以从组织、技术、自然及环境、经济、合同等方面分析拟建工程的特点以及相应的潜在风险。由于风险管理是一个系统的、完整的循环过程，因而风险调查并不是一次性的，应该在工程建设实施全过程中不断地进行，这样才能了解不断变化的条件对工程风险状态的影响。

## 第三节　建设工程风险评估

风险评估是对风险的规律性进行研究和量化分析。工程建设中存在的每一个风险都有自身的规律和特点、影响范围和影响量，通过分析可以将它们的影响统一成成本目标的形式，按货币单位来度量，并对每一个风险进行评价。

## 一、风险评估的内容

### 1. 风险因素发生的概率

风险发生的可能性有其自身的规律性，通常可用概率表示。既然被视为风险，则它必然在必然事件（概率＝1）和不可能事件（概率＝0）之间。它的发生有一定的规律性，但也有不确定性。所以，人们经常用风险发生的概率来表示风险发生的可能性。风险发生的概率需要利用已有数据资料和相关专业方法进行估计。

### 2. 风险损失量的估计

风险损失量是个非常复杂的问题，有的风险造成的损失较小，有的风险造成的损失很大，可能引起整个工程的中断或报废。风险之间常常是有联系的，某个工程活动受到干扰而拖延，则可能影响它后面的许多活动，例如：

（1）经济形势的恶化不但会造成物价上涨，而且可能会引起业主支付能力的变化；通货膨胀引起了物价上涨，会影响后期的采购、人工工资及各种费用支出，进而影响整个后期的工程费用。

(2)由于设计图纸提供不及时，不仅会造成工期拖延，而且会造成费用提高(如人工和设备闲置、管理费开支)，还可能在原来本可以避开的冬雨期施工，造成更大的拖延和费用增加。

风险损失量的估计应包括下列内容：

(1)工期损失的估计。

(2)费用损失的估计。

(3)对工程的质量、功能、使用效果等方面的影响。

由于风险对目标的干扰常常首先表现在对工程实施过程的干扰上，所以风险损失量估计，一般通过以下分析过程：

(1)考虑正常状况下(没有发生该风险)的工期、费用、收益。

(2)将风险加入这种状态，分析实施过程、劳动效率、消耗、各个活动有什么变化。

(3)两者的差异则为风险损失量。

3. 风险等级评估

风险因素非常多，涉及各个方面，但人们并不是对所有的风险都予以十分重视，否则将大大提高管理费用，干扰正常的决策过程。所以，组织应根据风险因素发生的概率和损失量，确定风险程度，进行分级评估。

(1)风险位能的概念。通常对一个具体的风险，它如果发生，则损失为 $R_H$，发生的可能性为 $E_w$，则风险的期望值 $R_w$ 为

$$R_w = R_H \cdot E_w$$

例如，一种自然环境风险如果发生，则损失达 20 万元，而发生的可能性为 0.1，则损失的期望值 $\quad\quad R_w = 20 \times 0.1 = 2(万元)$

引用物理学中位能的概念，损失期望值高的，则风险位能高。可以在二维坐标上作等位能线(即损失期望值相等)(图 9-2)，则具体项目中的任何一个风险可以在图上找到一个表示它位能的点。

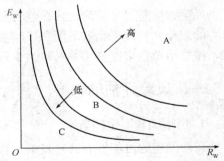

图 9-2　风险等位能线

(2)A、B、C 分类法：不同位能的风险可分为不同的类别。

1)A 类：高位能，即损失期望很大的风险。通常发生的可能性很大，而且一旦发生损失也很大。

2)B 类：中位能，即损失期望值一般的风险。通常发生可能性不大，损失也不大的风险，或发生可能性很大但损失极小，或损失比较大但可能性极小的风险。

3)C 类：低位能，即损失期望极小的风险，发生的可能性极小，即使发生损失也很小的风险。

在工程项目风险管理中，A 类是重点，B 类要顾及，C 类可以不考虑。另外，也有不用 A、B、C 分类的形式，而用级别的形式划分，如 1 级、2 级、3 级等，其意义是相同的。

（3）风险等级评估表。组织进行风险分级时可使用表 9-1。

表 9-1 风险等级评估表

| 风险等级<br>可能性 \ 后果 | 轻度损失 | 中度损失 | 重大损失 |
|---|---|---|---|
| 极大 | Ⅱ | Ⅳ | Ⅴ |
| 中等 | Ⅱ | Ⅱ | Ⅳ |
| 极小 | Ⅰ | Ⅱ | Ⅱ |

注：表中Ⅰ为可忽略风险；Ⅱ为可容许风险；Ⅲ为中度风险；Ⅳ为重大风险；Ⅴ为不容许风险。

## 二、风险评估的步骤

### 1. 收集信息

风险评估分析时必须收集的信息主要有：承包商类似工程的经验和积累的数据；与工程有关的资料、文件等；对上述两来源的主观分析结果。

### 2. 对信息进行整理加工

根据收集的信息和主观分析加工，列出项目所面临的风险，并将发生的概率和损失的后果列成一个表格，风险因素、发生概率、损失后果、风险程度一一对应，见表 9-2。

表 9-2 风险程度(R)分析

| 风险因素 | 发生概率 $P$/% | 损失后果 $C$/万元 | 风险程度 $R$/万元 |
|---|---|---|---|
| 物价上涨 | 10 | 50 | 5 |
| 地质特殊处理 | 30 | 100 | 30 |
| 恶劣天气 | 10 | 30 | 3 |
| 工期拖延罚款 | 20 | 50 | 10 |
| 设计错误 | 30 | 50 | 15 |
| 业主拖欠工程款 | 10 | 100 | 10 |
| 项目管理人员不胜任 | 20 | 300 | 60 |
| 合　计 | — | — | 133 |

### 3. 评价风险程度

风险程度是风险发生的概率和风险发生后的损失严重性的综合结果。其表达式为

$$R = \sum_{i=1}^{n} R_i = \sum_{i=1}^{n} (P_i \times C_i)$$

式中　$R$——风险程度；

$R_i$——每一风险因素引起的风险程度；

$P_i$——每一风险发生的概率；

$C_i$——每一风险发生的损失后果。

### 4. 提出风险评估报告

风险评估分析结果必须用文字、图表进行表达说明，作为风险管理的文档，即以文字、表格的形式作为风险评估报告。评估分析结果不仅作为风险评估的成果，而且应作为人们风险管理的基本依据。

风险评估报告中所用表的内容可以按照分析的对象进行编制，如以项目单元(工作包)作

为对象进行编制(表9-3)。对以下两类风险,可以按风险的结构进行分析研究(表9-4)。

表9-3　风险评估结果(一)

| 工作包号 | 风险名称 | 风险会产生的影响 | 原因 | 损　失 | | 可能性 | 损失期望 | 预防措施 | 评价等级 A、B、C |
|---|---|---|---|---|---|---|---|---|---|
| | | | | 工期 | 费用 | | | | |
| | | | | | | | | | |

表9-4　风险评估结果(二)

| 风险编号 | 风险名称 | 风险的影响范围 | 原因导致发生的边界条件 | 损　失 | | 可能性 | 损失期望 | 预防措施 | 评价等级 A、B、C |
|---|---|---|---|---|---|---|---|---|---|
| | | | | 工期 | 费用 | | | | |
| | | | | | | | | | |

(1)在项目目标设计和可行性研究中分析的风险。

(2)对项目总体产生影响的风险,如通货膨胀影响、产品销路不畅、法律变化、合同风险等。

## 三、风险程度分析方法

风险程度分析方法较多,主要应用在项目决策和投标阶段。其中经常用到的有专家评分比较法、风险相关性评价法、期望损失法、风险状态图法。

### 1. 专家评分比较法

专家评分比较法主要是找出各种潜在的风险并对风险后果做出定性估计。对风险很难在较短时间内用统计方法、实验分析方法或因果关系论证得到的情形特别适用。

在投标时采用"专家评分比较法"分析风险的具体步骤如下:

(1)由投标小组成员及有投标和工程施工经验的成员组成专家小组,共同就某一项目可能遇到的风险因素进行分类、排序。

(2)列出表格,见表9-5。确定每个风险因素的权重 $W$, $W$ 表示该风险因素在众多因素中影响程度的大小,所有风险因素权重之和为1。

表9-5　专家打分法分析风险表

| 可能发生的风险因素 | 权重 $W$ | 风险因素发生的概率 $P$ | | | | | 风险因素得分 $W \times P$ |
|---|---|---|---|---|---|---|---|
| | | 很大 | 比较大 | 中等 | 较小 | 很小 | |
| | | 1.0 | 0.8 | 0.6 | 0.4 | 0.2 | |
| 1. 物价上涨 | 0.15 | | √ | | | | 0.12 |
| 2. 报价漏项 | 0.10 | | | | √ | | 0.04 |
| 3. 竣工拖期 | 0.10 | | | √ | | | 0.06 |
| 4. 业主拖欠工程款 | 0.15 | √ | | | | | 0.15 |
| 5. 地质特殊处理 | 0.20 | | | | √ | | 0.08 |
| 6. 分包商违约 | 0.10 | | | √ | | | 0.06 |
| 7. 设计错误 | 0.15 | | | | | √ | 0.03 |
| 8. 违反扰民规定 | 0.10 | | | | √ | | 0.04 |
| 合　计 | | | | | | | 0.58 |

（3）确定每个风险因素发生的概率等级值 $P$，按发生概率很大、较大、中等、较小、很小五个等级，分别以 1.0、0.8、0.6、0.4、0.2 给 $P$ 值打分。

（4）每一个专家或参与的决策人，分别按上表判断概率等级。判断结果画"√"表示，计算出每一风险因素的 $P \times W$，合计得出 $\sum (P \times W)$。

（5）根据每位专家和参与的决策人的工程承包经验、对招标项目的了解程度、招标项目的环境及特点、知识的渊博程度确定其权威性即权重值 $W$，$W$ 可取 0.5～1.0，再按表 9-6 确定投标项目的最后风险度值。风险度值的确定采用加权平均值的方法。

表 9-6　风险因素得分汇总表

| 决策人或专家 | 权威性权重 $k$ | 风险因素得分 $W \times P$ | 风险度 $(W \times P) \times (k/\sum k)$ |
|---|---|---|---|
| 决策人 | 1.0 | 0.58 | 0.176 |
| 专家甲 | 0.5 | 0.65 | 0.098 |
| 专家乙 | 0.6 | 0.55 | 0.100 |
| 专家丙 | 0.7 | 0.55 | 0.117 |
| 专家丁 | 0.5 | 0.55 | 0.083 |
| 合　计 | 3.3 | — | 0.574 |

（6）根据风险度判断是否投标。一般风险度在 0.4 以下可认为风险很小，可较乐观地参加投标；0.4～0.6 可视为风险属中等水平，报价时不可预见费也可取中等水平；0.6～0.8 可看作风险较大，不仅投标时不可预见费取上限值，还应认真研究主要风险因素的防范；超过 0.8 则认为风险很大，应采用回避此风险的策略。

2. 风险相关性评价法

风险之间的关系可以分为以下三种情况：

（1）两种风险之间没有必然联系。例如国家经济政策变化不可能引起自然条件变化。

（2）一种风险出现，另一种风险一定会发生。如一个国家政局动荡必然导致该国经济形势恶化，而引起通货膨胀物价飞涨。

（3）如一种风险出现后，另一种风险发生的可能性增加。如自然条件发生变化有可能会导致承包商技术能力不能满足实际需要。

上述后两种情况的风险是相互关联的，有交互作用。用概率来表示各种风险发生的可能性，设某项目中可能会遇到 $i$ 个风险，$i = 1$，2，…，$P_i$ 表示各种风险发生的概率（$0 \leqslant P_i \leqslant 1$），$R_i$ 表示第 $i$ 个风险一旦发生给项目造成的损失值。其评价步骤如下：

（1）找出各种风险之间相关概率 $P_{ab}$。设 $P_{ab}$ 表示一旦风险 $a$ 发生后风险 $b$ 发生的概率（$0 \leqslant P_{ab} \leqslant 1$）。$P_{ab} = 0$，表示风险 $a$、$b$ 之间无必然联系；$P_{ab} = 1$，表示风险 $a$ 出现必然会引起风险 $b$ 发生。根据各种风险之间的关系，可以找出各风险之间的 $P_{ab}$（表 9-7）。

表 9-7　风险相关概率分析表

| 风险 | | 1 | 2 | 3 | … | $i$ | … |
|---|---|---|---|---|---|---|---|
| 1 | $P_1$ | 1 | $P_{12}$ | $P_{13}$ | … | $P_{1i}$ | … |
| 2 | $P_2$ | $P_{21}$ | 1 | $P_{23}$ | … | $P_{2i}$ | … |

| 风险 | | 1 | 2 | 3 | $\cdots$ | $i$ | $\cdots$ |
|---|---|---|---|---|---|---|---|
| $\vdots$ | $\vdots$ | $\vdots$ | $\vdots$ | $\vdots$ | $\vdots$ | $\vdots$ | $\vdots$ |
| $i$ | $P_i$ | $P_{i1}$ | $P_{i2}$ | $P_{i3}$ | $\cdots$ | 1 | $\cdots$ |
| $\vdots$ | $\vdots$ | $\vdots$ | $\vdots$ | $\vdots$ | $\vdots$ | $\vdots$ | $\vdots$ |

(2)计算各风险发生的条件概率 $P(b/a)$。已知风险 $a$ 发生概率为 $P_a$，风险 $b$ 的相关概率为 $P_{ab}$，则在 $a$ 发生情况下 $b$ 发生的条件概率 $P(b/a)=P_a \cdot P_{ab}$（表 9-8）。

表 9-8　风险发生的条件概率分析表

| 风险 | 1 | 2 | 3 | $\cdots$ | $i$ | $\cdots$ |
|---|---|---|---|---|---|---|
| 1 | $P_1$ | $P(2/1)$ | $P(3/1)$ | $\cdots$ | $P(i/1)$ | $\cdots$ |
| 2 | $P(1/2)$ | $P_2$ | $P(3/2)$ | $\cdots$ | $P(i/2)$ | $\cdots$ |
| $\vdots$ | $\vdots$ | $\vdots$ | $\vdots$ | $\vdots$ | $\vdots$ | $\vdots$ |
| $i$ | $P(1/i)$ | $P(2/i)$ | $P(3/i)$ | $\cdots$ | $P_i$ | $\cdots$ |
| $\vdots$ | $\vdots$ | $\vdots$ | $\vdots$ | $\vdots$ | $\vdots$ | $\vdots$ |

(3)计算出各种风险损失情况 $R_i$。

$$R_i = 风险 i 发生后的工程成本 - 工程的正常成本$$

(4)计算各风险损失期望值 $W_i$。

$$W = \begin{bmatrix} P_1 & P(2/1) & P(3/1) & \cdots & P(i/1) & \cdots \\ P(1/2) & P_2 & P(3/2) & \cdots & P(i/2) & \cdots \\ \vdots & \vdots & \vdots & & \vdots & \\ P(1/i) & P(2/i) & P(3/i) & \cdots & P_i & \cdots \\ & & \vdots & & & \end{bmatrix} \times \begin{bmatrix} R_1 \\ R_2 \\ \vdots \\ R_i \\ \vdots \end{bmatrix} = \begin{bmatrix} W_1 \\ W_2 \\ \vdots \\ W_i \\ \vdots \end{bmatrix}$$

其中
$$W_i = \sum P(j/i) \cdot R_j$$

(5)将损失期望值按从大到小进行排列，并计算出各期望值在总损失期望值中所占百分率。

(6)计算累计百分率并分类。损失期望值累计百分率在 80% 以下所对应的风险为 A 类风险，显然它们是主要风险；累计百分率在 80%～90% 的那些风险为 B 类风险，是次要风险；累计百分率在 90%～100% 的那些风险为 C 类风险，是一般风险。

3. 期望损失法

风险的期望损失是风险发生的概率和风险发生造成损失的乘积。期望损失法首先要辨识出工程面临的主要风险，其次推断每种风险发生的概率以及损失后果，求出每种风险的期望损失值，然后累计期望损失的总额。下面以某写字楼工程为例，具体说明期望损失法的应用。

例如，某写字楼工程建筑面积为 30 000 m²，混凝土框架结构，地上 12 层，地下 2 层，招标文件要求工期为 18 个月，质量目标为优良。招标文件还说明：如果投标方采取先进科学的施工方案，则允许自主报价。某承包商在投标报价阶段初步估算成本为 1 亿元，应该考虑多少不可预见费呢？

(1)辨识主要风险。根据以往同类工程经验和招标文件的要求及对工程信息的综合调查研究，承包商经过分析，认为该写字楼的工程风险因素很多，但大多数风险都可以通过购买保险的方式转移给保险公司。

不能转移给保险公司的风险，需在报价中考虑不可预见费，这种风险主要有五项：报价漏项或多项、分包商违约、业主拖欠工程款、周围民众干扰、工期拖延罚款或提前奖励。

(2)判断风险因素可能造成的期望损失。

1)报价漏项或多项。风险可能造成损失，也可能带来盈利。中标后，如果报价漏项，则成本亏损；如果报价多项，则成本盈余。这里主要讨论的是成本亏损情况，所以，将漏项产生的亏损定义为正值，将多项带来的盈利定义为负值。报价漏项或多项发生概率和期望损失的对应关系，见表9-9。

表9-9　报价漏项或多项的期望损失

| 占估算成本的比重/% | 金额/万元 | 发生概率/% | 期望损失/万元 |
| --- | --- | --- | --- |
| −2 | −200 | 0 | 0 |
| −1 | −100 | 10 | −10 |
| 0 | 0 | 50 | 0 |
| 1 | 100 | 25 | 25 |
| 2 | 200 | 15 | 30 |
| 小计 | — | 100 | 45 |

2)分包商违约。分包商在向承包商报价时，经常由于中标心切对风险估计不足，报价过低；或者分包商由于经验不足、疏忽等原因报价过低，中标后不断找借口向承包商进行费用索赔。如果索赔额不足以弥补其亏损，就撕毁合同，迫使承包商重新寻找分包商。不论承包商是满足分包商的索赔要求，还是重新寻找分包商，或者是起诉违约的分包商，在经济上都将蒙受损失。这里仅列出分包商违约和期望损失的对应关系，见表9-10。

表9-10　分包商违约的期望损失

| 经济损失金额/万元 | 发生概率/% | 期望损失/万元 |
| --- | --- | --- |
| 0 | 30 | 0 |
| 50 | 30 | 15 |
| 100 | 20 | 20 |
| 150 | 10 | 15 |
| 200 | 10 | 20 |
| 小　计 | 100 | 70 |

3)业主拖欠工程款。业主拖欠工程款给承包商带来的损失很多，如工程款利息损失、坏账损失、信誉损失和机会损失等，这里主要从经济上讨论利息损失和坏账损失。与其他风险因素不同，由于业主拖欠工程款造成的损失后果不易简单推断，所以期望损失的计算也较难，需要根据以往经验和对业主的调查进行主观分析判断。业主拖欠工程款发生概率和期望损失的对应关系见表9-11。

表 9-11  业主拖欠工程款期望损失

| 拖欠情况 | 损失后果/万元 | 发生概率/% | 期望损失/万元 |
|---|---|---|---|
| 不拖欠 | 0 | 40 | 0 |
| 拖欠 1 000 万元 1 年 | 50 | 20 | 10 |
| 拖欠 2 000 万元 1 年 | 100 | 20 | 20 |
| 拖欠 2 000 万元 2 年 | 200 | 5 | 10 |
| 拖欠 3 000 万元 1 年 | 300 | 10 | 30 |
| 拖欠 3 000 万元 2 年 | 600 | 5 | 30 |
| 小　　计 | — | 100 | 100 |

4)周围民众干扰。由于周围民众干扰，使工程发生停工窝工损失，并错过最佳施工季节，发生季节性施工措施费用，或者造成材料变质损耗损失等。周围民众干扰发生概率和期望损失的对应关系，见表 9-12。

表 9-12  周围民众干扰期望损失

| 干扰时间/日 | 损失后果/万元 | 发生概率/% | 期望损失/万元 |
|---|---|---|---|
| 0 | 0 | 20 | 0 |
| 10 | 10 | 30 | 3 |
| 20 | 20 | 30 | 6 |
| 30 | 30 | 10 | 3 |
| 40 | 40 | 10 | 4 |
| 小　　计 | — | 100 | 16 |

5)工期拖延罚款或提前奖励。例如，招标文件中规定：由于承包商原因造成每延期竣工一天，违约罚款为合同价款 0.2‰，累计不超过合同价款的 3‰；每提前竣工一天，提前奖励为合同价款的 0.2‰，累计不超过合同价款的 3‰，承包商估算成本为 1 亿元，加上企业管理费、计划利润和税金后，初步报价约为 1.2 亿元。因为有奖有罚，所以后果可能是损失也可能是盈利。这里主要讨论损失，所以，拖延工期和损失额定义为正值，提前工期和盈利额为负值。工期拖延罚款或提前奖励发生概率和期望损失的对应关系，见表 9-13。

表 9-13  工期拖延罚款或提前奖励发生概率和期望损失

| 工期拖延或提前时间/日 | 罚款或奖励金额/万元 | 发生概率/% | 期望损失/万元 |
|---|---|---|---|
| −100 | −240 | 5 | −12 |
| −50 | −120 | 20 | −24 |
| 0 | 0 | 40 | 0 |
| 50 | 120 | 20 | 24 |
| 100 | 240 | 10 | 24 |
| ≥150 | 360 | 5 | 18 |
| 小　　计 | — | 100 | 30 |

(3)汇总各项风险因素的期望损失。将各项风险因素的期望损失进行汇总，并分析每种

风险的期望损失占总价的百分比、占总期望损失的百分比。从表 9-14 中可以看出，各项风险因素的总期望损失约为总价的 2.17%，所以，承包商在报价中应考虑相应比例的不可预见费。从表 9-14 中还可以看出，在该工程面临的五个主要风险因素中，业主拖欠工程款造成的危害最大，其次是分包商违约，承包商针对这两个风险因素重点策划防范措施，以使风险真正形成的危害降至最低。

表 9-14 期望损失汇总表

| 风险因素 | 期望损失/万元 | 期望损失占总价百分比/% | 期望损失占总期望损失的百分比/% |
|---|---|---|---|
| 报价漏项或多项 | 45 | 0.38 | 17.24 |
| 分包商违约 | 70 | 0.58 | 26.84 |
| 业主拖欠工程款 | 100 | 0.83 | 38.31 |
| 周围民众干扰 | 16 | 0.13 | 6.13 |
| 工期拖延罚款或提前奖励 | 30 | 0.25 | 11.49 |
| 合　计 | 261 | 2.17 | 100 |

### 4. 风险状态图法

工程项目风险有时会有不同的状态、程度，例如，某工程中通货膨胀可能为 0、3%、6%、9%、12%、15% 六种状态，由工程估价分析得到相应的风险损失为 0 万元、20 万元、30 万元、45 万元、60 万元、90 万元。现请四位专家进行风险咨询，各位专家估计各种状态发生的概率（表 9-15）。对四位专家的估计，可以取平均的方法作为咨询结果（如果专家较多，可以去掉最高值和最低值再平均），则可以得到通货膨胀风险的影响分析表（表 9-16）。

表 9-15 风险状态(通货膨胀)分析表

| 专　家 | 风险状态：通货膨胀/% | | | | | | Σ |
|---|---|---|---|---|---|---|---|
| | 0 | 3 | 6 | 9 | 12 | 15 | |
| | 风险损失/万元 | | | | | | |
| | 0 | 20 | 30 | 45 | 60 | 90 | |
| 1 | 20 | 20 | 35 | 15 | 10 | 0 | 100 |
| 2 | 0 | 0 | 55 | 20 | 15 | 10 | 100 |
| 3 | 10 | 10 | 40 | 20 | 15 | 5 | 100 |
| 4 | 10 | 10 | 30 | 25 | 20 | 5 | 100 |
| 平　均 | 10 | 10 | 40 | 20 | 15 | 5 | 100 |

表 9-16 通货膨胀影响分析表

| 通货膨胀率/% | 发生概率 | 损失预计/万元 | 概率累计 |
|---|---|---|---|
| 0 | 0.1 | 0 | 1.0 |
| 3 | 0.1 | 20 | 0.9 |
| 6 | 0.4 | 30 | 0.80 |
| 9 | 0.2 | 45 | 0.40 |
| 12 | 0.15 | 60 | 0.20 |
| 15 | 0.05 | 90 | 0.05 |

按其各种状态的概率累计作通货膨胀风险状态图，如图9-3所示。

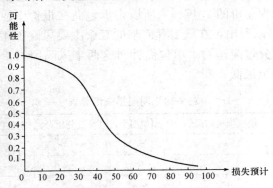

图 9-3　通货膨胀风险状态图

从图9-3中可以看出通货膨胀率损失大致的风险状况。例如，损失预计达45万元，即为9％的通货膨胀率约有40％的可能性。一个项目不同种类的风险，可以在该图上叠加求和。

一般认为在图9-3中概率（可能性）为0.1～0.9范围内，表达能力较强，即可能性较大。

则从风险状态曲线上可反映风险的特性和规律，例如，风险的可能性及损失的大小、风险的波动范围等。

例如，图9-4中A风险损失的主要区间为$(A_1，A_2)$，B风险损失的主要区间为$(B_1，B_2)$。A的风险损失区间较大，而B比较集中。

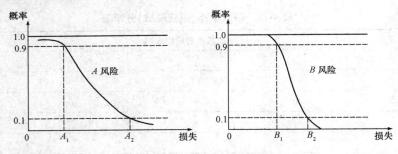

图 9-4　不同的风险状态曲线

# 第四节　建设工程风险响应

对分析出来的风险应有响应，即确定针对风险的对策。风险响应是通过采用将风险转移给另一方或将风险自留等方式，研究如何对风险进行管理，包括风险规避、风险减轻、风险转移、风险自留及其组合等策略。

## 一、风险规避

风险规避是指承包商设法远离、躲避可能发生风险的行为和环境，从而达到避免风险发生的可能性，其具体做法有以下三种。

1. 拒绝承担风险

承包商拒绝承担风险大致有以下几种情况：

（1）对某些存在致命风险的工程拒绝投标。

（2）利用合同保护自己，不承担应该由业主承担的风险。

（3）不接受实力差、信誉不佳的分包商和材料、设备供应商，即使是业主或者有实权的其他任何人的推荐。

（4）不委托道德水平低下或其他综合素质不高的中介组织或个人。

2. 承担小风险回避大风险

这在项目决策时要注意，放弃明显导致亏损的项目。对于风险超过自己的承受能力，成功把握不大的项目，不参与投标，不参与合资。甚至有时在工程进行到一半时，预测后期风险很大，必然有更大的亏损，不得不采取中断项目的措施。

3. 为了避免风险而损失一定的较小利益

利益可以计算，但风险损失是较难估计的，在特定情况下，采用此种做法。如在建材市场有些材料价格波动较大，承包商与供应商提前订立购销合同并付一定数量的定金，从而避免因涨价带来的风险；采购生产要素时应选择信誉好、实力强的分包商，虽然价格略高于市场平均价，但分包商违约的风险减小了。

规避风险虽然是一种风险响应策略，但应该承认这是一种消极的防范手段。因为规避风险固然可避免损失，但同时也失去了获利的机会。如果企业想生存、图发展，又想回避其预测的某种风险，最好的办法是采用除规避以外的其他策略。

## 二、风险减轻

承包商的实力越强，市场占有率越高，抵御风险的能力也就越强，一旦出现风险，其造成的影响就相对显得小些。如承包商承担一个项目，出现风险会使他难以承受；若承包若干个工程，其中一旦在某个项目上出现了风险损失，还可以有其他项目的成功加以弥补，这样承包商的风险压力就会减轻。

在分包合同中，通常要求分包商接受建设单位合同文件中的各项合同条款，使分包商分担一部分风险。有的承包商直接把风险比较大的部分分包出去，将建设单位规定的误期损失赔偿费如数订入分包合同，将这项风险分散。

## 三、风险转移

风险转移是指承包商不能回避风险的情况下，将自身面临的风险转移给其他主体来承担。

风险的转移并非转嫁损失，有些承包商无法控制的风险因素，其他主体都可以控制。风险转移一般是指对分包商和保险机构。

## 1. 转移给分包商

工程风险中的很大一部分可以分散给若干分包商和生产要素供应商。例如，对待业主拖欠工程款的风险，可以在分包合同中规定在业主支付给总包后若干日内向分包方支付工程款。

承包商在项目中投入的资源越少越好，以便一旦遇到风险，可以进退自如。可以租赁或指令分包商自带设备等措施来减少自身资金和设备沉淀。

## 2. 工程保险

购买保险是一种非常有效的转移风险的手段，将自身面临的风险很大一部分转移给保险公司来承担。

工程保险是指业主和承包商为了工程项目的顺利实施，向保险人（公司）支付保险费，保险人根据合同约定对在工程建设中可能产生的财产和人身伤害承担赔偿保险金责任。

## 3. 工程担保

工程担保是指担保人（一般为银行、担保公司、保险公司以及其他金融机构、商业团体或个人）应工程合同一方（申请人）的要求向另一方（债权人）做出的书面承诺。工程担保是工程风险转移的一项重要措施，它能有效地保障工程建设的顺利进行。许多国家政府都在法规中规定要求进行工程担保，在标准合同中也含有关于工程担保的条款。

## 四、风险自留

风险自留是指承包商将风险留给自己承担，不予转移。这种手段有时是无意识的，即当初并不曾预测的，不曾有意识地采取种种有效措施，以致最后只好由自己承受；但有时也可以是主动的，即经营者有意识、有计划地将若干风险主动留给自己。

决定风险自留必须符合以下条件之一：

(1)自留费用低于保险公司所收取的费用。

(2)企业的期望损失低于保险人的估计。

(3)企业有较多的风险单位，且企业有能力准确地预测其损失。

(4)企业的最大潜在损失或最大期望损失较小。

(5)短期内企业有承受最大潜在损失或最大期望损失的经济能力。

(6)风险管理目标可以承受年度损失的重大差异。

(7)费用和损失支付分布于很长的时间里，因而导致很大的机会成本。

(8)投资机会很好。

(9)内部服务或非保险人服务优良。

如果实际情况与以上条件相反，则应放弃风险自留的决策。

# 第五节　建设工程风险控制

在整个建设工程风险控制过程中，应收集和分析与项目风险相关的各种信息，获取风险信号，预测未来的风险并提出预警，纳入项目进展报告。同时，还应对可能出现的风险因素进行监控，根据需要制订应急计划。

## 一、风险预警

工程建设项目过程中会遇到各种风险，要做好风险管理，就要建立完善的项目风险预警系统，通过跟踪项目风险因素的变动趋势，测评风险所处状态，尽早地发出预警信号，及时向业主、项目监管方和施工方发出警报，为决策者掌握和控制风险争取更多的时间，尽早采取有效措施防范和化解项目风险。

在工程中需要不断地收集和分析各种信息。捕捉风险前奏的信号，可通过以下几条途径进行：

（1）天气预测警报。

（2）股票信息。

（3）各种市场行情、价格动态。

（4）政治形势和外交动态。

（5）各投资者企业状况报告。

（6）在工程中通过工期和进度的跟踪、成本的跟踪分析、合同监督、各种质量监控报告、现场情况报告等手段，了解工程风险。

（7）在工程的实施状况报告中应包括风险状况报告。

## 二、风险监控

在工程建设项目推进过程中，各种风险在性质和数量上都是在不断变化的，有可能会增大或者衰退。因此，在项目整个生命周期中，需要时刻监控风险的发展与变化情况，并确定随着某些风险的消失而带来的新的风险。

1. 风险监控的目的

（1）监视风险的状况，如风险是已经发生、仍然存在还是已经消失。

（2）检查风险的对策是否有效，监控机制是否在运行。

（3）不断识别新的风险并制定对策。

2. 风险监控的任务

（1）在项目进行过程中跟踪已识别风险、监控残余风险并识别新风险。

（2）保证风险应对计划的执行并评估风险应对计划执行效果。评估的方法可以是项目周期性回顾、绩效评估等。

（3）对突发的风险或"接受"风险采取适当的权变措施。

3. 风险监控的方法

（1）风险审计。专人检查监控机制是否得到执行，并定期做风险审核。例如在大的阶段点重新识别风险并进行分析，对没有预计到的风险制订新的应对计划。

（2）偏差分析。与基准计划比较，分析成本和时间上的偏差。例如，未能按期完工、超出预算等都是潜在的问题。

（3）技术指标。比较原定技术指标和实际技术指标差异。例如，测试未能达到性能要求、缺陷数大大超过预期等。

### 三、风险应急计划

在工程项目建设实施的过程中必然会遇到大量未曾预料到的风险因素，或风险因素的后果比已预料的更严重，使事先编制的计划不能奏效，所以，必须重新研究应对措施，即编制附加的风险应急计划。

风险应急计划应当清楚地说明当发生风险事件时要采取的措施，以便可以快速有效地对这些事件做出响应。

风险应急计划的编制要求见如下文件。

(1)中华人民共和国国务院第 549 号《特种设备安全监察条例》。

(2)《职业健康安全管理体系要求及使用指南》(GB/T 45001—2020)。

(3)《环境管理体系 要求及使用指南》(GB/T 24001—2016)。

(4)《施工企业安全生产评价标准》(JGJ/T 77—2010)。

风险应急计划的编制程序如下：

(1)成立预案编制小组。

(2)制订编制计划。

(3)现场调查，收集资料。

(4)环境因素或危险源的辨识和风险评价。

(5)控制目标、能力与资源的评估。

(6)编制应急预案文件。

(7)应急预案评估。

(8)应急预案发布。

风险应急计划的编写内容主要包括以下几项：

(1)应急预案的目标。

(2)参考文献。

(3)适用范围。

(4)组织情况说明。

(5)风险定义及其控制目标。

(6)组织职能(职责)。

(7)应急工作流程及其控制。

(8)培训。

(9)演练计划。

(10)演练总结报告。

## 本章小结

本章主要介绍了建设工程风险的概念、特点、类型，建设工程风险管理的概念、过程，建设工程风险识别、评估、响应、控制的方法。通过本章的学习，应对建设工程风险管理有一定的认识，为日后的工作打下基础。

## 一、填空题

1. 按风险造成的后果可分为_____、_____。

2. 按风险产生的根源可分为_____、_____、_____、_____。

3. 建设工程风险管理过程主要包括的内容：_____、_____、_____、_____。

4. 风险因素可以分为_____和_____两类。

5. _____是对风险的规律性进行研究和量化分析。

6. 风险评估分析时必须收集的信息主要有_____、_____等。

7. _____是指承包商设法远离、躲避可能发生的风险的行为和环境，从而达到避免风险发生的可能性。

8. _____是指担保人(一般为银行、担保公司、保险公司，以及其他金融机构、商业团体或个人)应工程合同一方(申请人)的要求向另一方(债权人)做出的书面承诺。

## 二、选择题

1. 从风险所造成的后果考虑，既可能造成损失也可能创造收益的风险是(　　)。

A. 纯风险　　　　　B. 投机风险　　　　C. 基本风险　　　　D. 特殊风险

2. 关于风险识别的说法，下列错误的是(　　)。

A. 建设工程涉及的风险因素与风险事件多，体现了风险识别的复杂性

B. 避免和减少风险识别的风险，不属于风险管理的内容

C. 在风险识别时，应尽可能减少主观性对风险性识别结果的影响

D. 风险识别结论的错误，往往会导致风险对策的决策错误

3. 根据已建各类建设工程风险有关的统计资料来识别拟建建设工程的风险，是采用(　　)来识别风险。

A. 专家调整法　　　B. 流程图法　　　　C. 经验数据法　　　D. 初始清单法

4. 决定风险自留的条件不包括(　　)。

A. 自留费用低于保险公司所收取的费用

B. 企业的期望损失低于保险人的估计

C. 企业有较多的风险单位，且企业有能力准确地预测其损失

D. 长期内企业有承受最大潜在损失或最大期望损失的经济能力

## 三、简答题

1. 建设工程风险具有哪些特点？

2. 建设工程风险管理的重要性主要体现在哪几个方面？

3. 在风险识别过程中应遵循的原则有哪些？

4. 承包商拒绝承担风险有哪些情况？

5. 什么是风险减轻？

6. 风险监控的方法有哪些？

# 参 考 文 献

[1] 中华人民共和国住房和城乡建设部，中华人民共和国国家质量监督检验检疫总局. GB/T 50319—2013 建设工程监理规范[S]. 北京：中国建筑工业出版社，2013。

[2] 王军，董也成. 建设工程监理概论[M]. 3 版. 北京：机械工业出版社，2017.

[3] 周和荣. 建设工程监理概论[M]. 北京：高等教育出版社，2014.

[4] 石元印. 土木工程建设监理[M]. 重庆：重庆大学出版社，2014.

[5] 邓铁军. 土木工程建设监理[M]. 4 版. 武汉：武汉理工大学出版社，2018.

[6] 中国建设监理协会. 建设工程监理概论[M]. 北京：中国建筑工业出版社，2020.

[7] 郭阳明，郑敏丽，陈一兵. 工程建设监理概论[M]. 3 版. 北京：北京理工大学出版社，2018.

[8] 田雷，崔静，谈健息. 工程建设监理[M]. 北京：北京理工大学出版社，2016.

[9] 斯庆. 建设工程监理[M]. 2 版. 北京：北京大学出版社，2015.

[10] 杨建华. 建筑工程施工监理实务[M]. 北京：中国建筑工业出版社，2015.

[11] 叶小波. 建设工程监理[M]. 北京：高等教育出版社，2010.